Arne Egger:

Geoökologische Untersuchung des Faxinal-Waldweidesystems
der Hochländer von Paraná, Südbrasilien.

ISBN 978-3-88570-128-6

HEIDELBERGER GEOGRAPHISCHE ARBEITEN

Herausgeber:

Olaf Bubenzer, Bernhard Eitel, Hans Gebhardt,
Johannes Glückler, Lucas Menzel und Alexander Siegmund

Schriftleitung: Klaus Sachs

Heft 128

Im Selbstverlag des Geographischen Instituts der Universität Heidelberg

2009

Geoökologische Untersuchung des Faxinal-Waldweidesystems der Hochländer von Paraná, Südbrasilien.

von

Arne Egger

Mit 42 Abbildungen und 22 Tabellen

(mit engl. summary und resumo port.)

Im Selbstverlag des Geographischen Instituts der Universität Heidelberg

2009

Die vorliegende Arbeit wurde von der Fakultät für Chemie und Geowissenschaften der Ruprecht-Karls-Universität Heidelberg als Dissertation angenommen.

Tag der mündlichen Prüfung: 9. Juli 2009

Gutachter: Prof. Dr. Bernhard Eitel
Prof. Dr. Olaf Bubenzer

Titel: Landschaftsbild des Faxinal Sete Saltos de Baixo (eigenes Foto).
Rückseite: Bodenprofil eines Haplic Acrisols (Thaptoic) im Faxinal Sete Saltos de Baixo (eigenes Foto).

ISBN 978-3-88570-128-6

Vorwort

Der Weg von meinem ersten Brasilienaufenthalt bis zu der erfolgreichen Umsetzung meines Dissertationsvorhabens mochte manchmal sehr lang und anstrengend erscheinen. Umso dankbarer bin ich für die Hilfe und Unterstützung, die mir von vielen Seiten zuteilwurde und ohne die ich vorliegende Arbeit nie in dieser Form hätte verwirklichen können. Die Kurt-Hiehle-Stiftung Heidelberg sowie das International Postgraduate Programme IPP der Fakultät für Chemie und Geowissenschaften der Universität Heidelberg gewährten mir finanzielle Unterstützung, wodurch die Durchführung der Feldaufenthalte in Südbrasilien erst möglich wurde.

Den vielen Personen, die mich in den vergangenen Jahren begleiteten und mir in den unterschiedlichsten Situationen zur Seite standen, möchte ich an dieser Stelle meinen ganz persönlichen Dank aussprechen. Sehr verbunden bin ich Herrn Prof. Dr. Bernhard Eitel, der mir die Möglichkeit eröffnete, den akademischen Bildungsweg auch nach meinem Diplomabschluss weiter zu beschreiten, für seine fachliche Anleitung sowie das stets angenehme Diskussions- und Arbeitsklima. Ihm schulde ich großen Dank für die Betreuung meines Dissertationsvorhabens, die er auch nach der Ernennung zum Rektor der Universität Heidelberg 2007 mit großem Engagement weiterführte. Herrn Prof. Dr. Olaf Bubenzer danke ich für die Übernahme des Zweitgutachtens sowie die Unterstützung, die ich durch ihn seit seinem Antritt der Lehrstuhlvertretung Physische Geographie am Geographischen Institut der Universität Heidelberg erfahren habe. Des Weiteren möchte ich mich bei Herrn PD Dr. Ulrich A. Glasmacher (Institut für Geologie und Paläontologie – Universität Heidelberg) bedanken, den ich im August 2007 zu einem zusätzlichen Feldaufenthalt in Südbrasilien begleiten durfte.

Bei den durchgeführten Arbeiten im Labor für Geomorphologie und Geoökologie am Geographischen Institut der Universität Heidelberg standen mir Dipl.-Geol. Gerd Schukraft (Laborleitung) und Dipl.-Min. Adnan Al Karghuli stets mit Rat und Tat zur Seite. Ihnen danke ich für die methodische Anleitung sowie die anregende Ergebnisdiskussion, ebenso den zahlreichen studentischen Hilfskräften, die in die Probenaufbereitung involviert waren. Frau Ilse Glass (CTA) am Labor für Röntgenkristallographie von Herrn Prof. Dr. Ronald Miletich (Mineralogisches Institut – Universität Heidelberg) sei gedankt für die Durchführung der Röntgendiffraktometrie-Analyse, Herrn Dipl.-Ing. Thomas Beckmann, Lages-Büttel, für die Erstellung der Bodendünnschliffe sowie Herrn Dr. Bernd Kromer (Institut für Umweltphysik – Universität Heidelberg) für die vorgenommene ^{14}C-Isotopendatierung. Ein großes Dankeschön möchte ich Dr. Bertil Mächtle und Dipl.-Geog. Christoph Siart vom Geographischen Institut der Universität Heidelberg für ihre wertvollen Anregungen und Hinweise zur Ausgestaltung dieser Arbeit aussprechen.

Auf das Ehepaar Prof. Dr. Cicilian Löwen Sahr und Prof. Dr. Wolf-Dietrich Sahr (beide Departamento de Geociências – Universidade Estadual de Ponta Grossa, Paraná) geht die ursprüngliche Idee der vorliegenden Arbeit zurück. Ihnen verdanke ich meine ersten Schritte und Kontakte in Brasilien. Unvergessen bleiben die herzliche Aufnahme in die Familie und ihre Betreuung vor Ort. Insbesondere danke ich Prof. Dr. Cicilian Löwen Sahr für ihre stete, schnelle und unkomplizierte Hilfsbereitschaft bei der Organisation der Feldarbeiten. Prof. Dr. Rosemeri Segecin Moro (Departamento de Biologia Geral – Universidade Estadual de Ponta Grossa) unter-

stützte die vegetationsgesellschaftlichen Erhebungen mit der Durchführung mehrerer Feldarbeitskampagnen sowie der Aufbereitung und Ergänzung der Ergebnisse am Herbarium der Universität Ponta Grossa. Auch ihr gebührt mein aufrichtiger Dank.
Bei meinen Reisen und Feldaufenthalten in Südbrasilien wurde ich immer sehr freundlich empfangen und durfte allzu oft die äußerst herzliche Gastfreundschaft der Brasilianer erfahren. Die vielen Aufenthalte in den Familien der Faxinalense verbunden mit gemeinsamen Arbeiten und Gesprächen werden mir in einzigartiger Erinnerung bleiben. Namentlich möchte ich hier niemanden hervorheben und eine vollständige Auflistung der liebenswürdigen Menschen dieses Vorwort allzu ausführlich ausfallen lassen würde. Erwähnt werden müssen jedoch meine drei brasilianischen Freunde Rodrigo Rocha Monteiro, Lucas Bonatelli Malho und Rafael Gado, die mich in Ponta Grossa in ihre Wohngemeinschaft aufgenommen und „brasilianisiert" haben. *Obrigadão, gente!*

Zu guter Letzt möchte ich diese Arbeit meinen Eltern Monika und Rudi Eschelbach widmen, deren Rückhalt mir zu jeder Zeit die nötige Sicherheit für mein Handeln gab. Zudem danke ich Gela Wittenberg für ihre unerschütterliche Geduld und ihren Verzicht auf viel gemeinsame Zeit.

Heidelberg, im Oktober 2009   Arne Egger

Inhaltsverzeichnis

Abbildungsverzeichnis..X

Tabellenverzeichnis...XI

1 Hintergrund der Forschungsfrage 1
    1.1 Problemstellung 1
    1.2 Zielsetzung... 2

2 Die Arbeitsgebiete in regionalem Kontext... 3
    2.1 Die geologischen Strukturen Südbrasiliens 4
    2.2 Das regionale Landschaftsbild... 6
    2.3 Die klimatischen Bedingungen 9
    2.4 Die Bodengesellschaften... 11
    2.5 Die Vegetationsgesellschaften 14
    2.6 Die Landnutzung in Paraná... 16

3 Das Faxinal-System 21
    3.1 Ein Faxinal – was ist das?... 21
    3.2 Die historische Entwicklung 23
    3.3 Die agrarwirtschaftliche Funktion 24
    3.4 Die Gemeinschaft der Faxinalense 25
    3.5 Die politisch-rechtliche Situation 27
    3.6 Die Transformation des Faxinal-Systems 28

4 Untersuchungsmethoden 31
    4.1 Luft- und Satellitenbildauswertung 32
    4.2 Arbeiten mit einem GIS und DGM... 32
    4.3 Kartierungsarbeiten... 33
        4.3.1 Vegetationskartierung.. 34
        4.3.2 Geländeansprache der Böden 34
    4.4 Bodenkundliche Laboranalysen.. 36
        4.4.1 Korngrößenanalyse 36
        4.4.2 Pedogener Kohlenstoffgehalt... 36
        4.4.3 Bestimmung des pH-Werts.. 37
        4.4.4 Kationenaustauschkapazität... 37
        4.4.5 Säurelösliche Metalle und ionische Stoffkonzentrationen.....38
    4.5 Röntgendiffraktometrische Untersuchung 38
    4.6 Mikromorphologie und Schwerminerale 40

5 Ergebnisse **41**
    5.1   Der Untersuchungstandort Faxinal Sete Saltos de Baixo 41
          5.1.1   Die Bodengesellschaft 41
          5.1.2   Die Ergebnisse der Korngrößenanalyse 43
          5.1.3   Die Ergebnisse der röntgendiffraktometrischen Analyse 45
          5.1.4   Die mikromorphologische Betrachtung 47
          5.1.5   Der pedogene Kohlenstoffgehalt 53
          5.1.6   Die pH-Werte des Bodenmilieus 54
          5.1.7   Die Kationenaustauschkapazität 55
          5.1.8   Die Ionenkonzentration in wässriger Bodenlösung 56
          5.1.9   Der Königswasser-Gesamtaufschluss 57
          5.1.10 Die Vegetationsgesellschaft des Weideareals 57
          5.1.11 Die Artenzusammensetzung des *Mata Densa* 58
          5.1.12 Der Familienbestand des *Mata Densa* 60
          5.1.13 Die Landnutzung im inneren Faxinal 61
          5.1.14 Die gesellschaftlichen Hintergründe der Landnutzung 63
    5.2   Der Untersuchungsstandort Faxinal Anta Gorda (Paraná) 65
          5.2.1   Die Bodengesellschaft 65
          5.2.2   Die Ergebnisse der Korngrößenanalyse 67
          5.2.3   Die Ergebnisse der röntgendiffraktometrischen Analyse 68
          5.2.4   Die mikromorphologische Betrachtung 70
          5.2.5   Der pedogene Kohlenstoffgehalt 72
          5.2.6   Die pH-Werte des Bodenmilieus 73
          5.2.7   Die Kationenaustauschkapazität 74
          5.2.8   Die Ionenkonzentration in wässriger Bodenlösung 74
          5.2.9   Der Königswasser-Gesamtaufschluss 75
          5.2.10 Die Vegetationsgesellschaft des Weideareals 75
          5.2.11 Die Artenzusammensetzung des *Mata Densa* 76
          5.2.12 Der Familienbestand des *Mata Densa* 78
          5.2.13 Die Landnutzung im inneren Faxinal 78
          5.2.14 Die gesellschaftlichen Hintergründe der Landnutzung 81
    5.3   Der Untersuchungsstandort Faxinal Saudade Santa Anita 83
          5.3.1   Die Bodengesellschaft des Faxinal Saudade Santa Anita 83
          5.3.2   Die Ergebnisse der Korngrößenanalyse 85
          5.3.3   Die Ergebnisse der röntgendiffraktometrischen Analyse 86
          5.3.4   Die mikromorphologische Betrachtung 88
          5.3.5   Der pedogene Kohlenstoffgehalt 90
          5.3.6   Die pH-Werte des Bodenmilieus 91
          5.3.7   Die Kationenaustauschkapazität 91
          5.3.8   Die Ionenkonzentration in wässriger Bodenlösung 92
          5.3.9   Der Königswasser-Gesamtaufschluss 93
          5.3.10 Die Vegetationsgesellschaft des Weideareals 93
          5.3.11 Die Artenzusammensetzung des *Mata Densa* 94
          5.3.12 Der Familienbestand des *Mata Densa* 96
          5.3.13 Die Landnutzung im inneren Faxinal 97
          5.3.14 Die gesellschaftlichen Hintergründe der Landnutzung 100

6 Vergleichende Diskussion 103
  6.1   Die Böden der Faxinais 103
        6.1.1   Die Bodentypen 103
        6.1.2   Das Korngrößenspektrum 104
        6.1.3   Die Zusammensetzung der Tonmineralfraktion 108
        6.1.4   Das (mikro-)morphologische Erscheinungsbild 110
        6.1.5   Der pedogene Kohlenstoffgehalt 112
        6.1.6   Die Kationenaustauschkapazität und der pH-Wert 113
        6.1.7   Die Ionengehalte im Bodenwasser 114
        6.1.8   Ein Exkurs zur Landschaftsgeschichte des ersten Planaltos 115
  6.2   Die Vegetation der Faxinais 116
        6.2.1   Die Familienassoziation 116
        6.2.2   Die ökologische Bewertung 119
  6.3   Die Landnutzungsdynamik innerhalb der Faxinais 122
  6.4   Fazit 124

Zusammenfassung 127

Summary 128

Resumo 129

Abkürzungsverzeichnis 130

Literaturverzeichnis 131

Annex 141
  A Vegetationsaufnahme 141
  B Bodenprofile 151
  C Röntgendiffraktometrische Untersuchung 163

Abbildungsverzeichnis

Abb. 2.1: Geologische Übersichtskarte von Paraná. 5
Abb. 2.2: Geomorphologische Übersicht von Paraná 8
Abb. 2.3: Regionale Klimadaten 10
Abb. 2.4: Entwicklung des Waldflächenbestands in Paraná.................................15
Abb. 2.5: Landnutzungskarte von Paraná 17

Abb. 3.1: Physiognomischer Aufbau eines Faxinal 22
Abb. 3.2: Teilbereiche des Faxinal-Systems 26
Abb. 3.3: Grenzverlauf des *Criadouro Comum* (Saudade Santa Anita)................29
Abb. 3.4: Grenzzaun des Faxinal Anta Gorda (Paraná) 29
Abb. 3.5: Zufahrt über ein *Mata Burro* (Sete Saltos de Baixo) 30
Abb. 3.6: Feuchtgebiete im *Criadouro Comum* (Sete Saltos de Baixo) 30
Abb. 3.7: Frisch beschnittener Waldbestand (Anta Gorda (Paraná)) 30

Abb. 4.1: Methodenspektrum und Arbeitsschritte..31
Abb. 4.2: Einheiten der Landnutzungsklassifikation..33

Abb. 5.1: Bodengesellschaft des Faxinal Sete Saltos de Baixo 42
Abb. 5.2: Korngrößenspektrum des Feinbodens (Sete Saltos de Baixo) 44
Abb. 5.3: Röntgendiffraktogramme der Tonfraktion (Sete Saltos de Baixo)............46
Abb. 5.4: Mikromorphologische Betrachtung eines Haplic Acrisol 49
Abb. 5.5: Mikromorphologische Betrachtung eines Haplic Acrisol (Thaptoic) 50
Abb. 5.6: Chemische Bodenparameter der Bodencatena in Sete Saltos de Baixo.55
Abb. 5.7: Dominierende Pflanzenfamilien im *Mata Densa* (Sete Saltos de Baixo).60
Abb. 5.8: Landnutzung 1980/2006 im Faxinal Sete Saltos de Baixo....................62
Abb. 5.9: Die Bodengesellschaft des Faxinal Anta Gorda (Paraná) 66
Abb. 5.10: Korngrößenspektrum des Feinbodens (Anta Gorda (Paraná))..............68
Abb. 5.11: Röntgendiffraktogramme der Tonfraktion (Anta Gorda (Paraná))..........69
Abb. 5.12: Mikromorphologische Betrachtung eines Acric Nitisol 71
Abb. 5.13: Chemische Bodenparameter der Bodencatena in Anta Gorda (Paraná) ..73
Abb. 5.14: Dominierende Pflanzenfamilien im *Mata Densa* (Anta Gorda (Paraná)).78
Abb. 5.15: Landnutzung 1980/2006 im Faxinal Anta Gorda (Paraná) 80
Abb. 5.16: Bodengesellschaft des Faxinal Saudade Santa Anita 84
Abb. 5.17: Korngrößenspektrum des Feinbodens (Saudade Santa Anita) 85
Abb. 5.18: Röntgendiffraktogramme der Tonfraktion (Saudade Santa Anita) 87
Abb. 5.19: Mikromorphologische Betrachtung eines Haplic Ferralsol..................89
Abb. 5.20: Chemische Bodenparameter der Bodencatena in Saudade Santa Anita ..92
Abb. 5.21: Dominierende Pflanzenfamilien im *Mata Densa* (Saudade Santa Anita).96
Abb. 5.22: Landnutzung 1980/2006 im Faxinal Saudade Santa Anita 98

Abb. 6.1: Toposequenzen der Faxinais im Vergleich...105
Abb. 6.2: Vergleich der bedeutensten Pflanzenfamilien des *Mata Densa*...........118
Abb. 6.3: Wuchshöhen der *Mata Densa* Gehölze im Vergleich..........................120
Abb. 6.4: Stammholzdurchmesser der *Mata Densa* Gehölze im Vergleich 121
Abb. 6.5: Entwicklung der Landnutzung der Faxinal-Waldweideareale 123

Tabellenverzeichnis

Tab. 2.1: Vergleich der Bodenklassifikationen von EMBRAPA und WRB 12
Tab. 2.2: Flächenentwicklung des Araukarienwaldbestands in Paraná 15
Tab. 2.3: Landwirtschaftliche Wertschöpfung in den Faxinal-Regionen 19
Tab. 2.4: Forstwirtschaftliche Wertschöpfung in den Faxinal-Regionen 20
Tab. 3.1: Entwicklung der Faxinais in Paraná 24
Tab. 4.1: Zusammenstellung der erhobenen vegetationskundlichen Parameter 35
Tab. 4.2: Eigenschaften der XRD-Basisreflexe angetroffener Tonminerale 39
Tab. 5.1: Artenbestand des *Mata Densa* im Faxinal Sete Saltos de Baixo 59
Tab. 5.2: Artenbestand des *Mata Densa* im Faxinal Anta Gorda (Paraná) 77
Tab. 5.3: Artenbestand des *Mata Densa* im Faxinal Saudade Santa Anita 95
Tab. 6.1: Charakteristische Bodentypen des Faxinal Sete Saltos de Baixo 107
Tab. 6.2: Charakteristische Bodentypen des Faxinal Anta Gorda (Paraná) 109
Tab. 6.3: Charakteristische Bodentypen des Faxinal Saudade Santa Anita 111
Tab. A.1: Familienbestand der *Mata Densa* Vegetation (Sete Saltos de Baixo) .. 141
Tab. A.2: Familienbestand der *Mata Densa* Vegetation (Anta Gorda (Paraná)).. 144
Tab. A.3: Familienbestand der *Mata Densa* Vegetation (Saudade Santa Anita).. 147
Tab. B.1: Leitprofile der Bodengesellschaft im Faxinal Sete Saltos de Baixo 151
Tab. B.2: Leitprofile der Bodengesellschaft im Faxinal Anta Gorda (Paraná) 157
Tab. B.3: Leitprofile der Bodengesellschaft im Faxinal Saudade Santa Anita 160
Tab. C.1: Röntgendiffraktometrische Werte (Sete Saltos de Baixo) 163
Tab. C.2: Röntgendiffraktometrische Werte (Anta Gorda (Paraná)) 167
Tab. C.3: Röntgendiffraktometrische Werte (Saudade Santa Anita) 168

1 Hintergrund der Forschungsfrage

Bis zur Gegenwart ist die Erschließung der agrarischen Nutzflächen in Brasilien weitgehend zum Abschluss gekommen, von wenigen Ausnahmen im Großraum des Amazonasgebietes abgesehen. Insbesondere in Südbrasilien haben großflächige Landnutzungssysteme mit dauerhafter Grasweidewirtschaft oder agroindustriellem Anbau von Cash-crop-Monokulturen, wie beispielsweise Soja, Einzug gehalten. Natürliche Vegetationsbestände sind deshalb weitestgehend aus dem Landschaftsbild verschwunden, ausgenommen einiger Vorkommen lokaler Verbreitung. Derartige Reste stellen die Araukarienwälder auf den Hochländern Paranás dar, die großteils durch das Faxinal-System, eine traditionelle Landnutzungsform extensiver Art, genutzt und erhalten werden. Mit dem allgemeinen Rückgang der Waldflächen ist der Fortbestand der Faxinais bedroht, so dass eine ländliche Bevölkerungsgruppe mit einer vielschichtigen, teils gravierenden Veränderung ihrer Lebenswelt konfrontiert ist.

Vor dem Hintergrund einer voranschreitenden Modernisierung der Landwirtschaft sowie der Transformation der brasilianischen Gesellschaft stellt sich die Frage nach dem Erhalt traditioneller Agrarwirtschaftssysteme und den damit verknüpften Naturräumen bzw. den daraus hervorgegangenen Kulturlandschaften. Der Untersuchung sowie der Bewahrung der regionalen Biodiversität des Araukarienwald-Ökosystems widmeten sich bereits verschiedene Forschungsarbeiten (z. B. WACHTEL 1990, GOLTE 1993, ENGELS 2003, CASTELLA & BRITEZ 2004, BITTENCOURT & KRAUSPENHAR 2006). Ebenfalls durchgeführte Studien zur traditionellen Landnutzungsform behandelten v. a. ökonomische und soziale Fragenstellungen (z.B. CHANG 1988a & b, NERONE 2000, SOUZA 2001, SILVA 2005, LÖWEN SAHR & IGELSKI 2003, SAHR & LÖWEN SAHR 2006). Der Frage einer ökologischen Nachhaltigkeit des Faxinal-Systems unter Verknüpfung der beiden Ansätze wurde bisher jedoch noch nicht nachgegangen und war schließlich der Anstoß für die Ausarbeitung dieser Dissertation.

1.1 Problemstellung

Am Ausgangspunkt der vorliegenden Arbeit steht die Hypothese, dass das Landnutzungssystem des Faxinal in seiner seit ca. 100 Jahren praktizierten Art und Weise eine ökologisch nachhaltige Bewirtschaftungsform darstellt. Um diese Annahme überprüfen zu können, ist es notwendig die komplexen Abläufe in der Natur zu konzeptualisieren und messbare Indikatoren festzulegen (BECKER 1997). In dieser Arbeit erfolgt dies, indem die Untersuchungsanordnung der Natur entliehen wird: Drei Faxinal-Standorte auf unterschiedlichen anstehenden Gesteinen der Hochländer Paranás bilden die Vergleichsgrundlage für die jeweilige ökologische Situation in den Waldweidearealen. Als Indikatoren zur Untersuchung der Nachhaltigkeit werden vor allem pedologische Parameter sowie die pflanzengesellschaftliche Ausprägung herangezogen. Eine Betrachtung der Landnutzungsdynamik ergänzt die Nachhaltigkeitsbewertung des Ökosystems, um Aussagen zur Nutzungsintensität ableiten zu können. Externe Faktoren, wie der sozio-ökonomische Handlungsrahmen der Kleinbauern, bleiben zwar für die Nachhaltigkeitsbewertung von Bedeutung, stehen aber nicht im Fokus der Untersuchung. Ebenso erfolgen keine eigenen Erhebungen zu geoökologischen Indikatoren, die dem anthropogenen Wirken nur indirekt unterliegen und einen anderen Untersuchungsansatz erfordern würden. Vielmehr war es der Grundgedanke dieser Arbeit, vor Ort einfach zu erhebende, Parameter mit möglichst direkter Aussage zur ökologischen Situation auszuwerten. So ergibt sich ein Gesamtbild aus den spezifischen Bodeneigenschaften der jeweiligen Waldweidefläche mit rezentem Vegetationsbestand, ausgebildet unter der herrschenden Nutzungssituation. Darauf aufbauend erfolgt abschließend die vergleichende Bewertung der ökologischen Nachhaltigkeit des Faxinal-Systems hinsichtlich der drei Untersuchungsstandorte.

1.2 Zielsetzung

Mit der vorliegenden Arbeit soll ein Beitrag zur künftigen Entwicklung des Faxinal-Systems unter Erhalt der natürlichen Araukarienwälder geleistet werden. Durch die Wahl von drei repräsentativen Untersuchungsstandorten auf unterschiedlichen geologischen Edukten ergibt sich eine modellartige Versuchsanordnung in der Natur mit abweichenden Ausgangsbedingungen für die Landnutzung. Es soll geklärt werden, wie sich diese auf die Bewirtschaftung des Faxinal auswirken bzw. ob sich die silvopastorale Landnutzungsform unter der Berücksichtigung ökologischer Nachhaltigkeitsaspekte für die jeweilige Region eignet. Hierbei steht vor allem die Resilienz, also die Belastbarkeit der jeweiligen Waldökosysteme gegenüber der anthropogenen Störung, im Vordergrund. Das Ziel dieser Untersuchung kann in der Beantwortung folgender Leitfragen zusammengefasst werden:

- Welche Bodengesellschaften haben sich auf dem jeweiligen geologischen Untergrund ausgebildet und inwieweit differieren die Böden in ihren Standorteigenschaften?
- Welchen Arten- bzw. Familienbestand weist die Pflanzengesellschaft des jeweiligen Waldweideareals auf und inwiefern unterscheiden sich die Faxinal-Standorte von einer potentiell natürlichen Araukarienwaldvegetation?
- Lassen sich Veränderungen bezüglich der Nutzungsintensität innerhalb der Faxinal-Waldweidegebiete erkennen? Falls ja, was sind die Ursachen dafür und welche Konsequenzen ergeben sich für die nachhaltigen Nutzung von Boden und Vegetation?

2 Die Arbeitsgebiete in regionalem Kontext

Paraná ist der nördlichste Bundesstaat der Region Südbrasilien und besitzt zwei internationale Grenzlinien. Im Westen trifft er auf Paraguay und weiter südwestlich auf Argentinien. Im Süden verläuft die bundesstaatliche Grenze zu Santa Catarina, östlich schließt sich die Küstenlinie mit dem Südatlantik an. Nördlich stößt Paraná an die Bundesstaaten São Paulo bzw. nordwestlich an Mato Grosso do Sul. Paraná liegt zwischen 22°29'30" und 26°42'59" südlicher Breite sowie 48°02'34" bis 54°37'38" westlicher Länge und umfasst eine Fläche von 199 314,85 km² (IBGE 2004). Vereinfacht lässt sich das Gebiet von Ost nach West in fünf Naturräume einteilen: das Küstentiefland, auch Litoral genannt, das bis zu 2000 m ü. M. hohe Küstengebirge der Serra do Mar und die sich anschließenden Planaltos von Curitiba, Ponta Grossa und Guarapuava (EMBRAPA & IAPAR 1984).

Die drei Hochländer fallen gegen Westen zum Rio Paraná ein. Ihre höchsten Reliefflagen von 1100 m ü. M. erreichen sie auf den zwei, sie voneinander trennenden Schichtstufen (Abb. 2.1). Gebiete unter intensiver Landwirtschaft finden sich v. a auf dem zweiten und dritten Planalto, während das erste Planalto durch Waldbestände und die Siedlungsräume um die Bundeshauptstadt Curitiba mit ihren rund 2 Mio. Einwohnern geprägt wird. Das Küstengebirge der Serra do Mar mit seinem artenreichen tropisch-subtropischen Regenwald Mata Atlântica untersteht heute weitgehend dem UNESCO Biosphärenreservat Schutzprogramm. Das Küstentiefland mit seinem tropischen Charakter macht nur wenige Flächenanteile aus. Ebenso hebt sich der tropische, nördliche Landesteil, ungefähr abgegrenzt durch den Verlauf des südlichen Wendekreis, aufgrund seiner niedrigeren Höhenlage, seinem Klima, seiner Vegetationsbedeckung und folglich durch seine landwirtschaftliche Nutzung von den subtropischen, südlichen Hochlandsgebieten ab (Maack 1968, IBGE 1977).

Die Untersuchungsstandorte der drei Faxinais
Die Untersuchungsstandorte verteilen sich auf die drei Planaltos entlang der Linie Curitiba–Ponta Grossa–Cascavel in den Regionen Centro-Sul und Sudeste Paranás, da sich dort das Hauptverbreitungsgebiet der Faxinais befindet (Sahr & Löwen Sahr 2006).

Auf dem ersten Planalto, ungefähr 60 km west-nordwestlich von Curitiba und 20 km von der nächst größeren städtischen Siedlung Campo Lagro an der BR 277, liegt das Faxinal Sete Saltos de Baixo im Quadranten der Koordinaten W 49°43'12" S 25°11'17" bis W 49°44'10" S 25°12'29".

Das Faxinal Anta Gorda (Paraná) ist auf dem zweiten Hochland in ca. 10 km nördlicher Richtung von Prudentópolis aus zu erreichen, welches von der Bundeshauptverkehrsstraße BR 373 tangiert wird. Die Quadrantenkoordinaten des Faxinal reichen von W 51°04'30" S 5°06'04" bis W 51°05'49" S 25°07'59".

Auf dem dritten Hochland, dem Planalto de Guarapuava, befindet sich das Faxinal Saudade Santa Anita im Bereich von W 51°38'23" S 25°01'09" bis W 51°40'38" S 25°02'48" ungefähr 30 km westlich von Turvo, dem nächsten Ort mit höherer Funktion direkt an der PR 460 von Guarapuava nach Pitanga.

2.1 Die geologischen Strukturen Südbrasiliens

Die geologische Grundstruktur Südbrasiliens ergibt sich aus den Brasília und Ribeira Metamorphitgürteln mit magmatischen Intrusionen, die sich an die westlich-südwestliche bzw. an die östlich-südöstliche Flanke des São Francisco Kratons anschließen (BEURLEN 1970, SCHOBBENHAUS & BRITO NEVES 2003). Dieses Kristallin neoproterozorischen Alters prägt die Atlantikküste Südostbrasiliens und bildet das Küstengebirge der Serra do Mar sowie das erste Hochland von Curitiba (Abb. 2.1). Weiter westlich überdecken bis zu 3500 m mächtige Sedimentgesteinsabfolgen des Paraná Beckens das Basement, die sich durch die Schichtstufe der Escarpa Devonaina in der Landschaft abzeichnen (NORTHFLEET, MEDEIROS & MUHLMANN 1969). Die devonischen bis jurasischen Sedimente werden wiederum von spät-jurazeitlich bis kreidezeitlichen Flutbasalten mit einer Gesamtmächtigkeit von ca. 1500 m überlagert, welche in Richtung Westen mit dem Escarpment der Serra Geral anstehen. Die Basalte traten im Zuge der Öffnung des Südatlantiks vor 130 Mio. Jahren aus (BIZZI & VIDOTTI 2003). Zeitgleich kam es innerhalb des Ponta Grossa Arch zu magmatischen Intrusionen im Bereich tektonischer Schwächezonen, die eine Schar diabasischer Gänge nordwest-südöstlicher Ausrichtung sowie größere alkalische Intrusionen im Kristallin und Sedimentgestein des ersten und zweiten Hochlands entstehen ließen (USSAMI ET AL. 1991, SCHOBBENHAUS & BRITO NEVES 2003).

Im Nordwesten Paranás stehen spät-kretazische Sandsteine der Baurú Gruppe als umgelagertes Verwitterungsprodukt der Basalte mit einer Mächtigkeit bis zu 600 m an. Diese streichen gegen die Mitte des Bundesstaates aus, so dass sie im Verbreitungsraum der Araukarienwälder, also der Region der Untersuchungsgebiete nicht mehr anzutreffen sind (EMBRAPA & IAPAR 1984). Die Basalte sowie die Sedimentgesteine fallen zum Zentrum des Paraná Beckens in westliche bis nordwestliche Richtung ein (ZEIL 1986, MINEROPAR 2001). Das Küstengebirge entstand durch tektonische Aktivität im Miozän, wobei der südostbrasilianische Kontinentalrand eine Hebung unter Ausbildung eines Rift-Systems von Nordosten bei Rio de Janeiro bis Curitiba im Südwesten erfuhr, welches sich in mehrere kleinere, versetzte Gräben mit spät-tertiären und quartären Füllungen untergliedert (ZALÁN & BACH DE OLIVEIRA 2005). Jüngste, quartäre Sedimente sind lediglich in den Flusstälern und im Küstentiefland zu finden (CLAPPERTON 1993, QUEIROZ NETO 2001).

Die regionale Geologie der drei Faxinais
Die Untersuchungsgebiete wurden auf den drei Hochländern gemäß dem Vergleich der Landnutzungssysteme unter abweichenden geologischen Bedingungen ausgewählt (Abb. 2.1).

Das Faxinal Sete Saltos de Baixo auf dem ersten Planalto liegt im Bereich der Perau und Água Clara Formation der Setuva Gruppe, die in ihrer Genese dem Proterozoikum zugeordnet wird. Die granitischen Gneise bzw. Quarzite mit granitischen Intrusionen weisen eine anatexische Überprägung aus der Konsolidierungsphase des brasilianischen Schildes vor 800–600 Mio. Jahren auf (EMBRAPA & IAPAR 1984, MINEROPAR 2001).

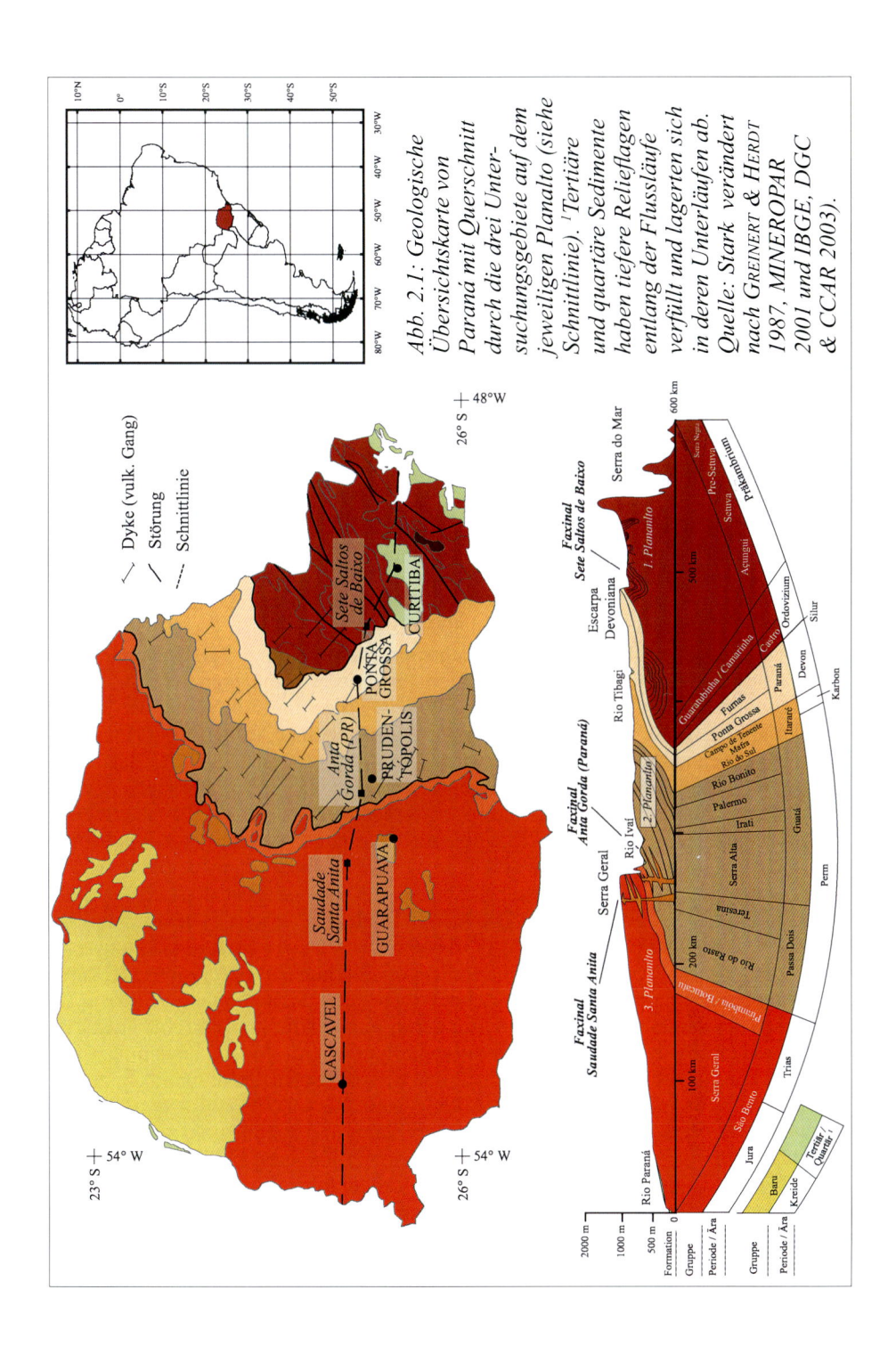

2.1 Die geologischen Strukturen Südbrasiliens

Abb. 2.1: Geologische Übersichtskarte von Paraná mit Querschnitt durch die drei Untersuchungsgebiete auf dem jeweiligen Planalto (siehe Schnittlinie). Tertiäre und quartäre Sedimente haben tiefere Reliefflagen entlang der Flussläufe verfüllt und lagerten sich in deren Unterläufen ab. Quelle: Stark verändert nach GREINERT & HERDT 1987, MINEROPAR 2001 und IBGE, DGC & CCAR 2003).

Auf der zweiten Hochebene mit devonischen bis jurassischen Sedimentgesteinen stehen im Faxinal Anta Gorda (Paraná) semi-terrestrische Ablagerungen in Form von feinkörnigem Sand-, Silt- und Tonstein an. Diese werden in Brasilien unter der Bezeichnung *Folhelho* geführt und gehören dem oberen Perm mit der Gruppe Passa Dois bzw. den Formationen Teresina und Rio de Rastro an (NORTHFLEET, MEDEIROS & MUHLMANN 1969, MINEROPAR 2001).

Die anstehenden Basalte innerhalb des Gebiets des Faxinal Saudade Santa Anita gehören zu den Deckenergüssen des Spaltenvulkanismus im späten Jura und der Kreide, die übereinander liegenden Decken und auf dem zweiten Planalto stellenweise angeschnittenen Sills werden in der Formation Serra Geral der Gruppe São Bento zusammengefasst (NORTHFLEET, MEDEIROS & MUHLMANN 1969, MINEROPAR 2001).

2.2 Das regionale Landschaftsbild

Das flache Relief des Küstentieflandes steigt vom Meeresspiegelniveau sprunghaft innerhalb weniger Kilometer auf über 1000 m ü. M. in der Serra do Mar an, deren höchste Erhebung in Paraná der Pico Paraná mit 1877 m ü. M. ist. Nach ca. 50 bis 100 km westwärts fällt das Höhenniveau auf kurzer Strecke durch die Störung des Ribeira Grabensystems bedingt auf rund 800 m ü. M. ab (ZALÁN & BACH DE OLIVEIRA 2005). Unter geomorphologischen Gesichtspunkten erscheint das Hochland von Curitiba besonders interessant, da es einen tektonisch komplexen Aufbau sowie pedologisch-sedimentologische Archive aufweist, die eine Ableitung der regionalen Landschaftsgeschichte unter Rekonstruktion einzelner Abtragungsflächen seit Beginn des Känozoikums vor 65 Mio. Jahren erlauben (BIGARELLA 1964, BERNADES LADEIRA & SANTOS 2006, DORANTI 2006).

Nach dem ROHDENBURG'schen Konzept entstanden die jeweiligen Flächenniveaus in geomorphologisch aktiven, reliefformenden Phasen unter semiariden Klimabedingungen (ROHDENBURG 1971). Eine spärliche Vegetationsbedeckung bot dem Boden kaum Schutz gegen erosive Abtragung während der jahreszeitlich stark akzentuiert auftretenden Niederschläge, so dass denudative Spülprozesse ausgelöst wurden. Das Ergebnis war eine großflächige Rückverlegung der Hänge unter Entstehung von sog. Pediplains. In humideren Klimaphasen mit dichterer Vegetationsbedeckung herrschten geomorphologisch stabile, Relief konservierende, Bedingungen. Erosionsprozesse an der Landoberfläche wirkten nur geringfügig, dafür fand nun eine intensive Tiefenverwitterung mit einhergehender Bodenbildung statt. Zudem zerschnitten die Flussläufe mit linearer Erosionskraft die zuvor ausgebildeten, zusammenhängenden Flächen. Nach BIGARELLA & AB'SABER (1964) sowie BIGARELLA & MOUSINHO (1965, 1966) existieren verschiedene Niveaus von Pediplains und Pedimenten, die aus verlagertem Verwitterungsmaterial der Restflächen sowie jüngerer, kolluvialer Rampen mit stärkerer Hangneigung bestehen. Letztere Form ergaben Materialumlagerungen, die sich im Spät-Pleistozän zum Übergang der letzten Kalt- zur holozänen Warmzeit akkumulierten (SEMMEL & ROHDENBURG 1979, AHNERT, ROHDENBURG & SEMMEL 1982). Stone lines, also steinig bis grusige Lagen, trennen häufig das hangende, allochthon eingetragene Substrat vom Liegenden. Von diesem unterscheidet sich das aufliegende Material meist deutlich durch seine braune Farbe und geringere Tonfraktionsanteile, so dass es als Decklehm angesprochen wird (KLAMMER 1981, BORK & ROHDENBURG 1983, BIBUS 1983, SEMMEL 2001). Weitere Indizien für schwankende Klimabedingungen als landschaftsprägende Faktoren leiten sich aus Aufschlüssen fossiler Bodenhorizonte sowie von paläobotanischen Befunden ab (BIGARELLA 1964, BEHLING 1993, 1998, 2000, LICHTE & BEHLING 1999).

Das erste Planalto wird gegenwärtig in seiner südöstlichen Hälfte großflächig vom Flusssystem des Rio Ribeira eingenommen, das als einziges vom Hochland durch das Küstengebirge in den Südatlantik entwässert. Alle anderen Flüsse fließen hunderte Kilometer in westliche oder nordwestliche Richtung über den Rio Paraná, der das südamerikanische Hinterland durchzieht, und münden mit dem Rio de la Plata bei Buenos Aires in den Atlantik. So entspringt beispielsweise der Rio Tibagi im benachbarten Einzugsgebiet und strömt über den Vorfluter Rio Paranapanema dem Rio Paraná zu, indem er die Steilstufen der sich westlich anschließenden Hochländer antezendent durchschneidet (Abb. 2.2). Das Planalto von Ponta Grossa löst mit seinen paläozoischen Sedimentgesteinen das kristalline Grundgebirge mit der Escarpa Devoniana ab, wobei dort das Höhenniveau von 700 m auf über 900 m ü. M. springt und sich ein abrupter Landschaftswechsel vollzieht. Das zerschnittene, kleinräumig wechselnde Relief mit hoher Energie verändert sich zu sanftwelligen Kuppen und Senken, auf denen die Araukarienwälder bzw. deren forstwirtschaftliche Nutzung gegenüber der steppenartigen Graslandschaft der Campos Gerais zurück treten (MAACK 1968).

Weiter westlich, in tief eingeschnittenen Flusstälern, findet sich die Araukarienwaldvegetation mit Zunahme der Reliefenergie in der Region wieder ein. Nach einigen vorgelagerten, an Wasserfällen spektakulär freigelegten Basalt Sills erhebt sich die Serra Geral von 800 m auf über 1100 m ü. M., und stellt somit den steilen Übergang zum dritten Hochland, dem Planalto von Guarapuava her. Von dort folgt die Landoberfläche dem westlichen bis nordwestlichen Schichteinfallen in das Paraná Becken und erreicht an der Westgrenze des Bundesstaates den Rio Paraná zwischen Porto Rico 252 m ü. M. und Foz do Iguaçu 168 m ü. M. (MAACK 1968).

Das regionale Landschaftsbild der drei Faxinais
Das Faxinal Sete Saltos de Baixo (840 m ü. M.) bekam seinen Namen aufgrund der Lage am Oberlauf des Rio Sete Saltos. Der Fluss entwässert über den Rio Açungui und den Rio Ribeira auf kurzem Weg in den Atlantik. Die obersten Quellaustritte befinden sich nur wenige Kilometer außerhalb des Faxinal unterhalb der Escarpa Devoniana. Das Einzugsgebiet des Rio Sete Saltos gehört mit 240 m Reliefenergie (720–960 m ü. M.) zu den steilsten Gebieten der Region (FERREIRA 2006).

Auch das Faxinal Anta Gorda (Paraná) (780 m ü. M.) wurde nach einem anrainenden Fluss, dem Rio da Anta Gorda, benannt. Dieser stellt einen Zufluss des Abflusssystems des Rio Ivaí dar, dessen oberste Quelle noch auf der Basalt-Schichtstufe der Serra do Mar liegt. Über einen spektakulären Wasserfall fließt das Wasser in östliche Richtung zum Rio São João, erreicht dann gegen Norden den Rio Ivaí als nächst größeren Vorfluter und mündet schließlich über den Rio Paraná in den Südatlantik.

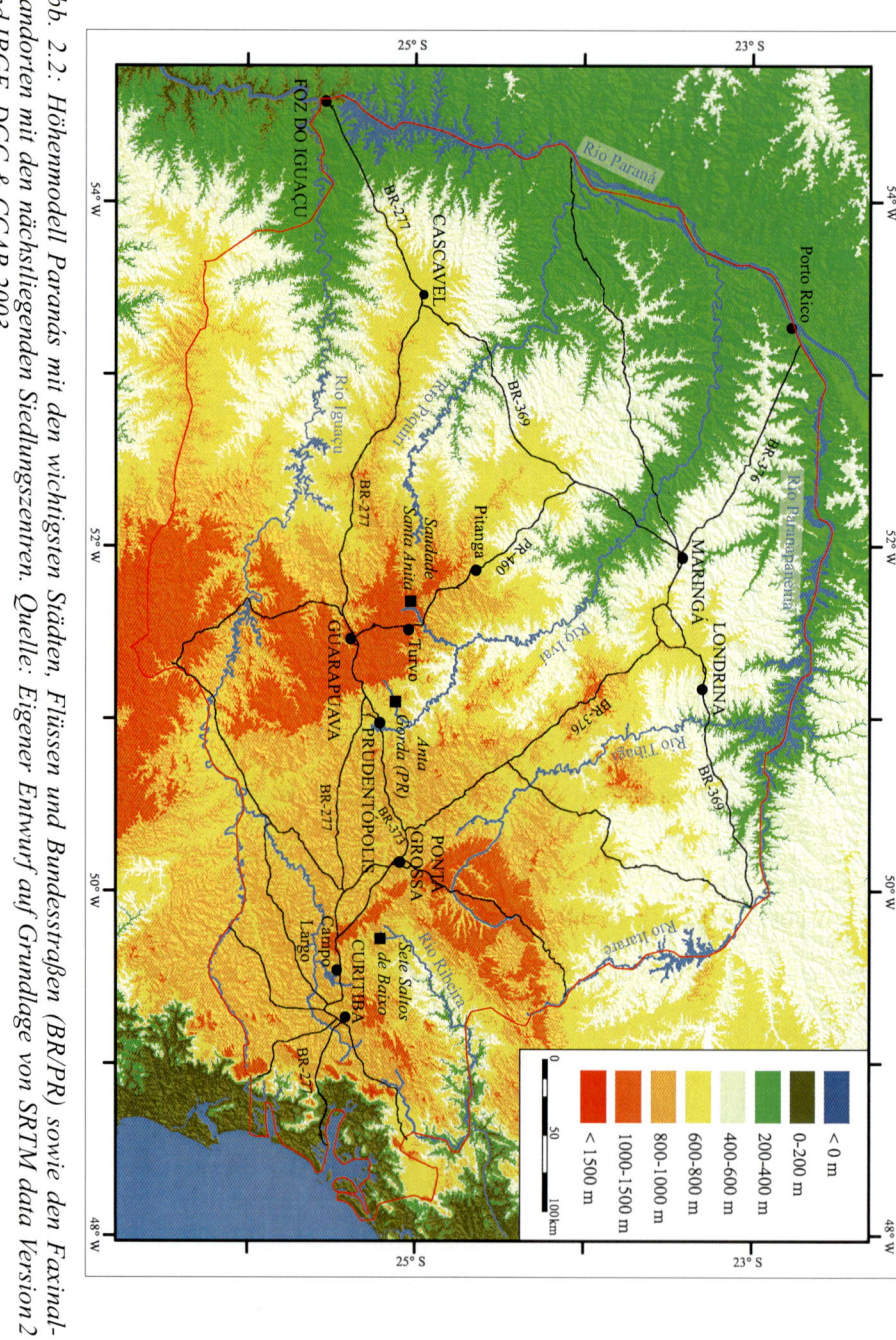

Abb. 2.2: Höhenmodell Paranás mit den wichtigsten Städten, Flüssen und Bundesstraßen (BR/PR) sowie den Faxinal-Standorten mit den nächstliegenden Siedlungszentren. Quelle: Eigener Entwurf auf Grundlage von SRTM data Version 2 und IBGE, DGC & CCAR 2003.

Das Einzugsgebiet des Rio Anta Gorda (740–1200 m ü. M.) besitzt insgesamt eine Reliefenergie von 460 m, nach dem Wasserfall an der Steilstufe beträgt diese noch 100 m.

Teils innerhalb, teils in unmittelbarer Umgebung des Faxinal Saudade Santa Anita (1050 m ü. M.) entspringen zwei weitere Oberläufe des Ivaí Flusssytems. In Nähe der höchsten Erhebungen am Rand der Basaltstufe beginnen die Läufe des Rio Forquilha und des Rio Facão, die sich im nordöstlich fließenden Rio Bonito vereinen. Dieser mündet genau an der Stelle in den Rio Ivaí, wo der Ivaí die Serra Geral in nordwestliche Richtung durchschneidet um weit im Westen in den Rio Paraná zu entwässern. Die Reliefenergie im gemeinsamen Einzugsgebiet des Rio Forquilha und des Rio Facão beträgt 100 m auf einem Höhenniveau zwischen 1010–1110 m ü. M.

2.3 Die klimatischen Bedingungen

Der Sommer für den Raum Südbrasilien wird durch wechselnde Einflüsse südlicher Kaltlufteinbrüche und tropischer, quasi-stationärer Hochdruckgebiete geprägt (Abb. 2.3). Dabei zieht das sog. Chaco Tief, ein Ableger der innertropischen Konvergenzzone, feuchte Luftmassen aus Nordwesten an, die der Region ein sommerliches Niederschlagsmaximum im Dezember und Januar bescheren (VEITH & VEITH 1985). In den Wintermonaten nehmen die polaren Kaltfronten aus Süden kommend an Stärke zu und bringen kalte, trockene Luftmassen mit sich, so dass im Juli ein Niederschlagsminimum auftritt. Gleichzeitig verliert die warme, feuchtere Luft südatlantischer Hochdruckausläufer zu dieser Zeit an Einfluss und reicht meist nur bis an den östlichen Rand der Serra do Mar. Die Hochländer des Binnenlandes dahinter liegen demzufolge im Regenschatten (GOLTE 1993). Jedoch übersteigt in keinem Monat die potentielle Evapotranspirationsrate die mittleren Niederschlagswerte, weshalb nicht von einer ausgesprochenen Trockenzeit gesprochen werden kann (HUECK 1966).

Das Gebiet Paranás lässt sich nach KÖPPEN & GEIGER folgenden Klimaklassen zuordnen (KOTTEK et al. 2006): Af innerhalb der randtropischen Zone des atlantischen Küstentieflandes mit monatlichen Durchschnittstemperaturen von 20 °C oder höher sowie gleichmäßig verteilten Niederschlägen von über 2000 mm im gesamten Jahresverlauf; Cfa im feuchten, (sub-)tropischen Norden und Westen des Staates mit Monatsdurchschnittstemperaturen zwischen 18–24 °C sowie rund 1500 mm Niederschlag im Jahresgang; sowie Cfb in der feuchten, warm-gemäßigten Klimaregion der Hochländer mit ca. 1400 mm Niederschlag und Monatsdurchschnittswerten zwischen 15–20 °C, wobei in dieser Region winterlicher Frost auftreten kann (MAACK 1968, SIMEPAR 2002).

Das regionale Klima der drei Faxinais

Das Vorkommen der Araukarienwaldvegetation beschränkt sich auf den Klimabereich Cfb, da insbesondere die Verbreitung der Araukarie eng mit dem Auftreten eines Niederschlagsmaximums im Sommer bzw. mit Trockenperioden und Frösten in den Wintermonaten verknüpft ist (GOLTE 1978, 1993). Entsprechend erscheint

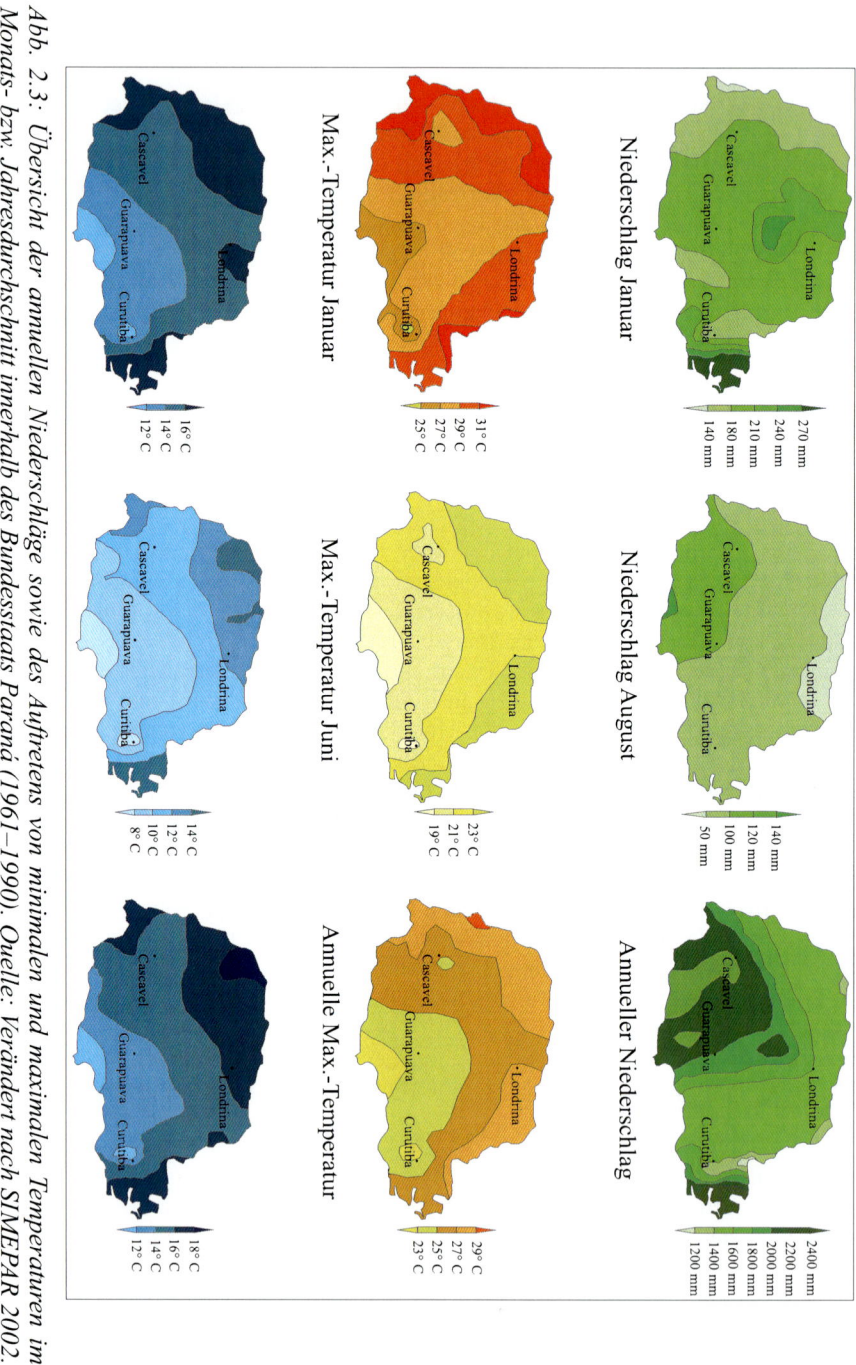

Abb. 2.3: *Übersicht der annuellen Niederschläge sowie des Auftretens von minimalen und maximalen Temperaturen im Monats- bzw. Jahresdurchschnitt innerhalb des Bundesstaats Paraná (1961–1990). Quelle: Verändert nach SIMEPAR 2002.*

der Vergleich vertretbar den klimatischen Einfluss auf das Faxinal-Nutzungssystem an den drei Standorten auszuklammern. Die nachfolgend angeführten Werte für die jeweilige Region stammen von SIMEPAR (2002) und CASTELLA & BRITEZ (2004).

Die für das Faxinal Sete Saltos de Baixo am nahesten gelegene Klimastation mit langjährigen Aufzeichnungsreihen ist Curitiba. Die Jahresdurchschnittsniederschlagsmenge schwankt zwischen 1400–1600 mm, der Durchschnittswert für den Jahrestemperaturgang zwischen 16–17 °C. Die niedrigsten monatlichen Durchschnittstemperaturwerte liegen bei 8–12 °C, die maximalen bei 19–25 °C. Die relative Luftfeuchtigkeit beträgt nahezu konstant 90 %, wobei für gewöhnlich 20–30 Frosttage im Winter auftreten.

Die nächste Klimamessstation für das Faxinal Anta Gorda (Paraná) befindet sich in Prudentópolis. Dort fällt durchschnittlich 1400–1600 mm Niederschlag pro Jahr, die gemittelten Jahrestemperaturwerte liegen bei 17–19 °C mit den niedrigsten Monatstemperaturen bei 10–14 °C sowie den wärmsten bei 21–27 °C. Die durchschnittliche, relative Luftfeuchte erreicht 75–85 %. Des Weiteren ergeben sich 10–25 Frosttage im Jahr.

Für das Faxinal Saudade Santa Anita sind die Klimadaten der Messstation in Turvo heranzuziehen. Bei durchschnittlichen Niederschlagsmengen von 1600–1800 mm werden in der Region zwischen 17–19 °C im Jahresdurchschnitt erreicht. Die kältesten Monatsmittel schwanken um 10–14 °C, die wärmsten um 21–27 °C. Die relative Luftfeuchtigkeit ergibt 75–80 % bezogen auf den Verlauf eines Jahres, in dem für gewöhnlich 10–25 Frosttage zu erwarten sind.

2.4 Die Bodengesellschaften

Viele Bodenstandorte im Gebiet von Paraná haben als charakteristischste Eigenschaft das geringe Vorkommen an basischen Kationen, welches das Ergebnis einer intensiven Silikatverwitterung unter subtropisch-tropischem Klima ist. Zudem durchliefen viele Böden eine Pedogenese, die weit vor dem Holozän begann (QUEIROZ NETO 2001). Folgende Hauptbodentypen sind auf der Fläche des Bundesstaats zu unterscheiden (nach SANTOS FILHO 1977, EMBRAPA & IAPAR 1984, EMBRAPA 1999, IBGE 2001):

Böden initialer pedologischer Entwicklung nehmen nur sehr wenig Fläche ein. Natürlicherweise sind diese Rohböden in exponierten Relieflagen an den Rändern der Steilstufen oder im Küstengebirge zu finden. Unter einem nur schwach ausgeprägten Auflagehorizont besitzen sie einen meist mächtigen Saprolit, der den chemisch verwitterten Übergang zum anstehenden Gestein darstellt. Des Weiteren treten Regosols als Quarzsande über anstehenden Sandsteinen sowie in den Küstenbereichen auf, wo sie unter marinem Einfluss eine entsprechende hydromorphe Überprägung aufweisen und eng mit den tonreicheren Böden der Mangrovenhabitate vergesellschaftet sind. Auf dem Festland gehen die Böden sandiger Substrate mit zunehmend organischer Auflage in nährstoffarme Podzols mit charakteristischem Eluvialhorizont über. In Muldenlagen stellen sie unter Stau- bzw. Grundwassereinfluss Übergangsgesellschaften zu Gleysols dar. Setzen sie sich entlang von Flussläufen aus Schichten von fluvial angelagertem Feinmaterial sandig bis lehmiger Textur zusammen, werden sie als Fluvisols bezeichnet. Nimmt der reduktive Charakter durch stärkeren hydromorphen Einfluss und die Konzentration organischer Substanz zu, bilden sich Histosols aus.

Tab. 2.1: Die Bodenklassen des Sistema Brasileiro de Classificação de Solos (EMBRAPA 1999) und der WRB (2006). Die Bodentypen nehmen in absteigender Reihenfolge an Flächenanteilen ab.

Classificação de Solos 1999	World Reference Base 2006
Faxinal Sete Saltos de Baixo auf quarzreichen Migmatiten	
Cambissolos Háplicos	Haplic Cambisols
Argissolos Vermelho-Amarelos	Acrisols / Lixisols
Latossolos Vermelhos	Ferralsols
Faxinal Anta Gorda (Paraná) auf Silt- und Tonstein	
Cambissolos Háplicos	Haplic Cambisols
Neossolos Litólicos	Leptosols
Nitossolos Vermelhos	Nitisols
Luvissolos Hipocrômico	Luvisols (Chromic)
Faxinal Saudade Santa Anita auf Basalt	
Latossolos Brunos	Ferralsols (Humic)
Nitossolos Vermelhos	Nitisols
Kleinräumig auftretende, azonale Bodentypen	
Neossolos Flúvicos	Fluvisols
Gleissolos	Gleysols

Quelle: Die Angaben der regional anzutreffenden Bodengesellschaft richten sich nach der brasilianischen Bodenkarte 1 : 5 Mio. (IBGE 2001).

Zu den oben aufgeführten Bodentypen sind die charakteristisch subtropisch-tropischen Vertreter in Paraná räumlich von größerer Bedeutung. Den Braunerden ähnlich, beschreiben die Cambisols alle nur schwach entwickelten Mineralböden ohne hydromorphe Eigenschaften. Je nach Ausgangssubstrat sind sie sehr unterschiedlicher Ausprägung und kommen oft im kleinräumigen Wechsel gemeinsam mit anderen Bodentypen vor. Schwieriger ist die Bestimmung und Zuordnung der tiefgründig verwitterten Mineralböden, die aus nahezu allen Ausgangsgesteinen hervorgehen können und neben Eisen- und Aluminiumoxiden vor allem Kaolinit als Verwitterungsresiduum enthalten. Nach der brasilianischen Bodenklassifikation werden diese sog. Latossolos nach ihrer Farbe differenziert: Latossolos Roxos (= *violett oder purpur*), Latossolos Brunos (= *braun*), Latossolos Vermelho-Escuros (= *dunkelrot*) und Latossolos Vermelho-Amarelo (= *rot-gelb*). Die beiden erstgenannten haben Basalt als Ausgangsgestein, die beiden letzten kommen über Graniten sowie Metamorphiten vor. Nach der WRB (2006) entsprechen die Latossolos den Ferralsols. Nicht ganz einfach abzugrenzen und im Gelände schwierig zu beurteilen ist der Übergang zu den Lessivés, die sich durch einen mit Ton angereicherten Bt-Horizont („argic" Eigenschaften) auszeichnen (EITEL 2001). In Brasilien vertreten die Argissolos diese Eigenschaft, hingegen ist nach der WRB eine genauere Unterscheidung nach Kationenaustauschkapazität und Basensättigung notwendig. Sind beide Werte niedrig (KAK < 24 cmol$_c$ kg^{-1} und BS < 50%) handelt es sich um Acrisols und bei einer Basensättigung über 50% um Lixisols. Hat der Bt-Horizont jedoch eine niedrige Basensättigung bei einer KAK größer 24 cmol$_c$ kg^{-1}, wird der Boden in der brasilianischen Klassifikation sowie in der WRB (2006) den Alisols zugeordnet. Treten glänzende Cutane an Aggregatwänden oder Scherflächen in Unterbodenhorizonten auf, handelt es sich um Nitisols, oder brasilianisch Nitossolos, wie es vor allem in tonreichen Böden der Fall sein kann.

Die regionale Pedologie der untersuchten Faxinais
Als azonale, sehr kleinräumig vertretene und an Senkenlage mit hydromorphem Einfluss gebundene Bodentypen sind nach dem brasilianischen Klassifikationssystem (EMBRAPA 1999) Gleissolos und Neossolos Flúvicos an allen drei Untersuchungsstandorten anzutreffen. Nach der WRB (2006) entsprechen sie weitestgehend den Gleysols bzw. Fluvisols. Auch im Folgenden richten sich die Angaben zu den regionalen Bodengesellschaften nach der Bodentypenverbreitungskarte des IBGE (2001) mit Maßstab 1 : 5 Mio., die auf der aktuellsten überarbeiteten Bodenklassifikation der EMBRAPA von 1999 basiert.

Für das Gebiet des Faxinal Sete Saltos de Baixo, welches auf quarzreichen Migmatiten liegt, werden dystrophe Cambissolos Háplicos, Argissolos Vermelho-Amarelos sowie Latossolos Vermelhos ausgewiesen. Gemäß der oben aufgeführten Beschreibung der Bodenvergesellschaftung in Paraná entsprechen diese den Haplic Cambisols, Acrisols und den Ferralsols der WRB (2006). Im Allgemeinen haben die Böden des ersten Planaltos eine rötliche Färbung, einen sauren Charakter (pH-Wert 4–5) und ihr Tongehalt schwankt zwischen 50–65% (ROCHA 1981).

In der Region des Faxinal Anta Gorda (Paraná) mit anstehenden Silt- und Tonsteinen setzt sich die Bodengesellschaft vor allem aus nährstoffarmen Cambissolos Háplicos und Neossolos Litólicos zusammen. Daneben treten noch Nitossolos Vermelhos und Luvissolos Hipocrômicos auf. Nach der WRB (2006) ist also von Vorkommen an Cambisols, Leptosols, Nitisols und Chromic Luvisols auszugehen. Die Böden auf den Sedimentgesteinen des Paraná Becken besitzen in der Region des Faxinal geringe Mächtigkeiten und ihre Farbe ähnelt oft der des Ausgangsgesteins (SANTOS FILHO 1977). In den Böden variiert der pH-Wert zwischen 3,8–4,6, der Anteil der Tonfraktion am Korngrößenspektrum pendelt zwischen 30–60% und korreliert stark mit der Zusammensetzung des Ausgangsgesteins (SANTOS FILHO 1977).

Das Faxinal Saudade Santa Anita auf dem Basalthochland liegt in einer Region von Bodengesellschaften mit dystrophen Latossolos Brunos und Nitossolos Vermelhos, die nach der WRB (2006) unter die Ferralsols bzw. die Nitisols fallen. Die bis zu mehreren Metern tiefgründigen, dunkelrot gefärbten Böden haben Werte um pH 4 und ihr Tongehalt erreicht 60–80% (KRONEN 1989).

2.5 Die Vegetationsgesellschaften

Nach MAACK (1968) besteht die natürliche, potentielle Vegetationsbedeckung für Paraná zu etwa 83 % aus Wald, die restlichen 17 % nehmen Grasländer sowie die Pflanzengesellschaften des Küstensaums ein. Insgesamt lassen sich acht phytoökologische Lebensräume unterscheiden (RODERJAN et al. 2002, WATZLAWICK et al. 2003): 1) die küstennahe Vegetation mit Mangrovenwäldern, Salzwiesen und der *Restinga* Dünengesellschaft, 2) die tropischen Regen- oder Feuchtwälder des Floresta Ombrófila Densa mit ihren Höhenstufen zu denen auch die Araukarienwaldvegetation gehört, 3) die subalpinen Grasgesellschaften in den Gipfellagen der Serra do Mar, 4) die auf den Hochländern inselartig auftretenden, steppenartigen Grasländer der *Campos*, 5) die im Norden Paranás vorkommende (Busch-)Savanne des *Cerrado* bzw. *Cerradão*, 6) die halb-immergrüne Waldgesellschaft mit saisonaler Trockenzeit im westlichen Landesteil, 7) die *Várzea* Vegetation der Flussauen und 8) die quasinatürlichen Pflanzengesellschaften verschiedener Sukzessionsstadien.

Der natürliche Verbreitungsraum des Floresta Ombrófila Densa wird großräumig unter dem Begriff Mata Atlântica geführt und erstreckt sich entlang der Atlantikküste bis in den Norden Brasiliens. Eine zugehörige Untergruppe sind die von *Araucaria angustifolia* dominierten Regenwälder des Floresta Ombrófila Mista, die sich durch Mischvorkommen von Angiospermen und Gymnospermen, bzw. Laubhölzern und Koniferen, sowie dem gemeinsamen Auftreten von austral-antarktischen (z.B. *Araucaria angustifolia* oder *Ilex paraguariensis*) und neotropischen Florenelementen (z.B. *Cedrella fissilis*) auszeichnen (KLEIN 1984). Die tropischen Artenvertreter unterscheiden sich von den subtropischen durch ihre größere Kälteempfindlichkeit (GOLTE 1993). Dementsprechend wird das Vorkommen von Araukarien gemeinhin als Klimaxpflanzengesellschaft einer vergangenen, kälteren und trockeneren Klimaphase angesehen, die ihre maximale Ausbreitung im Pleistozän erreichte (HUECK 1966, BEHLING 2000, BEHLING et al. 2007). Unter den rezenten Bedingungen kommt es zu einer Unterwanderung durch tropische Regenwaldarten an der unteren Verbreitungsgrenze, gleichzeitig rückt die Araukariengesellschaft gegen den Verbreitungsraum der höher liegenden Campo Graslandschaften vor (KLEIN 1984, RODERJAN 2002).

Die Araukarienvorkommen wurden im letzten Jahrhundert fast vollständig exploitiert und bis heute weitestgehend durch land- und forstwirtschaftlich geprägte Ökosysteme ersetzt (Tab. 2.2, Abb. 2.4). Das potentiell natürliche Ausbreitungsgebiet der Brasil-Kiefer liegt vor allem im östlichen und mittleren Abschnitt der südbrasilianischen Bergländer zwischen 18° und 30° südlicher Breite (HUECK 1966). In den Bundesstaaten Paraná, Santa Catarina und im Norden von Rio Grande do Sul breiten sie sich flächendeckend mit 20 km Abstand zur Küste ab 500 m Höhe aus. Die Arealgrenze steigt nach Norden hin bis 1200 m ü. M. an, wobei in den nördlicheren Bundesstaaten São Paulo, Rio de Janeiro und Minas Gerais nur kleinere Vorkommen in den obersten Bergregionen existieren (HUECK 1966). Richtung Westen reicht das Verbreitungsgebiet bis nach Ostparaguay und in den Bundesstaat Missiones Argentiniens, wo die Araukariengesellschaft stärker von subtropisch, wechselgrünen Pflanzenspezies ergänzt wird (ROSS 1995, SEIBERT 1996).

2.5 Die Vegetationsgesellschaften

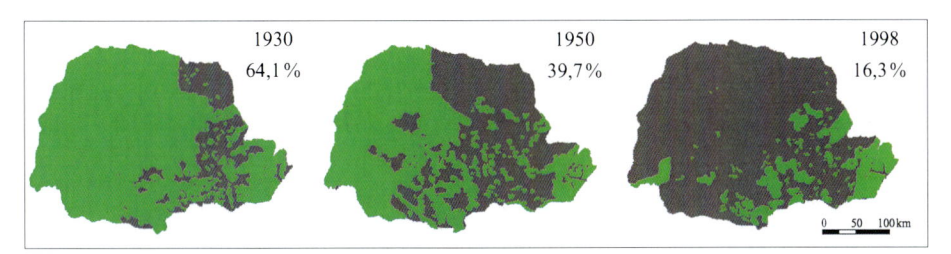

Abb. 2.4: Entwicklung des gesamten Waldflächenbestands in Paraná (1930–1998). Quelle: Verändert nach FUPEF 2001.

Tab. 2.2: Flächenentwicklung des Araukarienwaldbestands in Paraná. [1]Gesamte Araukarienwaldvegetation und [2] natürliche Araukarienwaldgesellschaft).

Staatsfläche Paraná	19 931 485 ha	100 %
Potentiell natürliche Araukarienwaldfläche	8 579 715 ha	42,9 %
1890	7 378 000 ha	36,9 %
1930	3 958 000 ha	19,8 %
1937	3 455 400 ha	17,3 %
1950	2 522 400 ha	12,6 %
1955	2 203 200 ha	11,0 %
1960	2 043 200 ha	10,2 %
1965	1 593 200 ha	8,0 %
1973	433 500 ha	2,2 %
1977	151 620 ha	0,8 %
1984	269 631 ha	1,3 %
1992	988 482 ha	4,9 %
1998 [1]	2 741 233 ha	13,8 %
1998 [2]	78 194 ha	0,4 %

Quelle: Zusammengestellt nach MAACK 1968, LOPEZ ET AL. 2002 in ALBUQUERQUE 2005, CASTELLA & BRITEZ 2004, IBGE 2000.

Die regionale Vegetationsgesellschaft der drei Faxinais
Die Verwaltungsregionen Centro Sul, Sudeste und Centro Oriental Parananese gehören zum Zentrum des Verbreitungsraums der Hochland-Araukarien-Waldgesellschaft. So bedeutet das Wort *curi / cury* „Araukarie" in der Sprache der indigenen Guaraní Bevölkerungsgruppe, wovon sich der Name der Hauptstadt Curitiba ableitet (ROSS

1995). Jedoch sind die rezent bestehenden Araukarienwälder fast alle als sekundäre Vegetationsformen einzuordnen, in denen die Art *Araucaria angustifolia* längst nicht mehr flächendeckend präsent ist (STEINBRENNER 2000, Tab. 2.2). Dies gilt auch für die Gebiete der Faxinais, auch wenn sich in den meisten Beständen charakteristische Assoziationen des Floresta Ombrófila Mista erkennen lassen.

Die Standortregionen der Faxinais Sete Saltos de Baixo und Anta Gorda (Paraná) auf dem ersten bzw. zweiten Planalto gehören dem Floresta Ombrófila Mista Montana (400–1000 m ü. M.) an, das Faxinal Saudade Santa Anita auf dem dritten Hochland liegt mit knapp 1000 m ü. M. im Bereich des Floresta Ombrófila Mista Alto-Montana (VELOSO 1992). Die Unterteilung orientiert sich an den *Araucaria angustifolia* begleitenden Baumarten, welche im Floresta Ombrófila Mista Montana einen lockeren Oberstand ausbildet. Die Familie der Lauraceae macht zusammen mit Myrtaceae und Aquifoliaceae, aus der *Ilex paraguariensis* als bedeutende Nutzpflanze hervorzuheben ist, 70–90 % der Kronendachdeckung im Hauptstockwerk aus (LEITE & KLEIN 1990). Im Floresta Ombrófila Mista Alto-Montana wächst *Araucaria angustifolia* dichter im Oberstand mit 60–80 % Deckung des Kronendachs. Das niedrigere Hauptstockwerk bilden die Lorbeergewächse aus, ergänzt durch Sapindaceae, Myrtaceae sowie Aquifoliaceae (LEITE & KLEIN 1990). Als Zeiger für Sekundärwaldgesellschaften, im Brasilianischen *Capoeira* genannt, dient das verstärkte Auftreten von Asteraceae, Sapindaceae sowie Rosaceae (KLEIN 1984). Verallgemeinert gilt, dass *Araucaria angustifolia* flache Standorte bevorzugt, ebenso wie die zweite, ergänzend auftretende Koniferengattung *Podocarpus*, die jedoch feuchte Standorte vorzieht. Vergleichend dazu dominiert in steileren Hanglagen die Laubwaldvegetation (SEIBERT 1996).

2.6 Die Landnutzung in Paraná

Im Bundesstaat Paraná leben 10,3 Mio. Menschen, die sich zu 82 % auf städtische Siedlungsräume verteilen bzw. zu 18 % auf dem Land leben (IBGE 2008a, BITTENCOURT et al. 2004). 23 % des BIP Paranás werden in der Landwirtschaft erwirtschaftet, dies entspricht mit den höchsten Anteilen in Brasilien (BITTENCOURT et al. 2004). Von den insgesamt 370 000 landwirtschaftlichen Betrieben weisen ca. 95 % Flächen von unter 100 ha auf. Auf sie entfallen jedoch nur 40 % der gesamten landwirtschaftlichen Nutzflächen sowie 20 % der Waldflächen. Da diese Zahlen von IBGE (1989) in STEINBRENNER (2000) stammen und aktuellere nicht vorlagen, ist davon auszugehen, dass die Flächenanteile bei kleineren Betriebsgrößen bis zur Gegenwart weiter zurück gegangen sind. Von der knapp 200 000 km² großen Landesfläche Paranás unterliegen 73,5 % ackerbaulicher und weidewirtschaftlicher Nutzung, 16,3 % sind mit Natur- und Wirtschaftswäldern bedeckt und 5,6 % wurden als Graslandschaft natürlichen oder anthropogenen Ursprungs klassifiziert (Abb. 2.5). Die vorliegenden 2,9 % Buschlandanteil sind v. a. als sekundäre Vegetationsform aufzufassen, die Restfläche verteilt sich auf Wasserbereiche (1,6 %) sowie auf die städtische Agglomeration rund um Curitiba (0,1 %) (IBGE, DGC & CCAR 2003).

2.6 Die Landnutzung in Paraná 17

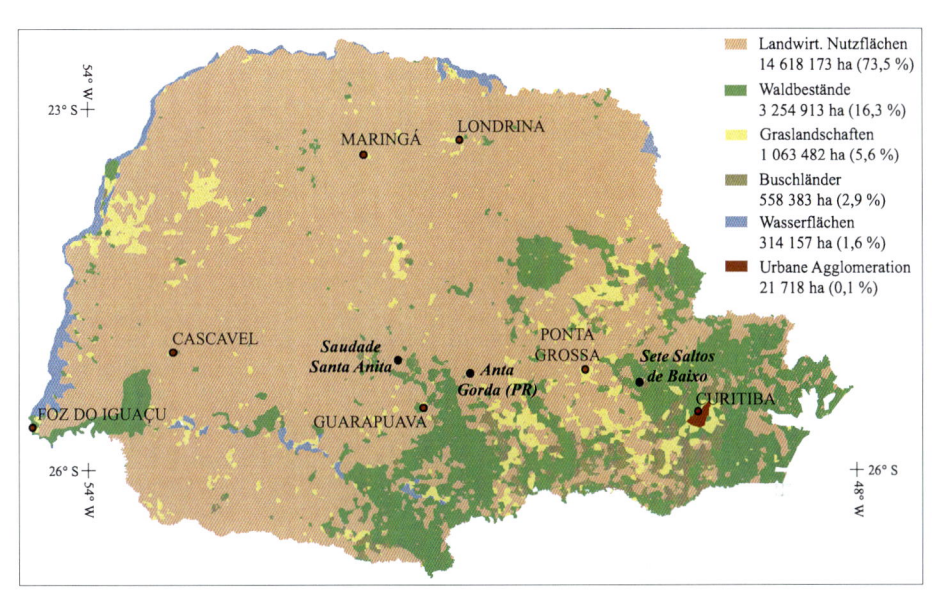

Abb. 2.5: Landnutzungskarte von Paraná aus dem Jahr 2003 mit absoluten und relativen Flächenanteile der Nutzungsklassen. Quelle: Eigener Entwurf auf Grundlage von IBGE, DGC & CCAR 2003.

Seit der Mitte des 19. Jahrhunderts wurden die südbrasilianischen Araukarienwälder äußerst intensiv exploitiert, so dass im potentiellen Verbreitungsgebiet innerhalb Paranás (8 579 715 ha) heute nur noch 78 194 ha mit geschlossenen, araukariendominierten Naturwäldern bewachsen sind (CASTELLA & BRITEZ 2004, Abb. 2.4). Neben dem wachsenden Flächenbedarf für Land- und Viehwirtschaft waren es insbesondere die hervorragenden Holzeigenschaften der Araukarie, und damit ihr ökonomischer Wert, der eine florierende Holzwirtschaft als Basis für die voranschreitende Kolonisierung des Bundesstaates entstehen ließ (ALBERQUERQUE 2004). Ab 1965 zeigte sich die dramatische Übernutzung der Ressource *Araucaria angustifolia* in deutlichen Gewinneinbrüchen der Forstwirtschaft, der die Regierung mit Reglementierungen und Förderprogrammen zur Wiederaufforstung begegnete (FÄHSER 1981). Die gesetzlichen Vorgaben zur Flächenbewirtschaftung richten sich nach dem *Código Florestal*, dem brasilianischen Bundeswaldgesetz, das staatliche Eingriffe in privaten Grundbesitz zum Interesse des Allgemeinwohls ermöglicht. Beispielsweise unterliegen Flächen mit einer Neigung größer gleich 45° einem absoluten Nutzungsverbot aufgrund ihrer hohen Gefährdung durch Bodenerosion. Außerdem gilt das Gebot des „Uso Racional" zur schonenden Nutzung noch bestehender Araukarienbestände (STEINBRENNER 2000). Des Weiteren muss jeder Landeigentümer 20 % seines Grundbesitzes als *Reserva Legal* ausweisen, das ebenfalls nur limitiert genutzt werden darf (STEINBRENNER 2000). Im Sinne des Gesetzgebers ist in diesen Bereichen also nur eine ökologisch nachhaltige Nutzung zulässig, die jedoch nicht genau definiert ist, so dass in der Praxis eine entsprechend „weiche" Umsetzung erfolgt. Die behördliche Zuständigkeit obliegt auf Bundesebene der IBAMA (Instituto Brasileiro de Meio Ambiente e Recoursos Naturais), auf bundesstaatlicher Ebene ist die IAP (Instituto Ambiental do Paraná) für die Einhaltung der Gesetze sowie die Umsetzung der Fördermaßnahmen zuständig.

Zur Aufforstung werden v. a. exotische, schnell wachsende Bäume der Gattungen *Pinus* und *Eucalyptus* angepflanzt, die höhere Erträge als heimische Sorten versprechen. Ganze Landstriche Paranás sind durch diese monokulturellen Plantagenwälder geprägt, so befinden sich dort 605 000 ha von 1,84 Mio. ha aller brasilianischen Kiefernforste (WATZLAWICK et al. 2003). Die Aufforstungen mit heimischen Arten wie *Araucaria angustifolia* oder *Mimosa scabrella* haben seit 1984 begonnen, wie an der ansteigenden Wiederausbreitungstendenz der Araukarienwaldvegetation sichtbar wird (Tab. 2.2). Zukünftig wird mit einer weiteren Intensivierung der Plantagen-Forstwirtschaft aufgrund des wachsenden Rohstoffbedarfs an Holz und Cellulose zu rechnen sein, die von großen Unternehmen mit entsprechender Kapitalstärke betrieben wird. Aus Sicht der Kleinbauern verliert der Besitz von Waldflächen jedoch zunehmend an Attraktivität, da die Nutzung strengen Restriktionen unterliegt, bzw. eine nachhaltige Bewirtschaftung sie vor große bürokratische, technische und finanzielle Herausforderungen stellt.

Die Landnutzungssituation in der Region der Faxinais
Das Faxinal-Landnutzungssystem verknüpft traditionsgemäß kleinräumige, ackerbauliche Bewirtschaftung mit einer extensiven Waldweidewirtschaft. Ergänzend werden natürlich vorkommende Ressourcen extrahiert wie etwa die Blätter des Matestrauchs oder Nutzholz (CHANG 1988a). Folglich handelt es sich bei den Betreibern um Kleinbauern und die angewendeten Arbeitstechniken erfordern wenig Kapital, aber viel Arbeitskraft. Eingriffe in das natürliche Waldökosystem zur Schaffung von Äckern, Grasweiden oder Matestrauchkulturen erfolgen nach der Shifting-cultivation-Methode, oder auch Brandhackbau, bei der im Allgemeinen die Exploitation von Werthölzern der Brandrodung vorausgeht. Dabei werden die Äste der Vegetation abgeschlagen, am Boden belassen und schließlich nach ihrem Trocknen flächendeckend abgebrannt. Zielführend bei diesem Vorgehen ist die Produktion von Asche um kurzfristig das Nährstoffangebot im Boden aufzubessern. Zudem werden in jüngerer Zeit vermehrt Phosphatdünger und Kalk zur Verbesserung der Bodenfruchtbarkeit ausgebracht. Je nach Gelände und Verfügbarkeit erfolgt die Bodenbearbeitung in Handarbeit per Hacke und Pflanzstock, oder aber durch Pflügen mit Tier- oder Maschinenkraft. Laut der ansässigen Bauern erschöpft sich die Produktivität des Feldes für gewöhnlich nach zwei bis fünf Jahren. Danach wird es der Natur überlassen, so dass sich schon bald eine Sekundärgesellschaft darauf einstellt.

Die Angaben zur landwirtschaftlichen Produktion auf Ebene der kleinsten Verwaltungseinheit des Município sollen Aufschluss über die ökonomische Struktur in der Region des jeweiligen Untersuchungsgebiets geben. Das Município Campo Largo (Faxinal Sete Saltos de Baixo) liegt verhältnismäßig nah an Curitiba, dem modernen, wirtschaftlichen und gesellschaftlichen Zentrum Paranás. Aufgrund der deutlich höheren Bevölkerungszahl übersteigt das 2003 erwirtschaftete BIP die Produktion im Município Turvo (Faxinal Saudade Santa Anita) um das Zehnfache und im

2.6 Die Landnutzung in Paraná

Município Prudentópolis (Faxinal Anta Gorda (Paraná)) um knapp das Fünffache (Tab. 2.3). Für den urbanen Einfluss spricht zudem der geringe Anteil der Landwirtschaft am BIP mit 4,4 % in Campo Largo, bzw. mit 27,6 % und 23,1 % hingegen in den ländlicheren Municípios Prudentópolis und Turvo (IBGE 2005). Auch ist die Anzahl in der Landwirtschaft tätiger Personen bei einem Drittel der Gesamtbevölkerung in Turvo und bei über 40 % in Prudentópolis im Vergleich zu knappen 5 % in Campo Largo wesentlich höher. Trotz ungleicher Gebietsausdehnungen weisen alle drei Verwaltungsbezirke nur geringe Flächenunterschiede bezüglich Naturweide und Waldgebiet auf (IBGE 2005, Tab. 2.3).

Tab. 2.3: Landwirtschaftliche Wertschöpfung in der Region der untersuchten Faxinais auf Verwaltungsebene der Municípios (2006 entsprachen 3 R$ ungefähr 1 €).

Município	Campo Largo Sete Saltos de Baixo	Prudentópolis Anta Gorda (Paraná)	Turvo Saudade Santa Anita
Bevölkerung 2007	105 492	48 708	14 025
Personen tätig i. d. Landwirtschaft	5018	20 135	4714
Landwirtschaftliche Betriebe	2535	7834	1725
BIP 2005 (in R$)	1 117 934 000	245 696 000	113 050 000
BIP Landwirtschaft 2005 (in R$)	48 798 000	67 808 000	26 135 000
Fläche (in ha)	124 900	230 800	90 200
Landwirtliche Nutzfläche (in ha)	73 129	149 410	78 372
Waldfläche (in ha)	38 624	53 881	43 658
Naturweide (in ha)	20 041	28 539	17 157

Quelle: Zusammengestellt nach IBGE 2005, 2006, 2008a.

Die Differenzen in der Wertschöpfung der Wälder gestalten sich hingegen gravierender (IBGE 2008b, Tab. 2.4). Dies ist insofern interessant, weil die Faxinal-Bewohner aus der extensiven Waldbewirtschaftung ihr Haupteinkommen beziehen. In Campo Largo besteht gut die Hälfte der landwirtschaftlichen Fläche aus Wald, dessen Nutzung zu knapp einem Drittel des regionalen Agrar-BIP beiträgt (IBGE 2008b). Bei ähnlichen Flächenverhältnissen beträgt die Wertschöpfung der Wälder in Turvo nur 7 %, wobei hier die Produktion von Mateblättern, *Pinhão* (= Frucht von *Araucaria angustifolia*) und Holzkohle wesentlich zur Ertragsbildung beitragen (IBGE 2008b). Die forstwirtschaftlichen Erzeugnisse spielen in Prudentópolis mit 4 % eine geringere Rolle, die höchste Wertschöpfung wird mit Feuerholz und Mateblättern erbracht (Tab. 2.4). Abschließend bestätigen die beschriebenen Verhältnisse den Eindruck, den man beim Besuch in den jeweiligen Municípios gewinnt: In Campo Largo bestehen große Flächen aus Kiefernplantagen, die zur Bauholz- und Cellulosegewinnung herangezogen werden. Hingegen beherrscht in Prudentópolis und

Turvo der Wechsel von Ackerbau und Viehzucht, teils in Form großer Latifundien, das Landschaftsbild. Das Faxinal hebt sich jedoch immer mit der waldbestandenen Weide von seiner Umgebung ab, auch wenn es für den unkundigen Betrachter nicht einfach zu erkennen ist.

Tab. 2.4: Forstwirtschaftliche Wertschöpfung in der Region der Faxinais auf Verwaltungsebene der Municípios (2006 entsprachen 3 R$ ungefähr 1 €).

Wertschöpfung aus Waldbestand (ohne Aufforstungen oder Plantagen)	**Campo Largo** Sete Saltos de Baixo	**Prudentópolis** Anta Gorda (Paraná)	**Turvo** Saudade Santa Anita
Holzkohle (in t)	472	800	2062
Wert (in R$)	236 000	176 000	454 000
Feuerholz (in m^3)	140 670	83 200	23 400
Wert (in R$)	762 000	1 019 000	287 000
Bauholz (in m^3)	209 725	1100	1600
Wert (in R$)	14 261 000	116 000	168 000
Pinhão (in t)	123	95	168
Wert (in R$)	98 000	95 000	160 000
Erva-Mate (in t)	138	2900	1848
Wert (in R$)	115 000	1 305 000	832 000

Quelle: IBGE 2008b.

3 Das Faxinal-System

Im Bundesstaat Paraná, aber auch in Santa Catarina, Rio Grande do Sul sowie in den Grenzregionen zu Paraguay und Argentinien findet sich eine im gesellschaftlichen Kollektiv betriebene Form der Waldweidewirtschaft, ähnlich der in Mitteleuropa bekannten Allmende. Angepasst an die natürlichen Bedingungen der vorherrschenden Vegetationsgesellschaf des Araukarienwalds, stellt diese agrosilvopastorale Nutzungsform ein Relikt traditioneller Landwirtschaft aus den Anfängen des 20. Jahrhunderts dar. Das Faxinal-Organisationssystem besitzt neben seiner wirtschaftlichen Funktion wichtige soziale Aspekte für dessen Mitglieder. Die heute verbreiteten agroindustriellen Produktionssysteme in der Region bedrohen die künftige Existenz dieser althergebrachten Landnutzungsform. Im Zeitraum zwischen 1994 und 2004 war ein Rückgang von 152 Faxinais auf 44 im Bundesstaat Paraná zu verzeichnen (MARQUES 2004), so dass der Ruf nach dem Erhalt dieser typisch südbrasilianischen Kulturlandschaft immer lauter wird, bzw. der Konflikt zwischen traditioneller, kleinbäuerlicher und moderner, großflächiger Landwirtschaft verschärft zutage tritt. Innerhalb dieses Kapitels soll das Faxinal-Landnutzungssystem in seinen historischen, sozialen und politisch-rechtlichen Facetten präsentiert werden und somit über die Rahmenbedingungen der ökologischen Nachhaltigkeitsdiskussion aufklären.

3.1 Ein Faxinal – was ist das?

Der Begriff Faxinal (Plural: Faxinais) besitzt im brasilianischen Portugiesisch mehrere Konnotationen. In der Öffentlichkeit, der wissenschaftlichen Literatur sowie mehr und mehr im gängigen Wortschatz wird darunter ein abgegrenztes Waldweideareal verstanden, das von einer kleinbäuerlichen Sozialgemeinschaft verwaltet und genutzt wird (SAHR & LÖWEN SAHR 2006). Die erste, soweit bekannte, schriftliche Erwähnung in diesem Zusammenhang machte Franz DONAT 1926 in seinem Abenteuerreisebericht „Paradies und Hölle", in dem er vom *Fascinal* als eine Weideform im (Araukarien-)Kiefernwald Südbrasiliens berichtete (COZZO 1995). Gemeinhin steht der Ausdruck Faxinal im Sprachgebrauch der ansässigen Bevölkerung für den Waldbestand in Tälern und Senken (CHANG 1988a). Die Bewohner selbst hingegen bezeichnen ihre kollektive Weidewirtschaftsform als „Sistema de Potreiro" (LÖWEN SAHR & IGELSKI 2004). Dabei unterscheiden sie zwischen der Weidefläche, dem *Criadouro Comum* oder *Criadouro Coletivo*, und den außerhalb der Begrenzung liegenden *Terras de Planta* oder *Roças*, den Ackerflächen (CHANG 1988b).

Die Wurzeln des Wortes Faxinal dürften im lokalen Sprachgebrauch der Bevölkerung liegen. Im Portugiesischen bedeutet „faxina" Reisigbündel, aus denen früher unter anderem Zäune gefertigt wurden, während die Endung *-al* auf einen örtlichen Bezug verweist. Im Spanischen abgeleitet von „fachina", kann im Dialekt der Region Salamanca auch ein Gemüsegarten oder eine Koppel gemeint sein (COZZO 1995). Nicht deselben Ursprungs, und deshalb kein Synonym, ist der argentinische Ausdruck „fachinal", der eine xerophile, sekundäre Buschwaldgesellschaft auf Brachland beschreibt und in südamerikanischen Regionen mit ausgeprägten Trockenzeiten anzutreffen ist (COZZO 1995).

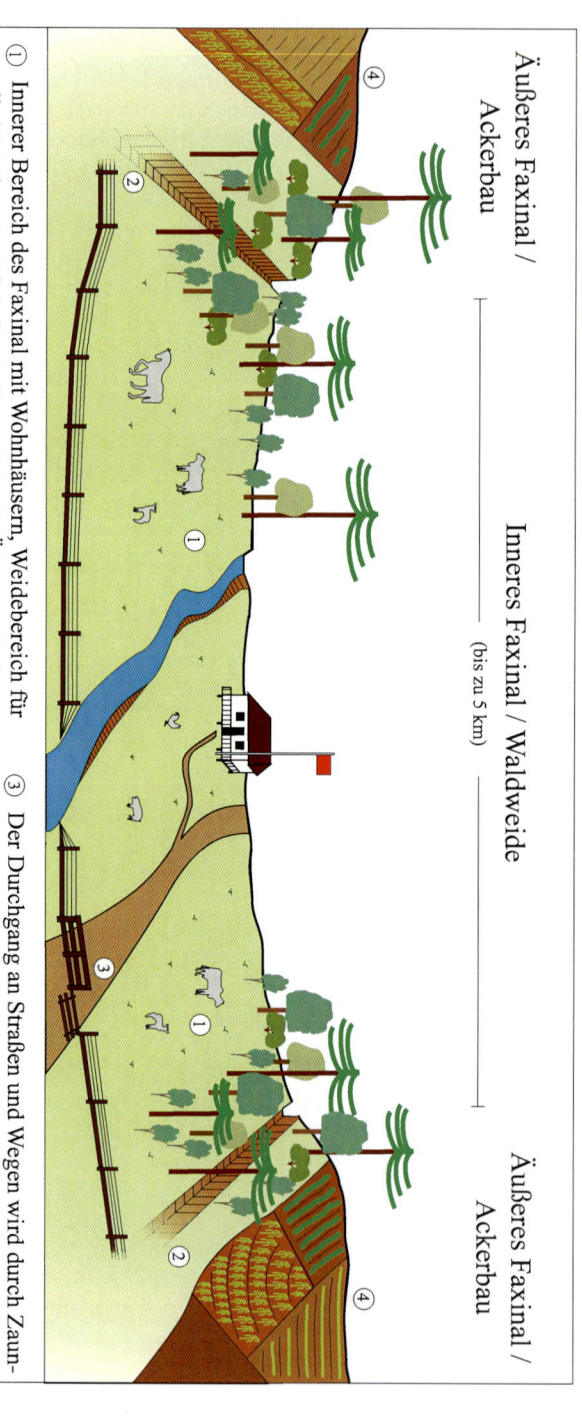

① Innerer Bereich des Faxinal mit Wohnhäusern, Weidebereich für alle Nutztierarten (*Criadouro Comum*) sowie Übergang in den Araukarienwald mit Matestrauchkulturen.

② Abgrenzung des inneren Faxinal durch einen Graben oder (Draht-)Zaun, der meist innerhalb der Araukarienwaldvegetation verläuft.

③ Der Durchgang an Straßen und Wegen wird durch Zauntore (*Porteiras*) oder Viehgitter (*Mata Burro*) gewährt.

④ Außerhalb des *Criadouro Comum* liegen die Ackerflächen (*Terras de Plantar*) auf den umliegenden Anhöhen.

Abb. 3.1: Physiognomisch vereinfachter Aufbau eines Faxinal. Quelle: Eigener Entwurf.

3.2 Die historische Entwicklung

Die erste europäisch organisierte Landnutzung in Südbrasilien geht auf die portugiesische Kolonisation im 16. Jahrhundert zurück und durchlief bis heute mehrere Transformationsprozesse. Eine lokal begrenzte Nutzung der Araukarienwälder begann unter dem Einfluss des Jesuitenordens, der zu damaliger Zeit in der Region aktiv war. Unter ihm kam es zur Vermischung indigener, an den Naturraum angepasster Lebensweise mit abendländischen Kultur- und Wirtschaftsformen (NERONE 2000).

Aufgrund der Wirren durch die anhaltende Jagd nach Sklaven für die Fazendas der Großgrundbesitzer ging die Ausdehnung der landwirtschaftlich genutzten Flächen in der Phase zwischen Mitte des 16. bis Anfang des 18. Jahrhunderts zurück. Dann geriet die Region erstmals in einen großräumigeren, marktwirtschaftlichen Kreislauf durch die Gold- und Edelsteinfunde in Zentralbrasilien. Um von der steigenden Nachfrage nach Lebensmitteln durch den Bevölkerungszuwachs, insbesondere nach Fleisch, zu profitieren, trieben die Großviehzüchter aus Rio Grande do Sul ihre Herden aus den Grassteppen des Südens zum Verkauf auf die großen Märkte der Bundesstaaten São Paulo, Minas Gerais und Mato Grosso nach Norden (SAHR & LÖWEN SAHR 2006). Diese Triebwege, *Caminhos das Tropas* genannt, durchquerten die Hochländer Paranás, auf denen sich die, in den Araukarienwäldern inselhaft auftretende Campos mit Grassteppenvegetation als ideale Rast- und Weideflächen anboten. In den Bereichen der Grasländer entstanden die Fazendas der Großgrundbesitzer, während sich in den bewaldeten Gebieten Tagelöhner, entflohene Sklaven und Bevölkerung mit indigener Abstammung ansiedelte. In diesen Wäldern wird der Ursprung des Faxinal-Systems vermutet, dem als Vorbilder die *Dehesa* oder *Montado* genannten Beweidungssysteme in den Steineichenwäldern auf der Iberischen Halbinsel gedient haben könnten (MARQUES 2004).

Mit dem Ertragsrückgang aus dem Abbau der Bodenschätze in Zentralbrasilien zur Mitte des 19. Jahrhunderts kam es gegenüber der Weidewirtschaft zur ökonomischen Aufwertung der Holzressourcen sowie der Herstellung von Matetee in Südbrasilien. Die einsetzende Kolonisierung des westlichen Hinterlandes Paranás durch europäische Immigranten brachte die Araukrienwälder letztendlich in den Fokus marktwirtschaftlicher Interessen, so dass die Araukarienkiefer die meist exportierte Holzart Brasiliens bis Mitte der 1970er Jahre war (WEIBEL 1979, WATZLAWICK et al. 2003). Die Notwendigkeit zur Anpassung an den neuen Lebensraum sowie ökonomische Zwänge in der Anfangsphase der Immigration brachte die Siedler dazu, das System der Faxinais zu entwickeln und an ihren Bedürfnissen auszurichten (CHANG 1988b).

Ab den 1920er Jahren wurde die Schweinezucht mit Belieferung der Schlachthöfe in Ponta Grossa und Curitiba zur wichtigsten Einkommensquelle neben der Mateteeerzeugung und der, mit voranschreitender Kolonisierung des Landes immer industriell organisierteren, Nutzholzgewinnung (SAHR & LÖWEN SAHR 2006). Diese vorerst letzte Transformation des Faxinal-Systems überdauerte bis zum Beginn der Grünen Revolution in den 70er Jahren des vergangenen Jahrhunderts. Seitdem geht die Anzahl der Faxinais, ihre Flächenausdehnung und ihre zugehörige Bevölkerung mit ansteigender Dynamik zurück. Dies ist hauptsächlich auf die anhaltende Ausbreitung agroindustrieller Strukturen in Paraná zurückzuführen. Die Faxinais bedeckten ursprünglich schätzungsweise ein Sechstel der Fläche Paranás (33 300 km^2), der gegenwärtige Flächenanteil beträgt mit 261,89 km^2, also 0,8 % der Staatsfläche, nur noch einen unbedeutenden Bruchteil davon (CHANG 1988a, MARQUES 2004). Allein im Zeitraum 2000 bis 2004 reduzierte sich die Anzahl der Faxinais, ihre Flächenausbreitung sowie die in ihrer Organisationsform integrierten Familien um jeweils ungefähr die Hälfte (Tab. 3.1). Nach wie vor konzentrieren sich die noch 44 intakten Faxinais vornehmlich auf die Regionen Centro-Sul des Bundesstaates, wobei sie untereinander deutliche Unterschiede in ihrem sozialen, ökonomischen und ökologischen Status aufweisen.

Tab. 3.1: *Entwicklung der existierenden Faxinais in Paraná.*

Entwicklung in Paraná	Anzahl Faxinais	Gesamtfläche Faxinal	Weidefläche (Criadouro Coletivo)	Anzahl der Familien
Bis 2000	100	55 156 ha	k. A.	6617
2004	44	26 189 ha	15 915 ha	3409

Quelle: *Verändert nach Marques 2004.*

3.3 Die agrarwirtschaftliche Funktion

Im Zuge der gesellschaftlichen Weiterentwicklung haben sich auch die Faxinais in Südbrasilien verändert. Soweit sie den strukturellen Umbrüchen der landwirtschaftlichen Modernisierung widerstanden haben, weisen sie heute ein sehr heterogenes Erscheinungsbild bezüglich ihrer Bewirtschaftung auf. Die Bandbreite des ökonomischen Entwicklungsstatus reicht von der vollständigen Auflösung ihrer Organisationsstruktur als agrarwirtschaftliche Produktionsgemeinschaft, über die genossenschaftliche Erzeugung von Gemüse, Milch- und Fleischprodukten unter Anwendung ökologischer Landbauvorgaben (Faxinal Saudade Santa Anita), bis hin zum konventionellen Tabakanbau im Auftrag globaler Großkonzerne (Faxinal Anta Gorda (Paraná)). Allerdings gibt es weiterhin sehr traditionell organisierte Faxinais, in denen die moderne Agrarwirtschaft bisher kaum Spuren hinterlassen hat (Faxinal Sete Saltos Baixo). Aus diversen Beschreibungen in der Literatur sowie im bundesstaatlichen Dekret Paranás Nr. 3446/97 §1 Artikel 1 lassen sich drei wesentliche Definitionskriterien für ein Faxinal zusammenfassen (CHANG 1988a, SOUZA 2001, LÖWEN SAHR 2004, MARQUES 2004):

1) Extensive Tierhaltung von Rindern, Ziegen, Schafen, Geflügel und insbesondere Schweinen innerhalb eines abgegrenzten Waldareals, dem *Criadouro Comum*, zu dem alle Mitglieder der ansässigen Sozialgemeinschaft bzw. deren Tiere freien Zugang haben (Abb. 3.6). Das Weidegebiet wird durch Zäune oder Gräben begrenzt, die Ein- bzw. Ausgänge sind durch Tore oder Bodengitter, das sog. *Mata Burro* („Eselstöter", siehe Abb. 3.3-3.5, S. 29), gesichert.

2) Kultivierung der natürlichen Vorkommen von *Ilex paraguariensis* verbunden mit Extraktion der Blätter zur Herstellung von Matetee (Abb. 3.7). Die Nutzholzgewinnung ist heutzutage in ihrer wirtschaftlichen Bedeutung untergeordnet, dies ist v. a. auf Naturschutzvorgaben zurückzuführen.

3) Außerhalb des *Criadouro Comum* wird auf den umliegenden Feldern polykultureller Ackerbau im Rotationsverfahren mit Anbau- und Brachephasen betrieben. Die Düngung der Felder erfolgt hauptsächlich über das Abbrennen von Sekundärvegetation bei Beendigung der Brachzeit (Slash-and-burn-Methode).

Die Häuser der Siedlungen liegen für gewöhnlich innerhalb der Weidewälder und erlauben eine tägliche, ergänzende Zufütterung der Tiere. Die Siedlungen verlaufen häufig entlang von Wasserläufen, da die Häuser meist in Wassernähe im Talgrund oder am Unterhang gebaut wurden. Vergleichsweise groß sind die Distanzen zu den kleinzelligen, im Umland gelegenen Feldern, so dass in Erntezeiten längere Arbeits- und Transportwege, teilweise sogar Übernachtungen vor Ort notwendig sind (CHANG 1988a). Um in die Beweidung des Gebiets durch Groß- und Kleinvieh steuernd eingreifen zu können, wird das *Criadouro Comum* häufig mit Hilfe von Drahtzäunen weiter unterteilt (CHANG 1988a, 1988b, NERONE 2000, LÖWEN SAHR & IGELSKI 2004).

Traditionsgemäß leben die Bewohner der Faxinais autark und produzieren ihre landwirtschaftlichen Erzeugnisse fast ausschließlich zur Deckung ihres eigenen Bedarfs. Grundnahrungs- und Genussmittel (insbesondere Matetee, dessen regelmäßige Aufnahme tief in der Kultur der Faxinalenses verwurzelt ist), Heilkräuter, Nutzholz und Futterfrüchte werden selbst erzeugt bzw. aus dem natürlichen Ökosystem des Araukarienwaldes gewonnen. An Produkten des täglichen Bedarfs müssen lediglich Salz und Kleidung gekauft werden. Die notwendigen Ausgaben werden durch den Verkauf von Ernteüberschüssen, aber in erster Linie durch die Schweinezucht erwirtschaftet (SAHR & LÖWEN SAHR 2006). Ein weiterer Aspekt der Faxinais beinhaltet die häufig praktizierte Durchführung von Gemeinschaftsarbeiten, *Pixirão* oder *Mutirão* genannt, die hauptsächlich die Instandhaltung der Begrenzung des Weideareals und das Anlegen von Wegen sowie Erntearbeiten beinhalten (LÖWEN SAHR & IGELSKI 2004).

3.4 Die Gemeinschaft der Faxinalense

Die Kolonisation Südbrasiliens Anfang des 20. Jahrhunderts wurde vornehmlich von Italienern, Polen, Ukrainern und Deutschen vorangetrieben, die sich jeweils regional konzentriert niederließen. Die Keimzelle eines Faxinal ist immer in einer oder wenigen Großfamilien zu finden, deren Mitglieder mit der Zeit das Umland des Siedlungskerns bevölkerten. Noch heute sind anhand der Häufung von Nachnamen in vielen Gegenden Rückschlüsse auf Nationalität und Familienabstammung der lokalen Bevölkerung möglich.

Die gegenwärtig bekannte Organisationsform der Faxinais bildete sich durch Mangel an Arbeitskräften und Kapital heraus, da die europäischen Migranten vorwiegend armen Verhältnissen entstammten und auf eine noch unerschlossene, für sie fremde Umwelt trafen (CHANG 1988a). Die Einrichtung der kollektiv betriebenen

Waldweiden bedurfte nur geringer finanzieller Investitionen, sparte individuelle Arbeitskraft und erlaubte zudem eine variable Strukturierung von Besitzanteilen sowie Arbeitsaufgaben (NERONE 2000). Demnach lassen sich die Bewohner eines Faxinal in zwei soziale Gruppen gliedern, nämlich in Grundbesitzer und Landlose. Die häufiger vertretenen Landbesitzer lassen die Weidetiere der Anwohner ohne Grundbesitz auf ihrem Boden gewähren. Die Landlosen übernehmen ausgleichend mehr Arbeitsdienste zum Gemeinwohl des Faxinal und fungieren darüber hinaus als Saisonarbeitskräfte bei Ernteeinsätzen auf Tagelohnbasis (NERONE 2000).

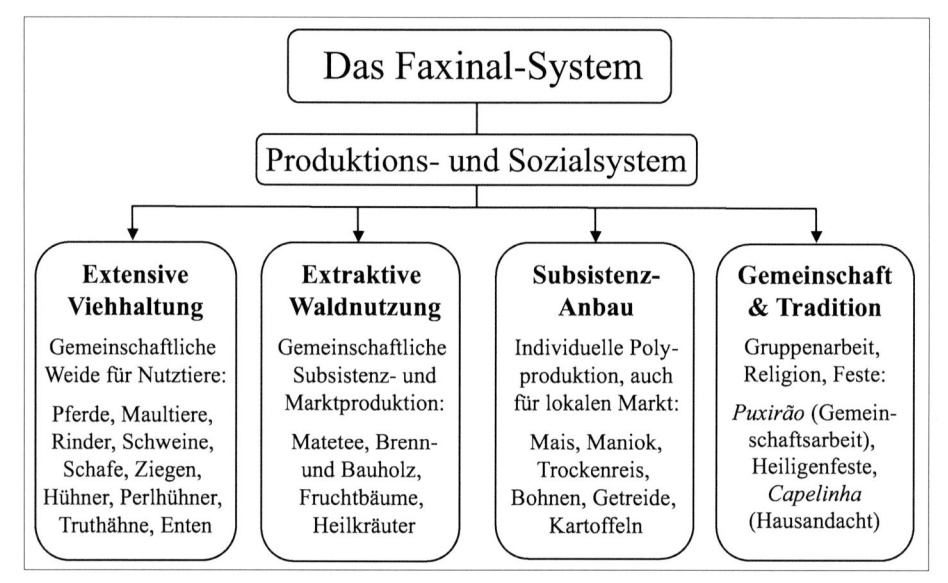

```
                    Das Faxinal-System
                              │
                  Produktions- und Sozialsystem
          ┌───────────────┬───────────────┬───────────────┐
          ▼               ▼               ▼               ▼
```

Extensive Viehhaltung	Extraktive Waldnutzung	Subsistenz-Anbau	Gemeinschaft & Tradition
Gemeinschaftliche Weide für Nutztiere:	Gemeinschaftliche Subsistenz- und Marktproduktion:	Individuelle Polyproduktion, auch für lokalen Markt:	Gruppenarbeit, Religion, Feste:
Pferde, Maultiere, Rinder, Schweine, Schafe, Ziegen, Hühner, Perlhühner, Truthähne, Enten	Matetee, Brenn- und Bauholz, Fruchtbäume, Heilkräuter	Mais, Maniok, Trockenreis, Bohnen, Getreide, Kartoffeln	*Puxirão* (Gemeinschaftsarbeit), Heiligenfeste, *Capelinha* (Hausandacht)

Abb. 3.2: Die Teilbereiche des Faxinal-Systems. Quelle: Verändert nach SAHR & LÖWEN SAHR 2006.

Jeder Faxinalense, Bewohnern der Faxinais, ist nicht nur Mitglied der Gemeinschaft, sondern auch Träger der damit eingehenden Lebensweise und Organisationsstruktur. Neben dem bedeutenden Einfluss von Religion und gemeinschaftlicher Feste leitet sich das gesellschaftliche Zusammenleben vom Ziel der Bewahrung und Pflege der lokalen Kulturlandschaft zum Wohlergehen aller ab. So schreibt CHANG (1988a, b) von einer *Sociologia das Cercas*, also einer „Soziologie der Zäune", da es verbindliche Rechte und Pflichten bezüglich des Unterhalts der Begrenzung des *Criadouro Comum* gibt, die zur nachhaltigen Pflege des Faxinal dienen. Für dieses zentrale Element trägt jeder Grundeigner je nach Größe seines Grundstücks anteilsmäßig die Verantwortung für die Erstellung und Wartung der Weidegrenzen. Die Arbeiten an den Zäunen und Gräben selbst werden in Gemeinschaftsarbeit durchgeführt (Abb. 3.3-3.4). Für den Fall, dass Vieh Abgrenzungen beschädigt und Anpflanzungen zerstört, existieren Regelungen wie eine Entschädigung zwischen den betroffenen Parteien abzuwickeln ist. Zudem gibt es einen gewählten Gemeindevertreter, der in

Streitfragen vermittelt, die Gemeinschaft organisiert und sie nach außen repräsentiert (LÖWEN SAHR & IGELSKI 2003). Die Bewohner nehmen an Gemeinschaftsversammlungen teil, sog. *Reunões*, in denen die Belange bezüglich der Bewirtschaftung des Weideareals diskutiert werden, wie beispielsweise die Finanzierung von Gemeinschaftsprojekten oder die Abstimmung von kollektiven Arbeitseinsätzen.

3.5 Die politisch-rechtliche Situation

Bisher fehlte den Faxinais die politische bzw. rechtliche Anerkennung ihrer Organisationsform, indem lediglich das individuelle Privateigentum von der Rechtsprechung beachtet wird. Zudem schreibt das zivile Gesetzbuch Brasiliens, der *Código Civil*, aus dem Jahre 1916 mit dem „Gesetz der vier Drähte", *Lei dos Quatros Fios*, vor, die Weideflächen mit einem Zaun aus mindestens vier Drähten zu sichern, so dass die Ackerflächen gegen Schädigungen durch Weidevieh geschützt sind (NERONE 2000). Aufgrund der geltende Rechtslage zeigt sich die große Bedeutung, die dem Unterhalt der Begrenzungen des *Criadouro Comum* für das Faxinal-System zu kommt. Denn im Zuge von Flächennutzungsänderungen treten die meisten Konflikte innerhalb der Faxinais auf und bedrohen ihre künftige Existenz.

Seit 1997 ist die formale Anerkennung der Faxinais als nachhaltige Wirtschaftsform möglich, indem sie vom Bundesstaat Paraná als ARESUR (*Áreas Especiais de Uso Regulamentado*, Decreto Estadual n° 3446/1997), ein Schutzgebiet mit reglementierter Bewirtschaftung, ausgewiesen werden können (LÖWEN SAHR & IGELSKI 2003). Ein Município, das ein oder mehrere registrierte Faxinais besitzt, darf dann einen erhöhten Anteil der Mehrwertsteuer, den ICMS Ecológico (*Imposto sobre Circulação de Mercadorias e Serviços*, der Gesetzeszusatz des Lei Complementar n° 59/91 bietet die entsprechende Grundlage), von der bundesstaatlichen Regierung einfordern, um Projekte zum kulturlandschaftlichen Erhalt durchzuführen (HOFFMANN DOMINGUES 1999). Der Status als ARESUR ist vergleichbar mit der gesetzlichen Stellung von Schutzgebieten für die indigene Bevölkerung und bringt Reglementierungen für die Nutzung, aber auch Fördermaßnahmen mit sich (HOFFMANN DOMINGUES 1999).

Für die Faxinal-Bewohner ist die Registrierung ihres Gebiets als ARESUR häufig jedoch schwierig, da ihre Rechte und Pflichten als Gemeinschaftsmitglieder durch aktuell geltende Gesetze nicht abgedeckt werden. Einzig durch Berufung auf das Gewohnheitsrecht ist es möglich Ansprüche zu erheben, beispielsweise auf die Nutzung oder den Zugang zu Weideflächen. Die Aussicht auf Durchsetzung der gemeinschaftlichen Interessen verbessert sich, falls das Faxinal bereits als solches im Munizip erfasst wurde, und damit als solches unter dessen Verwaltungsgesetz, Lei Orgânica Municipal, fällt (MARQUES 2004). Dieses bietet zumindest zivilrechtliche Orientierung zur Lösung von Konflikten. Allerdings sind längst nicht alle Faxinais registriert, darüber hinaus fehlt den Kleinbauern häufig der schriftliche Nachweis ihrer individuellen Grundbesitzverhältnisse.

Die in den letzten Jahren zunehmende Beachtung der Faxinais in Politik und Gesellschaft ist auf das Engagement von NGOs, staatlichen Institutionen, Wissenschaftlern sowie auf die, von den genannten Gruppen organisierte Zusammenarbeit und Vernetzung zurückzuführen. So ist beispielsweise das *Rede Faxinal*, das „Netz der Faxinais" zu nennen, das mit dem „1. Treffen der Bevölkerung der Faxinais" im August 2005 in Irati, Paraná, erstmals ein öffentliches Forum zum Informationsaustausch über, und insbesondere unter den Faxinais schuf, das überregionale Wahrnehmung hervorrief.

3.6 Die Transformation des Faxinal-Systems

Gegenwärtig ist die Wirtschaftsform des Faxinal in der modernen Agrarlandschaft aufgrund schlechter Marktanbindung, durch nicht Export orientierte, wenig Gewinn bringende Ausrichtung ihrer Produktionsweise sowie durch vergleichsweise schlechtere bzw. nicht vorhandene Förderung durch den Staat benachteiligt. Nur marginal an den Märkten teilnehmend, leiden die Minifundienbesitzer unter zu geringem Prokopfeinkommen. Wie es überall in Brasilien zu beobachten ist, verlassen viele Kleinbauern deshalb ihre traditionelle Gemeinschaft, ziehen in die Städte, verkaufen ihr Land oder schlagen einen neuen, individuellen Weg in der landwirtschaftlichen Nutzung ein (Gutberlet 2002). Die Folgen für das Faxinal-Agrarsystem sind fast immer gleich: Mit der Verringerung der Weidefläche des *Criadouro Comum* geht die Minderung der natürlichen Produktivität und im Weiteren eine Verringerung der ökologischen Regenerationsfähigkeit durch höheren Beweidungsdruck auf die Restfläche einher. Die gemeinschaftlichen Weideflächen zerfallen mit voranschreitender Abgrenzung und Privatisierung immer schneller, verursacht durch steigende Grundstückspreise und dem Einzug neuer Nutzungsformen. Neben dem Wirken von Großkonzernen, insbesondere bei Tabak- und Sojaanbau, und der Erschöpfung agrarischer Pionierräume liegen die Ursachen in der staatlichen Agrarpolitik mit ihren auf die Belange der Großgrundbesitzer ausgerichteten Förderprogrammen (Chang 1988a). Beispielsweise nehmen gegenwärtig die bewirtschafteten Kieferplantageflächen in Paraná eine ca. 23 mal größere Fläche ein als die aller Faxinais zusammen (Watzlawick et al. 2003). Die aufgezählten Faktoren bewirken gemeinsam mit dem gesellschaftlichen Wandel einen steigenden Kosten-Nutzen-Druck auf das Faxinal-System und haben dessen Transformation zur Folge (Souza 2001).

Die für das jeweilige Faxinal unterschiedlich, teils konfliktreich ablaufenden Wandlungsprozesse lassen sich in vier Zerfallsstadien fassen, die in der Aufzählungsreihenfolge aufeinander aufbauen (Chang 1988a): Aufgabe der Kleinviehzucht, insbesondere der Schweinehaltung; Abgrenzung der eigenen Parzelle durch Zäune und Beginn von kleinflächigem Ackerfeldbau im ehemaligen Weidebereich; Einschränkung bzw. Aufgabe der Großviehhaltung; Abbau aller Begrenzungszäune verbunden mit der Aufgabe jeglicher Tierhaltung und der Aufnahme des großflächigen Ackerfeldbaus. Für die zukünftige Entwicklung lässt sich zusammenfassen, dass die Schaffung wirtschaftlicher Perspektiven für den Erhalt des Faxinal-Systems von grundlegender Bedeutung sein wird. Nur auf einer für die Bewohner attraktiven ökonomischen Basis kann das soziale Geflecht der kleinbäuerlichen Organisationsstruktur weiterhin bestehen (Chang 1988b). Sofern der Eingriff durch den Menschen seinen extensiven Charakter nicht überschreitet, stellt das Faxinal-System hingegen

3.6 Die Transformation des Faxinal-Systems

aus Sicht des Naturschutzes eine Möglichkeit dar, die Bewahrung der natürlichen Umwelt und ihre wirtschaftliche Nutzung miteinander in Einklang zu bringen (BITTENCOURT et al. 2004, WATZLAWICK et al. 2003). Wie sich dieses gestaltet und in der ökologischen Situation der drei ausgewählten Faxinal-Standorte niederschlägt, ist Gegenstand der nachfolgenden Darstellung.

Abb. 3.3: Grenzverlauf des Criadouro Comum gegen die umliegenden Ackerflächen des Faxinal Saudade Santa Anita. Quelle: Eigenes Foto.

Abb. 3.4: Aufwendige Grenzzaunkonstruktion des Faxinal Anta Gorda (Paraná) für die Haltung von Klein- und Großvieh. Quelle: Eigenes Foto.

Abb. 3.5: Traditionelle Gestaltung der Zufahrt in das kollektive Weidegebiet des Faxinal Sete Saltos de Baixo über ein Mata Burro („Eselstöter") aus Holz. Quelle: Eigenes Foto.

Abb. 3.6: Die Feuchtgebiete, sog. Lagoas oder Laginhos, stellen bevorzugte Fress- und Suhlplätze der Schweine innerhalb des Criadouro Comum dar (Faxinal Sete Saltos de Baixo). Quelle: Eigenes Foto.

Abb. 3.7: Um eine Beweidung durch Großvieh sicherzustellen und das Wachstum von Ilex paraguariensis zu fördern, wird das untere Aststockwerk in periodischen Abständen beschnitten (Faxinal Anta Gorda (Paraná)). Quelle: Eigenes Foto.

4 Untersuchungsmethoden

Aus der Fragestellung, unter Berücksichtigung der örtlichen Gegebenheiten und den zur Verfügung stehenden Mitteln, ergab sich der Methodeneinsatz für die Gelände- und Laborarbeiten (Abb. 4.1). Die Kartierung der Faxinais erfolgte hinsichtlich ihrer räumlichen Dimension, ihrer lokalen Bodengesellschaft und der Landnutzung bzw. des Vegetationsbestands. Dazu wurden Kartenmaterial, Luft- und Satellitenbilder aus verschiedenen Quellen herangezogen und untereinander abgeglichen, um möglichst viele Informationen zur Entwicklungsgeschichte der Untersuchungsgebiete zu erhalten. Die Geländeanalyse anhand von Fernerkundungs- und Geländemodelldaten ergänzte die Durchführung eines ausführlichen, GPS gestützten, Ground Check unter Einbeziehung von Informationen Ortsansässiger. Insbesondere bei den vegetationskundlichen Erhebungen wurde auf die Artenkenntnisse lokaler Kräfte zurückgegriffen. Die bodenkundlichen Arbeiten im Gelände folgten dem Catena Prinzip, nach dem sich die Böden durch ihre topographisch bedingten Standorteigenschaften und Stoffflüsse unterscheiden (Scheffer & Schachtschabel 2002). Die Feldansprache und Probennahme zu weiteren Analysen geschah an ausgesuchten Leitprofilen, wogegen die räumliche Verbreitung einzelner Bodentypen durch eine flächige Bohrstockbeprobung bestimmt wurde.

Neben der Feldarbeit machte die Untersuchung der Bodeneigenschaften im Labor einen weiteren wichtigen Teil der Arbeiten aus. Hierbei wurden physikalische sowie chemische Parameter erhoben: u. a. Korngrößenanteile, elementare Bodeninhaltsstoffe sowie pedologische Prozessdeterminanten wie beispielsweise die Fähigkeit des Bodens zum Kationenaustausch oder dessen Sättigung mit basischen Kationen in Abhängigkeit vom pH-Wert. Da diese Faktoren einander bedingen, lässt sich an ihnen das Bodenmilieu erkennen, welches die geoökologischen Rahmenbedingungen für die gegenwärtige Vegetationsentwicklung bzw. Landnutzung vorgibt.

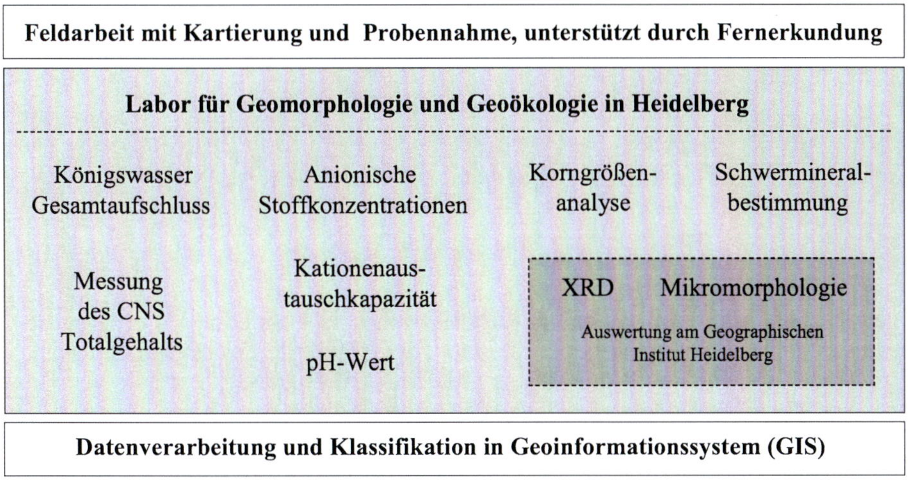

Feldarbeit mit Kartierung und Probennahme, unterstützt durch Fernerkundung

Labor für Geomorphologie und Geoökologie in Heidelberg			
Königswasser Gesamtaufschluss	Anionische Stoffkonzentrationen	Korngrößenanalyse	Schwermineralbestimmung
Messung des CNS Totalgehalts	Kationenaustauschkapazität pH-Wert	XRD Mikromorphologie Auswertung am Geographischen Institut Heidelberg	

Datenverarbeitung und Klassifikation in Geoinformationssystem (GIS)

Abb. 4.1: Eingesetztes Methodenspektrum. Quelle: Eigener Entwurf.

Durch die Betrachtung der Mikromorphologie an Bodendünnschliffen wurden die Merkmale ablaufender pedologischer Prozesse identifiziert und aufgezeigt. Ergänzend dazu erfolgte die Bestimmung des Schwermineralspektrums. Des Weiteren erbrachte die Methode der Röntgendiffraktometrie Aufschluss über das Tonmineralvorkommen, so dass eine umfassende Aussage zur Pedogenese und ihrer (sub-)rezenten Dynamik mit resultierenden Konsequenzen für eine nachhaltige Bodennutzung abgegeben werden kann. Die numerische Datierung eines fossilen Bodenhorizonts wurde mittels ^{14}C Isotopenbestimmung am Institut für Umweltphysik der Universität Heidelberg, Forschungsstelle für Radiometrie der Heidelberger Akademie der Wissenschaften von Dr. Bernd KROMER durchgeführt.

4.1 Luft- und Satellitenbildauswertung

Von allen drei Untersuchungsgebieten liegen Senkrechtluftbilder einer Überfliegung im Maßstab 1:25 000 aus dem Jahr 1980 vor (Fa. Aerosul S.A.). Zudem konnte ein Luftbild im gleichen Maßstab aus dem Jahr 1996 für das Faxinal Sete Saltos de Baixo (Fa. Universal S.A.) zu einer vergleichenden Analyse herangezogen werden. Allerdings weisen die Aufnahmen teils unterschiedliche Qualität auf, so dass von einer stereoskopischen Untersuchung Abstand genommen werden musste. Die Luftbilder, wie auch die topographischen Karten 1:100 000, konnten vom bundesstaatlichen Umweltamt SEMA in Curitiba bezogen werden und stellen die Hauptgrundlage der Kartierungsarbeiten dar.

Frei zugängliche Satellitenbildserien von CBERS 2 (2005 und 2006), einem chinesisch-brasilianischen Satellit mit einer Auflösung von 20 x 20 m im sichtbaren Multispektralbereich, und von LANDSAT 7 (2000 und 2002), aus dem NASA Satellitenprogramm mit 30 x 30 m Auflösung im Multispektralbereich, wurden zur regionalen Auswertung verwendet. Zur Erstellung von Bandkombinationen der jeweiligen Satellitenbildszenen sowie zur Bearbeitung der optischen Bildeigenschaften wurde die Software ERDAS Imagine 8.9© benutzt. Für die Faxinais Sete Saltos de Baixo und Saudade Santa Anita konnten Bestandsaufnahmen zur Landnutzung auf Grundlage von Quickbird Satellitenbildern (2,4 x 2,4 m Auflösung) aus GOOGLE EARTH© vom Januar 2008 bzw. Mai 2004 erarbeitet werden.

4.2 Arbeiten mit einem GIS und DGM

Die Kartierung der Faxinais sowie die Erfassung und Darstellung aller Arbeitsergebnisse auf räumlicher Ebene wurden mit ArcGIS 9.2© in einem Geographischen Informationssystem umgesetzt. Ebenso ermöglichte dieselbe Software die Verarbeitung von dreidimensionalen Geländedaten, so dass für jedes Untersuchungsgebiet digitale Höhenmodelle – DGM auf Basis von frei erhältlichen SRTM-Daten der NASA (Version 2 mit 90 x 90 m Rasterweite) in der gewünschten Auflösung erzeugt werden konnten. Diese stellen die Grundlage für Hangneigungskarten dar, die wiederum in die Kartierung und Klassifizierung der Böden in den jeweiligen Untersuchungsgebieten miteinflossen.

4.3 Kartierungsarbeiten

Ein erster Besuch zur Erkundung der Arbeitsbedingungen in den drei Untersuchungsgebieten erfolgte von August bis Oktober 2004. In den nachfolgenden Zeiträumen von August bis September 2005 sowie von April bis August 2006 wurden die Feldkampagnen durchgeführt, wobei folgende topographische Kartenblätter im Maßstab 1:100 000 zur Verfügung standen: Für das Faxinal Saudade Santa Anita MI-2838 „Guarapuava" (1972), für das Faxinal Anta Gorda (Paraná) MI-2837 „Palmeirinha" (1972) und für das Faxinal Sete Saltos de Baixo MI-2341 (alte Signatur SG 22-K-I) „Campo Largo" (1964) sowie die Karte SG 22-K-I-2 „Três Córregos" (1966) im Maßstab 1:50 000. Für die Lokalisierung vor Ort wurden die tragbaren GPS Empfänger Garmin Summit© und Thales Mobile Mapper© benutzt (Positionierungsgenauigkeit bis 6 m bzw. 2,5 m). Die gewonnen Daten wurden unter Verwendung der Thales Mobile Mapper© Software auf den Computer übertragen und in Shape-Dateien umgewandelt, wodurch diese in das Geoinformationssystem importiert werden konnten. Die Kartierungsarbeiten wurden in Begleitung von ortsansässigen Personen durchgeführt, deren Informationen zu Abgrenzung und Nutzung von Parzellen in der Gegenwart und insbesondere in der Vergangenheit grundlegend für die Durchführung waren (Abb. 4.2). Für die jeweiligen Untersuchungslokalitäten entstanden verschiedene Karten im Maßstab 1:10 000 mit Schwerpunkten auf der Topographie, der Vegetation bzw. Landnutzung und den Bodeneigenschaften. Die Karten wurden im Koordinatensystem WGS 1984 (UTM Zone 22 S) dargestellt und der ansässigen Bevölkerung bzw. den lokalen Institutionen zur Verfügung gestellt. Damit erhielten diese erstmals eine formelle Kartengrundlage, um ihr Faxinal registrieren zu lassen und Zuwendungen aus dem ICMS Ecológico beantragen zu können (siehe Kap. 3.5).

Abb. 4.2: Landnutzungsklassifikation am Beispiel des Faxinal Sete Saltos de Baixo. Quelle: Eigenes Foto.

4.3.1　Vegetationskartierung

Die Bestandsaufnahme vegetationsgesellschaftlicher Einheiten entstand in Zusammenarbeit mit Biologiestudenten der Universität Ponta Grossa–UEPG unter Leitung von Prof. Dr. Rosemeri S. Moro. Die Untersuchungen wurden im Rahmen von Abschlussarbeiten durchgeführt und dienen als Grundlage zur Einordnung als ARESUR Landschaftsschutzgebiet. Innerhalb des *Criadouro Comum* wurden Untersuchungsparzellen in möglichst extensiv bewirtschafteten, quasi-natürlichen Bereichen eingerichtet. Entsprechend dem in Nordamerika verbreiteten, quantitativen Aufnahmeverfahren für Waldvegetationsgesellschaften wurden alle Baum- und Strauchindividuen mit Stammholzumfang größer gleich 10 cm auf Brusthöhe, also ca. 130 cm über dem Boden, inventarisiert (Mueller-Dombois & Ellenberg 1974). Neben dem Artenvorkommen erfolgte die Erhebung der pflanzengesellschaftlich bedeutenden Parameter wie Dichte, Frequenz sowie Deckung bzw. Dominanz direkt mit der Artenauszählung innerhalb der abgesteckten Aufnahmeparzellen (Kreeb 1983, Tab. 4.1). Die ökologische Bewertung des Artenauftretens, des Vorkommens von Pflanzenfamilien sowie des Vergleichs zwischen den Untersuchungsstandorten anhand von Importanz- und Deckungswerten wurde mit Unterstützung der Auswertungssoftware FITOPAC ausgearbeitet.

4.3.2　Geländeansprache der Böden

Nach dem Prinzip der Bodencatena fanden die Lage im Relief sowie das Ausgangsgestein Eingang in die Bestimmung der jeweiligen Bodentypen (Scheffer & Schachtschabel 2002). Entsprechend wurden die Leitprofile in charakteristischen Geländepositionen angelegt, so dass das Solum in Kuppen- und Hanglage sowie im Talgrund angesprochen werden konnte. Maßgebend für die Bodenklassifikation war die WRB (1998, 2006). Zusätzlich wurde die brasilianische Klassifizierungsanleitung Sistema Brasileiro de Classificação de Solos (1999) zur regionalen Vergleichbarkeit herangezogen. Das räumliche Verbreitungsmuster der jeweiligen Bodentypen wurde durch topographisch ausgerichtete Bohrstockkartierungen überprüft. Dazu wurde ein von brasilianischen Agronomen eingesetzter Bohrstock benutzt, der eine Beprobung bis 1,20 m Tiefe zuließ. Nach der Feldansprache wurden sowohl gestörte Proben für weiterführende Laboranalysen, als auch ungestörte Proben mittels Stechzylinder (ca. 100 cm^3 Volumen) für die Herstellung von Bodendünnschliffen genommen.

4.3 Kartierungsarbeiten

*Tab. 4.1: Erhobene vegetationskundliche Parameter bezüglich Arten- und Familienvorkommen. *Die basale Grundfläche bezieht sich auf den Stammholzdurchmesser und wird in der amerikanischen Vegetationskunde sowie bei der Erfassung von Forstbeständen als absolutes Deckungsmaß erhoben.*

Parameter	Berechnung	Aussage
Dichte		
Absolute Dichte	$\dfrac{\Sigma \text{ Individuengruppe}}{\text{Gesamtaufnahmefläche in ha}}$	Numerisches Vorkommen im räumlichen Bezug
Relative Dichte	$\dfrac{\Sigma \text{ Individuengruppe}}{\Sigma \text{ aller aufgenommen Individuen}} \times 100\%$	Numerisches Vorkommen im Vergleich zum Gesamtvorkommen
Dominanz		
Absolute Dominanz	$\dfrac{\Sigma \text{ Stammdurchmesser (m}^2\text{) Individuengruppe}}{\Sigma \text{ aller Aufnahmeparzellen (ha)}}$	Basale Grundfläche* im räumlichen Bezug (= Deckung)
Relative Dominanz	$\dfrac{\Sigma \text{ Stammdurchmesser (m}^2\text{) Individuengruppe}}{\Sigma \text{ St.-Ø (m}^2\text{) aller aufgenommenen Individuen}} \times 100\%$	Deckung im Vergleich zur Gesamtdeckung
Frequenz		
Absolute Frequenz	$\dfrac{\Sigma \text{ Aufnahmeparzellen Individuengruppe}}{\Sigma \text{ aller Aufnahmeparzellen}} \times 100\%$	Räumliche Verteilung eines Vorkommens (= Konstanz)
Relative Frequenz	$\dfrac{\text{Absolute Frequenz Individuengruppe}}{\Sigma \text{ Frequenzen aller aufgenommenen Individuen}} \times 100\%$	Konstanz im Vergleich zum gesamten Vorkommen
Deckungswert (CVI = Cover Value Indice)	Σ relative Dichte + relative Dominanz	Vorkommen + Ausprägung innerhalb Pflanzenassoziation
Importanzwert (IVI = Importance Value Indice)	Deckungswert + relative Frequenz	Deckungswert + räumliche Verteilung innerhalb Pflanzenassoziation

Quelle: Zusammenstellt nach MUELLER-DOMBOIS & ELLENBERG *1974*, KREEB *1983*, BITTENCOURT *2007*, DYKSTRA *2007 und* NIEDZIELSKI *2007.*

4.4 Bodenkundliche Laboranalysen

Alle im Folgenden aufgeführten Analysen wurden im Labor für Geomorphologie und Geoökologie am Geographischen Institut der Universität Heidelberg durchgeführt. Ihre Resultate werden im Ergebniskapitel präsentiert. Ergänzend zu den Heidelberger Laborarbeiten wurden Oberbodenproben nach brasilianischen Standardverfahren (EMBRAPA 1999) am Laboratório de Química e Física do Solo der Universidade Centro in Guarapuava bezüglich der Bodenfruchtbarkeit untersucht. Einzelne Werte fanden Eingang in die Ergebnispräsentation, allerdings diente diese Analysenreihe hauptsächlich der Eichung sowie der Kontrolle der Heidelberger Resultate.

4.4.1 Korngrößenanalyse

Die Bodenart ist ein wichtiges Merkmal zur Klassifikation von Böden und gleichzeitig ein bedeutender ökologischer Faktor für die Wachstumsbedingungen von Pflanzen, denn sie hat entscheidenden Einfluss auf die standörtliche Wasser- und Nährstoffversorgung. Die Ermittlung der Korngrößenverteilung erfolgte mittels Nasssiebung, kombiniert mit der Pipettmethode nach KÖHN & KÖTTGEN (SCHLICHTING, BLUME & STAHR 1995, KRETSCHMAR 1996). Die organischen Substanzen im Probenmaterial wurden mit Wasserstoffperoxid H_2O_2 zerstört. Im Anschluss wurden die verbliebenen mineralischen Komponenten mit dem Dispergierungsmittel Natriumpyrophosphat $Na_4P_2O_7$ versetzt um das Ausflocken von Tonmineralen zu verhindern. Ein Schnelltest mit 12 % Salzsäure HCl ließ auf ein Nicht-Vorhandensein von Carbonaten schließen, so dass auf eine standardmäßige Carbonatzerstörung verzichtet werden konnte.

4.4.2 Pedogener Kohlenstoffgehalt

Der Anteil organischer Substanz im Boden wirkt sich besonders auf das Angebot von potentiell pflanzenverfügbaren Nährstoffelementen im Boden aus, und ist somit mitentscheidend für dessen Fruchtbarkeit. Der organische Kohlenstoffanteil C_{org} beträgt näherungsweise die Hälfte des organischen Materials (SCHEFFER & SCHACHTSCHABEL 2002). Seine Bestimmung ermöglichte die sog. Nasse Veraschung. Dabei lässt man Probenmaterial in Schwefelsäure H_2SO_4 durch Zugabe von Kaliumdichromat $K_2Cr_2O_7$ oxidieren, so dass Chrom Cr^{3+} entsteht. Über dessen Farbintensität, gemessen am Photometer bei 590 nm, kann dann der C_{org} Gehalt errechnet werden (DIN 19684, SCHLICHTING et al. 1995). Da im Rahmen der Korngrößenanalyse der durchgeführte Carbonatnachweis negativ ausfiel, wird in der weiteren Auswertung und Ergebnisinterpretation der Untersuchung davon ausgegangen, dass C_{org} gleich dem absoluten Kohlenstoffgehalt C_{tot} entspricht.

Dies bestätigt auch die Auswertung des Totalgehalts von Kohlenstoff, Stickstoff und Schwefel als Konzentrationsverhältnis in den Proben zueinander, die am CNS-Analysator VARIOMAX der Fa. ELEMENTAR erfolgte. Im Vergleich der Messergebnisse von C_{org} zu C_{tot} zeigt sich eine signifikante Wertekorrelation.

Die unterschiedlichen Absolutwerte erklären sich durch die Auflösungsqualität der Nachweisverfahren (vergl. Werte in Annex Tab. B1-B3). Aufgrund der zu erwartenden, höheren Genauigkeit beziehen sich alle Angaben zum Kohlenstoffgehalt innerhalb des Ergebniskapitels auf die Resultate der CNS-Analyse. Das gewonnene Kohlenstoff-Stickstoff-Verhältnis gibt Aufschluss über die antagonistisch wirkenden Abbau- und Umbauprozesse von organischer Substanz, also die Remineralisierung mit Mobilisierung pflanzenverfügbarer Elemente gegenüber der Humifizierung mit Immobilisierung von Ionen durch ihre Bindung an Huminstoffe (PANSU & GAUTHEYROU 2006). Da Stickstoff und Schwefel unter aeroben Bedingungen hauptsächlich an Kohlenstoff gebunden sind, erlauben die Verhältnisse von C/N bzw. C/S Aussagen zur aktuellen bio-chemischen Aktivität im Boden (SCHEFFER & SCHACHTSCHABEL 2002).

4.4.3 Bestimmung des pH-Werts

Bei der Untersuchung der Bodenfruchtbarkeit als Grundlage für die Vegetationsentwicklung ist die Fähigkeit des Bodenmaterials zur Aufnahme bzw. Abgabe von Ionen bedeutsam. Da dies vor allem durch den Eintausch von H^+ mit anderen Kationen geschieht, lässt bereits der pH-Wert des Bodens auf die Quantität der zum Austausch bereit stehenden Kationen schließen (PANSU & GAUTHEYROU 2006). Die pH-Werte der Proben wurden jeweils mit einer Glaselektrode in 0,01 n $CaCl_2$ und 0,1 n KCl im Verhältnis 1 : 2,5 (Boden : Lösung) gemessen (KRETSCHMAR 1996). Gemäß den Vorgaben der WRB (2006) wurden die Leithorizonte auch in einer Messreihe mit 1 n KCl-Lösung untersucht. Die Ergebnisse unterschieden sich jedoch nur insignifikant im Vergleich zu den vorausgegangenen pH-Werten, so dass in der Ergebnispräsentation auf ihre Erwähnung verzichtet wurde. Ergänzende Messversuche in Aquadest ergaben keine stabilen Resultate.

4.4.4 Kationenaustauschkapazität

Die Kationenaustauschkapazität KAK gibt an, in welchem Maß sich die Kationen an den Kolloidoberflächen der Tonminerale und organischen Verbindungen anlagern und dort zum Eintausch mit anderen Kationen bereitstehen. Die effektive Kationenaustauschkapazität KAK_{eff} wurde bei gegebenem pH-Wert in Ammoniumchlorid 1 n NH_4Cl bestimmt (KRETSCHMAR 1996). Das Eluat im Verhältnis ein Teil Bodensubstrat zu 2,5 Teilen Lösung wurde am Flammen-AAS (Shimadzu AA-6300) untersucht. Für den Nachweis von Aluminium wurde das Graphitrohr-AAS (Analytik Jena-AAS Zenit 60) genutzt. Aus den erhaltenen Werten konnte die zur Klassifikation notwendige Basensättigung BS des Bodens gebildet werden, die den Anteil der vorhandenen, basischen Kationen im Boden angibt. Des Weiteren wurde die Austauschacidität ermittelt, die synonym auch als H-Wert bezeichnet wird. Diese gibt Auskunft über den Gehalt an sauren Basen, insbesondere an H^+ und Al^{3+}, die in (sub-)tropischen Böden mit pH-Werten unterhalb 5,5 den Kationenaustausch dominieren (SCHEFFER &

SCHACHTSCHABEL 2002). Das Probenmaterial wurde in ungepufferter Kaliumchloridlösung 1 n KCl (im Verhältnis 1 : 2,5 von Boden zu Lösung), bzw. in 1 n KCl maskiert mit Natriumtartrat $Na_2C_4H_4O_6 * 2H_2O$ gegen Natronlauge 0,1 n NaOH titriert. Die Differenz der jeweiligen Messergebnisse ergibt das Austauschäquivalent für die sauren Basen (KRETSCHMAR 1996). Da bei der Titration nicht alle Al-Verbindungen aufgeschlossen werden, fielen die Aluminiumkonzentrationen im Vergleich zur Messreihe in NH_4Cl am AAS geringer aus. Zur Bildung der effektiven Austauschacidität AA_{eff} wurde daher nur das Austauschäquivalent von H^+ herangezogen und mit den Messergebnissen der Al-Messergebnissen in NH_4Cl kombiniert.

4.4.5 Säurelösliche Metalle und ionische Stoffkonzentrationen

Unter Simulation einer äußerst intensiven Verwitterung des Probenmaterials wurde der säurelösliche Anteil von Metallen mit Königswasser (37 % HCl und 65 % HNO_3) nach DIN 38414 S7 aufgeschlossen und nachfolgend am Flammen-AAS bestimmt. Kationische und anionische Stoffkonzentrationen aus wässriger Lösung des Bodenhaushalts wurden in wässriger Lösung am Flammen-AAS bzw. nach DIN 38414 S4 am Ionenchromatograph der Fa. Dionex gemessen.

4.5 Röntgendiffraktometrische Untersuchung

Die Röntgenbeugungsanalyse an der Tonmineralfraktion erfolgte am Mineralogischen Institut der Universität Heidelberg bei Prof. Dr. RONALD MILETICH. Die Texturpräparate wurden durch Sedimentation des Probenauszugs in einem Metallzylinder auf einem Glasträger hergestellt (3 mg/cm²). Die Bestrahlung der Präparate wurde mit einem Philips Pulverdiffraktometer PW 3710-Basis (Cu Röhrenanode mit 40 kV/30 mA) von 3–22 ° 2θ in 0,02 ° 2θ Schrittweite durchgeführt. Ein Messspektrum über 22 ° 2θ hinaus erschien als nicht notwendig, da die, bezüglich der bodenökologischen Aussage wichtigen Tonminerale innerhalb der genannten Skala bestimmt werden können (HEIM 1990, JASMUND & LAGALY 1993).

Nach der Messung des unbehandelten Texturpräparats bei 20 °C Raumtemperatur wurde die Probe in einem zweiten Messdurchgang mit Ethylenglykol 24 Stunden im Exsikkator bedampft. Hierbei weiten sich die Abstände der atomaren Netzebenen entsprechend der Mineraleigenschaften (man spricht auch von einem „Quellpräparat"), was eine Änderung des röntgenmagnetischen Basisreflexes zur Folge hat (SCHEFFER & SCHACHTSCHABEL 2002). Nach dem Erhitzen des Präparats auf 550 °C für 16 Stunden ergaben sich bei erneuter Messung wiederum veränderte Reflexsignale der Tonmineralkristallgitterebenen aufgrund des (teilweisen) Zusammenbruchs durch das „Glühen", also Austrocknen.

Die drei sich ergebenden Reflexkurven der XRD-Analyse wurden anhand von Vergleichstabellen in MÜLLER (1964), HEIM (1990), JASMUND & LAGALY (1993) und MOORE & REYNOLDS (1997) ausgewertet und mit der Auswertungssoftware EVA 5.0 (rev 1 Diffrac Plus) von Bruker Analytical X-ray Systems gegengeprüft. Neben der

4.5 Röntgendiffraktometrische Untersuchung

qualitativen Analyse erlauben die, in Bezug zum stärksten Basisreflex gesetzten, Signalintensitäten eine relative Abschätzung des quantitativen (Ton-)Mineralanteils an der Probe (JASMUND & LAGALY 1993, NIEDERBUDDE, STANJEK & EMMERICH 2002).

Tab. 4.2: Diagnostische Eigenschaften der XRD-Basisreflexe angetroffener (Ton-)Minerale.

(Ton-)Mineralgruppen	Röntgendiffraktometrische Merkmale	Vorkommen im Arbeitsgebiet
Kaolinite $Al_2Si_2O_5(OH)_4$	Peak bei 7,2 Å mit höchster Intensität kollabiert bei 550 °C, weitere Basisreflexe bei 4,4 Å, 4,3 Å und 4,1 Å.	Residualbildung aluminiumreicher Zweischichttonminerale aus Silikatverwitterung.
Gibbsit $Al(OH)_3$	Deutlicher Basisreflex bei 4,8 Å, ein weiterer bei 4,3 Å wird häufig von anderen Reflexen überlagert. Kollabieren des Kristallgitters bei Erhitzen auf 550 °C.	Aluminiumhydroxid Residium der Silikatverwitterung unter feucht-warmen Klimabedingungen, insbesondere auf jurassischen/ kretazischen Basalten.
Chlorit/(Vermiculit) $(Mg,Fe,Al,Mn)_{4-6}(Si,Al)_4O_{10}(OH,O)_8$ / $((Mg,Fe,Al)_3(Si,Al)_4O_{10}(OH)_2 * H_2O)$	Kollabieren der Basisreflexe bei 14 Å und 4,7 Å nach Glühen (intensiver Peak bei 7,1 Å wird häufig von Kaoliniten überlagert). Bei Wechsellagerung mit Vermiculit fällt der 14 Å Peak durch Tempern auf ca. 10 Å (häufig überlagert durch Illit Peak).	Residualprodukt der Tonmineral- (Illit) bzw. der Glimmerverwitterung. Vorkommen als Wechsellagerungsmineral und/oder sekundäres Chlorit bei der Einlagerung von Al-Hydroxiden.
Illit $(K,H_3O)Al_2(Si_3Al)O10(H_2O,OH)_2$	Peaks werden aufgrund geringer Konzentration meist erst bei 10 Å, 5 Å und 4,5 Å nach Glühen und Kristallgitterzusammenbruch anderer Minerale deutlich.	Entsteht bei der chemischen Verwitterung von Muskovit der präkambrischen Migmamtite oder permischen Phyllite.
Quarz SiO_2	Charakteristischer Peak bei 4,2 Å bleibt nach Glühen bei 550 °C bestehen.	Primäres Mineral aus anstehendem Granitgestein bzw. aus umgelagerten Decksedimenten.

Quelle: Zusammengestellt nach MÜLLER 1964, HEIM 1990 und JASMUND & LAGALY 1993.

4.6 Mikromorphologie und Schwerminerale

Zur Untersuchung (sub-)rezenter pedologischer Prozesse wurden Dünnschliffe aus den jeweiligen Profilhorizonten repräsentativer Hauptbodentypen der mikromorphologischen Analyse unterzogen. Die Bodendünnschliffe fertigte die Fa. Thomas BECKMANN (Schwülper-Lagesbüttel) aus ungestörten Stechzylinderproben an. Für die Auswertung und digitale Bildaufnahme mit der Software cell^D von OLYMPUS stand ein Polarisationsmikroskop Olympus BX 51 mit Digitalkameraaufsatz OLYMPUS ColorView 5 MegaPixel Firewire™ am Geographischen Institut in Heidelberg zur Verfügung.

Um einen Eindruck vom Verwitterungsgrad der Bodensubstrate zu erhalten, wurde ergänzend zur mikromorphologischen Auswertung eine qualitative Bestimmung des Schwermineralspektrums durchgeführt. Für eine quantitative Auszählung konnte die Mindestanzahl bestimmbarer Mineralkörner von 100 Stück pro Probe nicht annähernd erreicht werden, so dass keine statistisch gesicherte Aussage zu den Schwermineralvorkommen abgegeben werden kann. Ursachen hierfür stellen das enorm hohe Vorkommen von opaken Körnern, die vielen bis zur Unkenntlichkeit angewitterten Minerale und der allgemein geringe (Fein-)Sandfraktionsanteil im Feinerdsubstrat dar. Die Probenaufbereitung richtete sich nach dem Verfahren von BOENIGK (1983), bei der die Proben nach der Nasssiebung einer 20-minütigen Behandlung in 25 % Salzsäure unterzogen wurden um störende Mineralüberzüge zu zerstören. Aufgrund des sehr geringen bis nicht nachweisbaren Carbonatgehalts war davon auszugehen, dass leichter lösliche Schwerminerale durch diese Behandlung nicht zerstört würden, da diese längst verwittert sein müssten. Anschließend wurden die abgekühlten Proben zur Neutralisation wiederholt gewässert und dekantiert. Zum Ende erfolgte die Fixierung der Feinsandkörner in MELTMOUNT Einbettungsharz (Brechungsindex $n_D^{25°C} = 1{,}662$) auf Glasobjektträgern und die Bestimmung am Polarisationsmikroskop.

5 Ergebnisse

Die drei Faxinais werden für sich mit den erzielten Untersuchungsergebnissen vorgestellt. Zunächst erfolgt die Präsentation der Bodenkartierung des Waldweideareals unter Angabe der physikalischen und chemischen Bodeneigenschaften. Daran knüpft die Erhebung der Arten- bzw. Familienvertreter in der Vegetationsassoziation des *Mata Densa*, den Waldbereichen mit geringster Nutzung, an. Anhand eines Vergleichs der Landnutzungssituation der Jahre 1980 und 2006 wurde ermittelt welche Entwicklung die gemeinschaftliche Weidefläche hinsichtlich der ihr widerfahrenen Nutzungsintensität nahm. Eine abschließende Beschreibung der gesellschaftlichen Dynamik mit sozialen und ökonomischen Hintergründen ergänzt die Faktoren, die sich potentiell auf die Landnutzung und somit auf das Waldweidegebiet auswirken. In Kapitel 6 schließt sich die vergleichende Diskussion der gewonnenen Erkenntnisse sowohl zwischen den untersuchten Faxinais als auch mit dem allgemein gültigen Wissensstand regionaler Forschungsarbeiten an.

5.1 Der Untersuchungstandort Faxinal Sete Saltos de Baixo

Das *Criadouro Comum* des Faxinal Sete Saltos de Baixo befindet sich auf dem ersten Planalto (Abb. 2.1). Lokale Gesteinsvorkommen werden der Perau und Água Clara Formation der Setuva Gruppe proterozoischen Ursprungs zugeordnet, die sich aus einer komplexen Geologie von granitischen Gneisen, Quarziten und granitischen Intrusionen mit anatexischer Überprägung zusammensetzen (EMBRAPA & IAPAR 1984, MINEROPAR 2001). Das regionale Relief gestaltet sich kleinräumig sehr wechselhaft bei einem Gefälle von 0–15% innerhalb des Weidegebiets sowie in unmittelbarer Umgebung (Abb. 5.1).

5.1.1 Die Bodengesellschaft

Nach den Klassifikationsvorgaben der WRB (2006) besteht die vor Ort angesprochene Bodengesellschaft aus Gleyic Fluvisols, Haplic Acrisols und Nitic Acrisols (Abb. 5.1). Das Mikrorelief besitzt entscheidenden Einfluss auf das pedologische Prozessgefüge, weshalb von ihm ausgehend auf die Ausprägung azonaler charakteristischer Bodentypen geschlossen werden kann. Gleyic Fluvisols sind charakteristischer Weise im Hochwasserbereich der Oberflächengewässer sowie im Stauwasserbereich im Talgrund anzutreffen. Je nach Lage zum Fluss Rio Sete Saltos gewinnen oder verlieren gleyic oder fluvic Eigenschaften an Dominanz, so dass dieser Bodentyp als eine Mischform aus Fluvisols und Gleysols aufzufassen ist, die in der brasilianischen Klassifikation den *Neossolos Flúvicos (...) gleicos* entspricht. Haplic Acrisols und Nitic Acrisols sind in ihrer Verbreitung weniger deutlich an die Reliefstruktur gebunden. Beide Bodentypen gehen ineinander über und werden nach der brasilianischen Bodenklassifikationssystematik gemeinsam unter *Argissolos Vermelho-Amarelos* geführt. Während in Letzter die Rot- bzw. Gelbintensität nach der Munsell Soil Color Chart zur weiteren Einordnung herangezogen werden, gilt nach der WRB das Vorhandensein eines Horizonts mit nitic Eigenschaften als Abgrenzungskriterium.

Abb. 5.1: Die Bodengesellschaft des Faxinal Sete Saltos de Baixo mit den Leitprofilstandorten. Rechts oben: Neigungskarte der Untersuchungsregion auf Basis von SRTM2 Daten (90 x 90 m Auflösung).

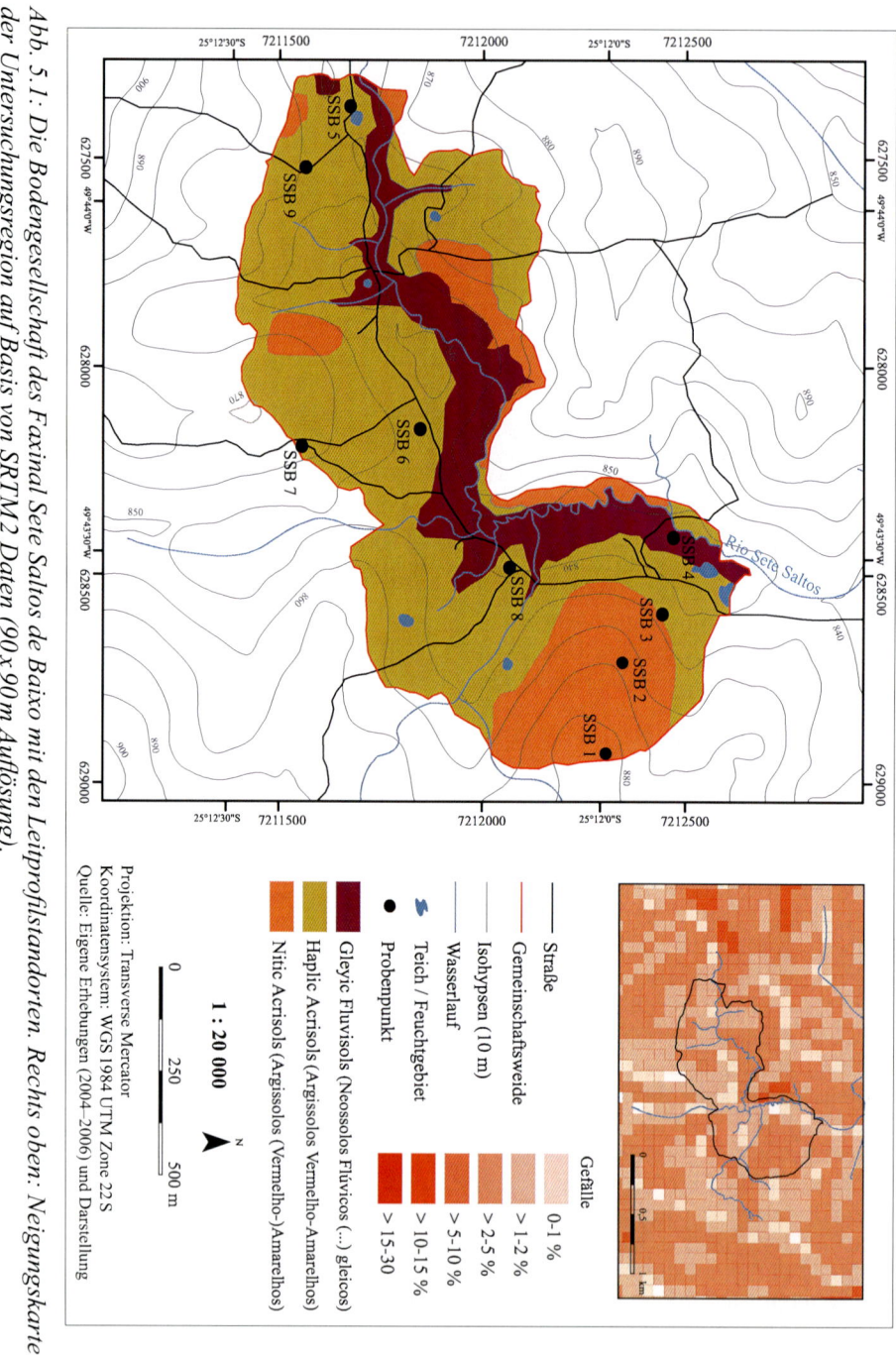

Neben einer flächendeckenden Bohrstocksondierung zur Erstellung der Bodenverbreitungskarte wurden insgesamt neun Leitprofile angelegt und detailliert aufgenommen (Abb. 5.1). Ihnen wurden 38 Proben zu Laboranalysen entnommen, deren Ergebnisse die Grundlage der durchgeführten Bodenklassifikation darstellen. Des Weiteren erfolgte eine röntgendiffraktometrische Untersuchung der Tonfraktion ausgewählter Leitprofile (SSB 1, SSB 5 und SSB 8; SSB = Untersuchungsprofil *S*ete *S*altos de *B*aixo). Zusätzlich wurden die Aufschlüsse SSB 5 und SSB 8 mit insgesamt 13 Stechzylinderproben beprobt um mikromorphologische Eigenschaften zu untersuchen.

5.1.2 Die Ergebnisse der Korngrößenanalyse

Da alle untersuchten Bodenstandorte nur äußerst geringe bis keine Korngrößenanteile im Bereich des Skelettbodens beinhalten, und zudem v. a. der Feinboden ausschlaggebend für die standörtlichen Pflanzenwuchsbedingungen ist, konzentriert sich die Diskussion der Korngrößenanalyse auf die Bodenarten kleiner gleich 2 mm. Der Ergebnisüberblick zeigt eine heterogene Verteilung für die jeweiligen Horizonte: Der Sandanteil erreicht 10–64 %, Schluff 10–45 % und die Tonfraktion 15–75 % (Abb. 5.2). Dabei enthalten die Böden auf granitischem Gneis zwischen 9–56 % Sand, 12–45 % Schluff und 16–60 % Ton. Folglich können die Bodenarten den Klassen Ton, toniger Lehm, sandiger Ton, sandig und toniger Lehm sowie Lehm zugeordnet werden. Erhöhte Tonfraktionsanteile finden sich innerhalb des Profils SSB 7 in den Unterbodenhorizonten sowie in den Profilen SSB 1 und SSB 6 in den Auflagehorizonten.

Niedrige U : T-Verhältnisse zwischen 0,2–0,6 sind als Produkt intensiver Verwitterungstätigkeit zu deuten (siehe Abb. 5.2: SSB 1: Ah- und AB-Horizont; SSB 6: AB-Horizont; SSB 7: AB- und B-Horizont). Nitic Eigenschaften, bei der Entnahme frischen Probenmaterials zu erkennen an glatten glänzenden Scherflächen, konnten in deutlicher Ausprägung im AB-Horizont am Standort SBB 1 beobachtet werden (Abb. 5.4, f). Die Unterbodenhorizonte der Profile SSB 1, SSB 6 und SSB 7 weisen in Nähe des Saprolits höhere U : T-Relationen (1,1–1,8) durch eine Zunahme der Schlufffraktion auf. Das vergleichsweise sehr hohe U : T-Verhältnis von 2,8 im A-Horizont am Profilstandort SSB 7 ist auf dessen Exponierung auf einer Hügelkuppe unter lichter Sekundärwaldvegetation zurückzuführen. So ist auch die Oberflächennähe des Grundgesteins durch verstärkte Erosion zu erklären. Das mächtigere Bodenprofil des Haplic Acrisol SSB 5 steht für eine vergleichsweise heterogenere Pedogenese. Der Tongehalt liegt im A- und AB-Horizont am höchsten (56,3 % bzw. 59,1 %), was sich im niedrigen U : T-Verhältnis von 0,3 und 0,4 niederschlägt und einen fortgeschrittenen Bodenentwicklungsgrad ausdrückt. In den tieferen Unterbodenhorizonten nimmt jedoch der Schluffgehalt deutlich zu, so dass das U : T-Verhältnis auf 0,8–1,0 ansteigt. Im B2-Horizont ist zudem verstärkter Sandeintrag zu verzeichnen, der eine allochthone Anlagerung, ausgelöst durch Flächenerosion oberhalb des Standortes, voraussetzt. In der tiefgründigen Saprolitzone des Gneis, dem C-Horizont, sinken die Fraktionsanteile von Sand und Schluff wieder ab, wobei das U : T-Verhältnis ein Niveau von 0,6 erreicht.

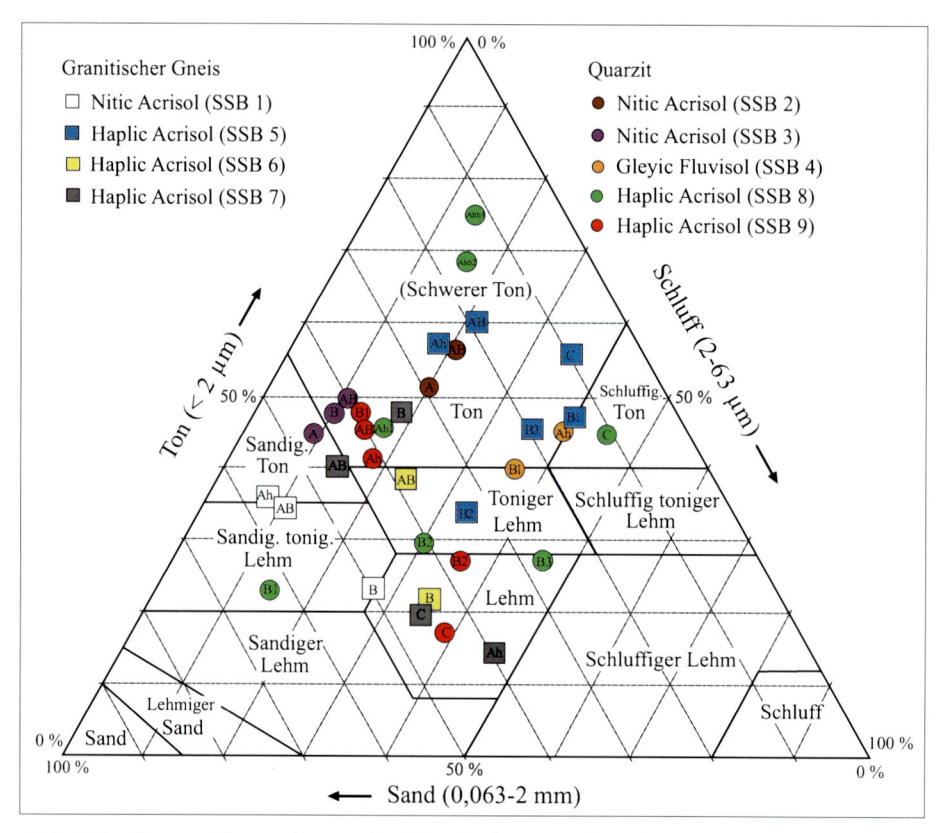

Abb. 5.2: Korngrößenspektrum des Feinbodens am Standort Faxinal Sete Saltos de Baixo. Quelle: Eigene Ergebnisse dargestellt nach WRB 2006.

Die Bodenhorizonte über anstehendem Quarzit besitzen eine Schwankungsbreite von über 50 % in der Sand- und Tonfraktion, hingegen variiert der Schluffgehalt zwischen 9–46 %. Folglich sind die Bodenartklassen Ton, schluffiger Ton, sandiger Ton, toniger Lehm, sandig und toniger Lehm sowie Lehm vertreten (Abb. 5.2). Die Korngrößenfraktionen in den oberen Horizonten der Nitic Acrisols weichen nur geringfügig von einander ab. Daher lassen sie auf eine fortgeschrittene, unter autochthonen Einflüssen abgelaufene Pedogenese schließen. Dementsprechend steht das Profil SSB 2 mit seinen hohen Tonanteilen und einem U:T-Verhältnis von 0,3 für eine charakteristische Bodenlokalität in Hanglage. Ebenso gibt es nur geringfügige Abweichungen in der Korngrößenverteilung der intensiv ausgebildeten Horizonte des Profils SSB 3 mit nitic Eigenschaften, deren Schluff-Ton-Verhältnis gemittelt bei 0,2 liegt. Das etwas höhere Sandaufkommen im Auflagehorizont ist durch allochthonen Eintrag von der nahen Straße zu erklären. Für den Profilstandort SSB 4 ergibt sich ein höheres U:T-Verhältnis von 0,8 aufgrund der Lage im Talgrund innerhalb des periodisch überschwemmten Auenbereichs, so dass dort von alluvialem Eintrag auszugehen ist. Das mächtigere Bodenprofil SSB 9 liegt in unterer Hanglage und beschreibt einen Haplic Acrisol mit in situ Bodenbildung und leichter Tonanreicherung, verdeutlicht durch eine abnehmende U : T-Ratio vom Auflagehorizont (0,4) zu den B-Horizonten (jeweils 0,3). Keinem Bodenhorizont konnten nitic Eigenschaften zugeordnet werden, weshalb die Bodenhorizontierung aufgrund der hohen Tonfraktionsanteile mit dem argic Attribut zu versehen ist. Zum Saprolit hin steigen die Anteile an Sand und Schluff sowie das U : T-Verhältnis wieder an.

Am Haplic Acrisol Profil SSB 8 lassen sich einzelne Phasen einer heterogenen Bodenentwicklung deutlich ableiten: Der Ah1- sowie der B1-Horizont weisen anhand ihres U : T-Verhältnis von 0,3 bzw. 0,5 Anzeichen einer fortgeschrittenen Pedogenese unter rezenten Verhältnissen auf, obwohl der B1-Horizont den größten Anteil an der Sandfraktion (64,8 %) sowie ein auffällig erhöhtes Vorkommen an grusigem Material innerhalb des Profils besitzt (Abb. 5.2, Annex Tab. B2). Zusammen mit erhöhter Schlufffraktion im B2- und B3-Horizont, die sich in einer U : T-Relation von 1,0 und 1,6 niederschlägt, deutet dies auf Eintrag von sandigem und schluffigem Erosionsmaterial aus oberhalb liegenden Bereichen hin. Da der Auflagehorizont mit sehr kleinem U : T- Verhältnis jedoch für eine rezente, geomorphologisch schwache Aktivität steht, muss die Sedimentation in einer aktiveren Phase erfolgt sein. Davor muss wiederum eine stabile Phase der Landschaftsentwicklung unter rezent ähnlichen Bedingungen Bestand gehabt haben, denn in den dunkleren Ahb2- und Ahb3-Horizonten steigen die Tonfraktionsanteile auf Profilhöchstwerte an. Das U : T-Verhältnis von 0,2 und 0,1 beschreibt das Ergebnis einer intensiven Bodenentwicklung, bevor es im C-Horizont mit 1,0 einen charakteristischen Wert für die Saprolitzone annimmt.

5.1.3 Die Ergebnisse der röntgendiffraktometrischen Analyse

Die Röntgenbeugungsuntersuchung der Tonmineralfraktion ergab eine deutliche Dominanz der intensivsten Basisreflexe mit 100 % bei 7,2 Å (12,2 ° 2θ) sowohl bei unbehandelten als auch bei Texturpräparaten mit Ethylenglykol bedampft. Diese brechen nach der Hitzebehandlung bei 550 °C in sich zusammen und sind in der Messkurve nicht mehr zu erkennen (Abb. 5.3). Mit weiteren, schwächeren Signalen bei 4,3 Å (20,8 ° 2θ) und 4,1 Å (21,3 ° 2θ), die ebenfalls nach dem Glühen nicht mehr nachweisbar sind, deutet dieser Sachverhalt auf Tonminerale der Kaolinit Gruppe hin. Die Kombination der Basisreflexe konnte in allen Proben bestimmt werden (Annex Tab. C1). Dementsprechend bestätigt der Nachweis von Kaolinit die rezent herrschende, intensive Silikatverwitterung in Südbrasilien (SANTOS FILHO 1977, ROCHA 1981, CHODUR & SANTOS FILHO 1993).

Die übrigen Intensitätswerte fallen vergleichsweise niedrig aus, so dass von einer deutlichen Dominanz der Kaolinite unter den Tonmineralen auszugehen ist. Lediglich im Unterboden des Profils SSB 5 erweist sich das Quarzsignal bei 4,2 Å (20,6 ° 2θ) am stärksten in allen drei Messkurven (Abb. 5.3). Kaolinit ist dort nur in untergeordneten Mengen vorhanden. Quelle für das vermehrte Auftreten der Quarze im B3-Horizont ist der anstehende granitische Gneis der Água Clara Formation. Neben Kaolinit und Quarz kommen in den untersuchten Bodenprofilen häufig dreischichtige Phyllosilikate vor, welche deutlich an Ausschlägen in der Glühkurve bei 10,1 Å

46　　　　　　　　　　　　　　　　　　　　　　　　　　　　　　　　　5 Ergebnisse

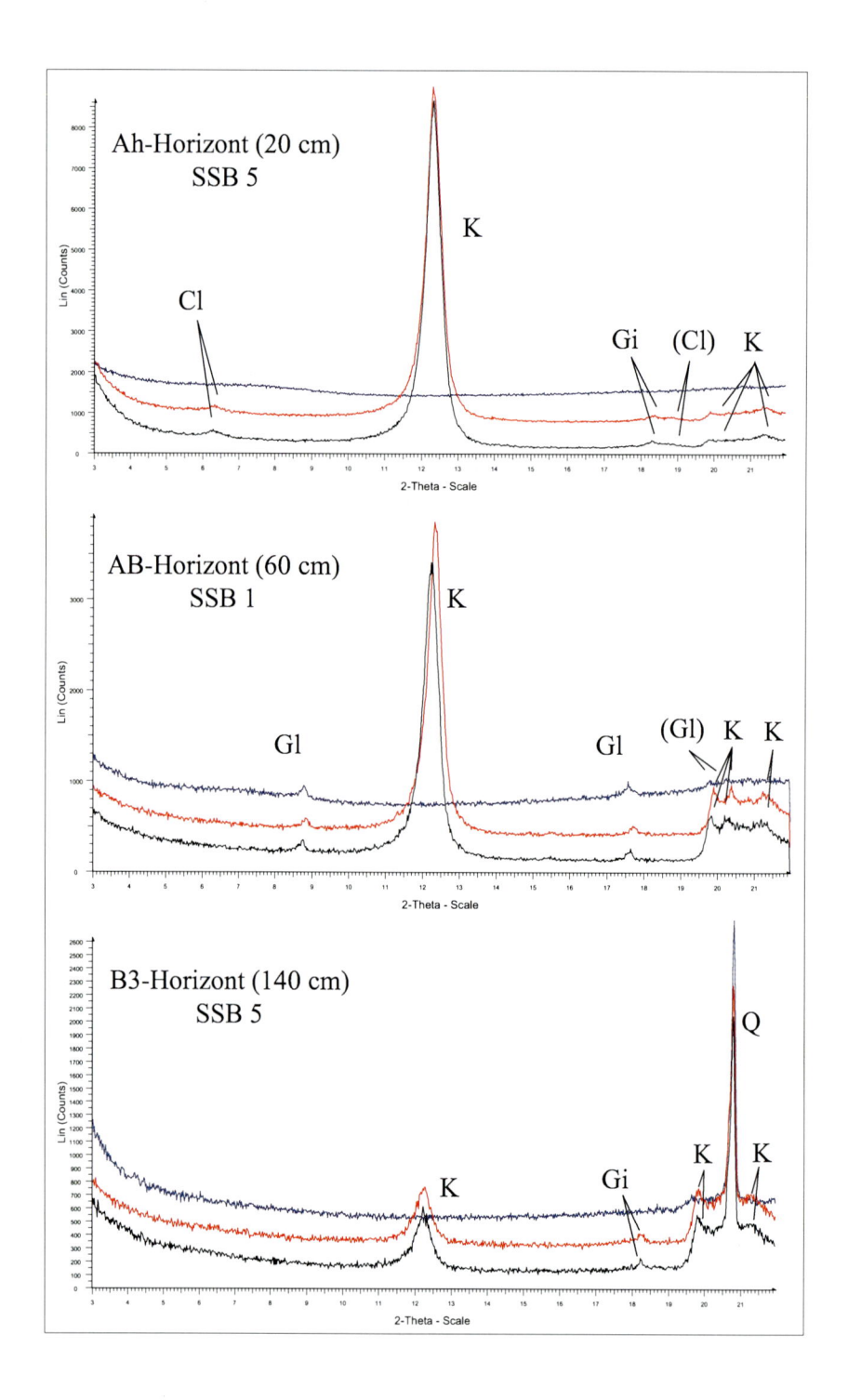

(8,7°2θ), 5 Å (17,6°2θ) und 4,4 Å (19,8°2θ) zu erkennen sind (Abb. 5.3: SSB 1 AB-Horizont). Es handelt sich um Illit oder um Muskovit Reste aus dem anstehenden Gestein, die beide sehr ähnliche Reflexsignalsignaturen aufweisen. Des Weiteren treten sekundäre Chlorite auf, auch pedogene Chlorite genannt, und/oder Wechsellagerungsminerale aus Chlorit/Vermiculit mit allgemein nur schwach reflektierten Signalen. Die verzeichneten Basisreflexe um 14,1 Å (6,2°2θ), 7,1 Å (12,3°2θ, dieser wird meist von dem intensiveren Kaolinit-Reflex überlagert), und 4,7 Å (18,7°2θ) sind nach dem Erhitzen nicht mehr nachweisbar (Abb. 5.3: SSB 5 Ah-Horizont). Sie entstammen dem Abbauprozess von Dreischicht-Tonmineralen, u. a. Illit in saurem Bodenmilieu (JASMUND & LAGALY 1993). Außer im AB-Horizont von SSB 1 wurde Gibbsit in allen Proben mit deutlichem Basisreflex bei 4,8 Å (18,3°2θ) nachgewiesen. Die ebenfalls für Gibbsit charakteristischen Ausschläge um 4,3 Å (20,3°2θ) pausen sich meist nicht in der Messkurve durch. Das Aluminiumhydroxid steht am Ende der Verwitterungsprozesse von Silikaten und wird neben Kaolinit bei intensiver Desilifizierung der Böden gebildet (SCHEFFER & SCHACHTSCHABEL 2002).

Schwierig zu deuten ist das stellenweise gemeinsame Auftreten von Illit, Chlorit und Gibbsit, die in der Natur für gewöhnlich unter sehr unterschiedlichem Siliziumangebot existieren. Ein Erklärungsansatz wäre eine in situ Bildung des Gibbsits als Nebenprodukt der Kaolinisierung unter rezenten Klimabedingungen. Die mehrschichtigen Tonminerale hingegen stellen Reste des ursprünglichen Mineralbestands dar und wurden von der Silikatverwitterung bisher noch nicht erfasst. Entsprechend sind Letztere in erster Linie nahe der Saprolitzone oder in Horizonten mit umgelagertem Sedimentmaterial zu finden. Das Nebeneinander von Desilifizierung von primären Mineralen und Silifizierung von oktaedrischen Al, Fe und Mg, wie es bei der Bildung von sekundärem Chlorit geschieht, unter subtropischen Klimabedingungen und in enger landschaftlicher Verbundenheit wird von NIEDERBUDDE, STANJEK & EMMERICH (2002) gestützt.

5.1.4 Die mikromorphologische Betrachtung

Zur besseren Bestimmung und Veranschaulichung der lokalen Böden und der sie prägenden Prozesse wurden zwei repräsentative Haplic Acrisols Profile (SSB 5 und SSB 8) bezüglich ihrer mikromorphologischen Merkmale untersucht. Zusätzlich wurde ihr Schwermineralgehalt qualitativ erhoben. Das Profil SSB 5 auf granitischem

---

Abb. 5.3 (S. 46): Charakteristische Röntgendiffraktogramme der Tonfraktion. Profil SSB 5, Ah-Horizont: Kaolinit-Vorkommen mit Gibbsit Gi und sek. Chlorit und/oder Chlorit-Vermiculit-Wechsellagerungsminerale Cl stehen für eine fortgeschrittene Pedogenese; SSB 1, AB-Horizont: Neben Kaoliniten K treten dreischichtige Tonminerale der Glimmergruppe Gl auf; SSB 5, B3-Horizont: Dominanz von Quarz Q aufgrund des Übergangs zum Saprolit. Man beachte die abweichende Intensität der Basisreflexe dargestellt auf der y-Achse. Schwarz = Normalpräparat; rot = Quellpräparat; blau = Glühpräparat. Quelle: Die Messungen erfolgten am Labor für Röntgenkristallographie des Mineralogischen Instituts der Universität Heidelberg.

Gneis besitzt in seinem Ah-Horizont einen sichtbaren, in etwa den Grobporen größer gleich 10 µm entsprechenden Porenanteil von 56 %. Nur in sehr kleinen Bereichen und unter höherer Auflösung lässt sich ein kohärentes Bodengefüge erkennen. Das unvergrößerte Bild beschreibt eine krümelige bis irreguläre, unvollständige Blockstruktur wie sie für den Übergang von einem Ober- zu einem Unterbodenhorizont charakteristisch ist (Abb. 5.4: Ah-Horizont). Wesentlich deutlicher tritt das dichte System rundlicher (Grob-)Poren hervor, das auf eine hohe Aktivität der Bodenfauna, v. a. von Termiten, zurückzuführen ist. In der 40-fachen Vergrößerung zeigt sich die heterogene Zusammensetzung des Bodengefüges. Sie ist durchmischt mit Quarzen sowie opaken Objekten, die aus Pflanzenteilen, Holzkohle und angewitterten Mineralkörnern bestehen (Abb. 5.4: a). Die Quarze tragen deutliche Korrosionsspuren (Abb. 5.4: b1) und sekundäre Einlagerung in Form von rötlichen Eisenkonkretionen (Abb. 5.4: b1, b2). Neben den sekundären Eisenkonkretionen finden sich vereinzelt Feldspäte sowie Schwermineralkörner von Zirkon, Muskovit und Epidot.

Der diffuse AB-Übergangshorizont unterscheidet sich nur unwesentlich vom aufliegenden Oberboden und leitet zum Unterboden über. Der Grobporenanteil bezüglich der Gesamtdünnschliffbetrachtung fällt mit ca. 42 % etwas geringer aus. Zusammen mit rundlichen, geschlossenen Poren treten vereinzelt rissige, feinere Grobporen auf. Das Bodengefüge erscheint homogener aufgrund des höheren Tongehalts, lokal durchsetzt von Pflanzenresten. Das Spektrum der Leichtminerale wird eindeutig von Quarzen beherrscht. An Schwermineralen wurden geringe Vorkommen von Zirkon, Turmalin, Rutil und Muskovit festgestellt.

Der B1-Horizont besitzt ein sichtbares Grobporenvolumen von ca. 39 %, wobei der Anteil rundlicher Poren merklich abnimmt (Abb. 5.4: B1-Horizont). Hingegen zeigen sich verstärkt rissförmige, feinere Grobporen wie sie für Unterbodenhorizonte mit hohem Tonanteil charakteristisch sind. Das Bodengefüge erscheint kohärenter und gleichzeitig homogener in seiner Zusammensetzung. Der Anteil opaker Aggregate nimmt im Vergleich zum Oberboden ab und an den Rändern der Grobporen sind Tonschlieren zu erkennen (Abb. 5.4: c). Häufig finden sich Anlagerungen von sekundären Eisenverbindungen, die meist opak, aber auch in rötlich bis gelblichen Färbungen anzutreffen sind (Abb. 5.4: e). Dem identifizierbaren Schwermineralbestand konnten lediglich Zirkon und Turmalin zugeordnet werden. Als Leichtmineral ist fast ausschließlich Quarz zugegen, andere Leichtminerale des anstehenden Gesteins sind nicht vertreten.

Der B2-Horizont nimmt wieder einen eher autochthonen Charakter an, zudem steigt das Grobporenvolumen auf ca. 55 % an und der Tongehalt nimmt merklich ab. Entsprechend gestaltet sich das heterogene Bodengefüge gröber und beinhaltet Leichtminerale wie Quarz und Feldspat sowie Zirkon, Turmalin und Muskovit als Schwerminerale.

Der B3-Horizont unterscheidet sich zum tiefer anstehenden Saprolit hauptsächlich durch seine geringere physikalische Widerstandsfähigkeit. Der Grobporenanteil beträgt ca. 53 %. Die größeren Grobporen sind über ein offenes, feineres Porensystem verbunden, in den massiveren Bereichen der Bodenmatrix liegen die Porengrößen jedoch unter der optisch erfassbaren Auflösung. Das Bodengefüge stellt sich in unvergrößerter Betrachtung aus miteinander verbundenen Clustern feinkörniger Aggregate mit irregulärer, schwach blockiger Ausprägung dar (Abb. 5.4: B3-Horizont).

5.1 Faxinal Sete Saltos de Baixo

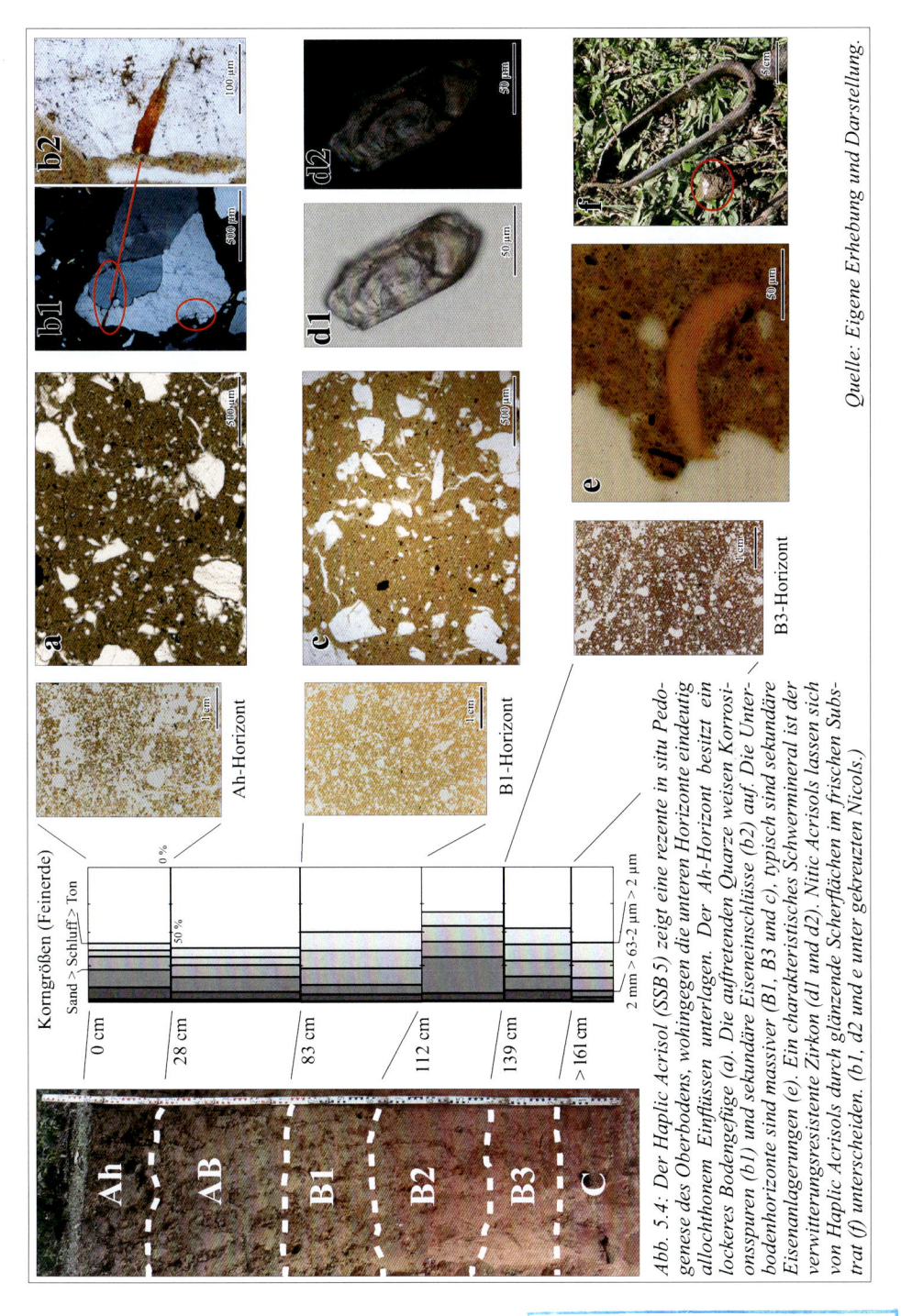

Abb. 5.4: *Der Haplic Acrisol (SSB 5) zeigt eine rezente in situ Pedogenese des Oberbodens, wohingegen die unteren Horizonte eindeutig allochthonem Einflüssen unterlagen. Der Ah-Horizont besitzt ein lockeres Bodengefüge (a). Die auftretenden Quarze weisen Korrosionsspuren (b1) und sekundäre Eiseneinschlüsse (b2) auf. Die Unterbodenhorizonte sind massiver (B1, B3 und c), typisch sind sekundäre Eisenanlagerungen (e). Ein charakteristisches Schwermineral ist der verwitterungsresistente Zirkon (d1 und d2). Nitic Acrisols lassen sich von Haplic Acrisols durch glänzende Scherflächen im frischen Substrat (f) unterscheiden. (b1, d2 und e unter gekreuzten Nicols.)*

Quelle: Eigene Erhebung und Darstellung.

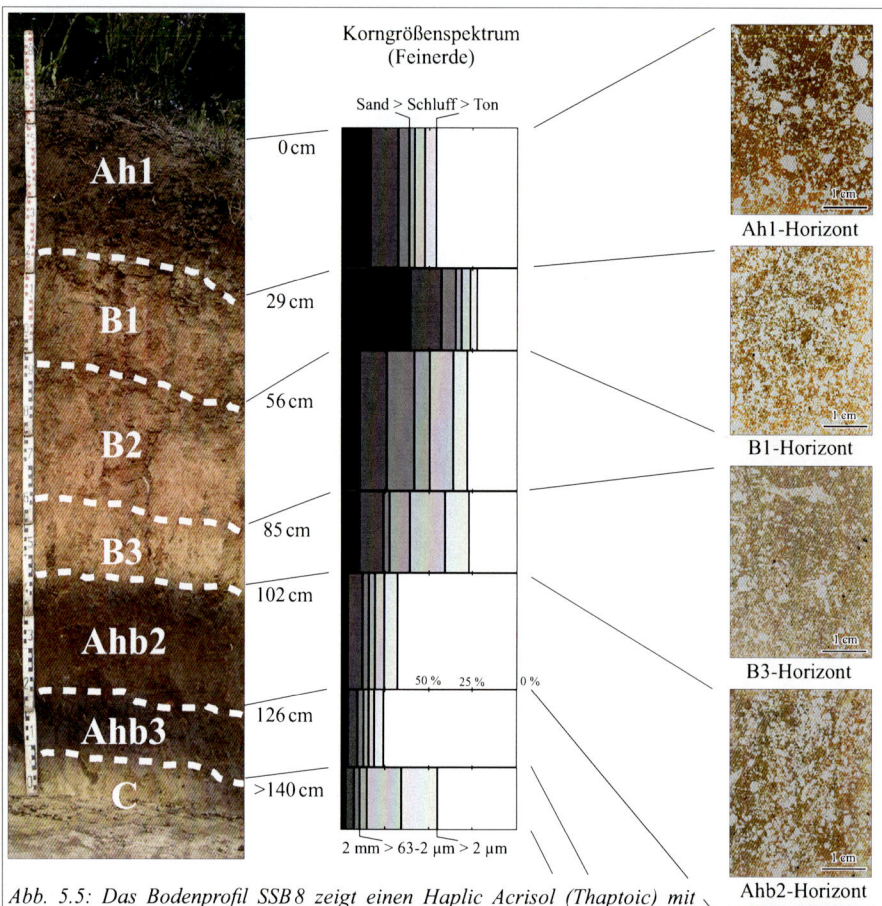

Abb. 5.5: Das Bodenprofil SSB 8 zeigt einen Haplic Acrisol (Thaptoic) mit fossilen Bodenhorizonten auf anstehendem Quarzit bzw. kaolinitreichem Saprolit. Die Verteilung der Korngrößenfraktionen beschreibt ein heterogenens Verlauf über das Profil: Hohe Sand- und Schluffanteile in den Horizonten B1-3 stehen für allochtonen Materialeintrag aus der Denudation des Oberhangs, der die tonreicheren Horizonte einer vorausgegangenen Bodenentwicklungsphase überdeckt (Ahb2- und Ahb3-Horizont, letzterer mittels ^{14}C-Isotopenbestimmung auf 21 570-22 023 cal a BP bestimmt). Die Bodenhorizonte unterscheiden sich im Vergleich der Bodendünnschliffe in ihrer Matrixstruktur und (Grob-) Porenverteilung aufgrund abweichender Korngrößenanteile und biologischer Aktivität. In der Vergrößerung werden weitere Eigenschaften deutlich: Ah1: a) Holzkohle- und b) Pflanzenreste sowie c) stark korrodierter Quarz; B1: d) heterogene Bodenmatrix mit e) homogenen Tonanlagerungen f) unter gekreuzten Nicols); B3: g) stark angewitterter Feldspat unter h) gekreuzten Nicols, i) Quarz als dominierendes Leichtmineral; Ahb2: j) Bodenmatrix reich an k) Ton- und l) sekundären Eisenanlagerungen; Ahb3: m) homogene Bodenmatrix mit n) laminarer Tonanlagerung (gekreuzte Nicols); C: p) Saprolitgefüge mit opaken Mineralen, q) hohen Quarzanteilen in der Sandfraktion und o) Epidot sowie r) Zirkon als charakteristische Schwermineralvertreter des anstehenden Gesteins (beide unter gekreuzten Nicols). Quelle: Eigene Erhebung und Darstellung.

5.1 Faxinal Sete Saltos de Baixo

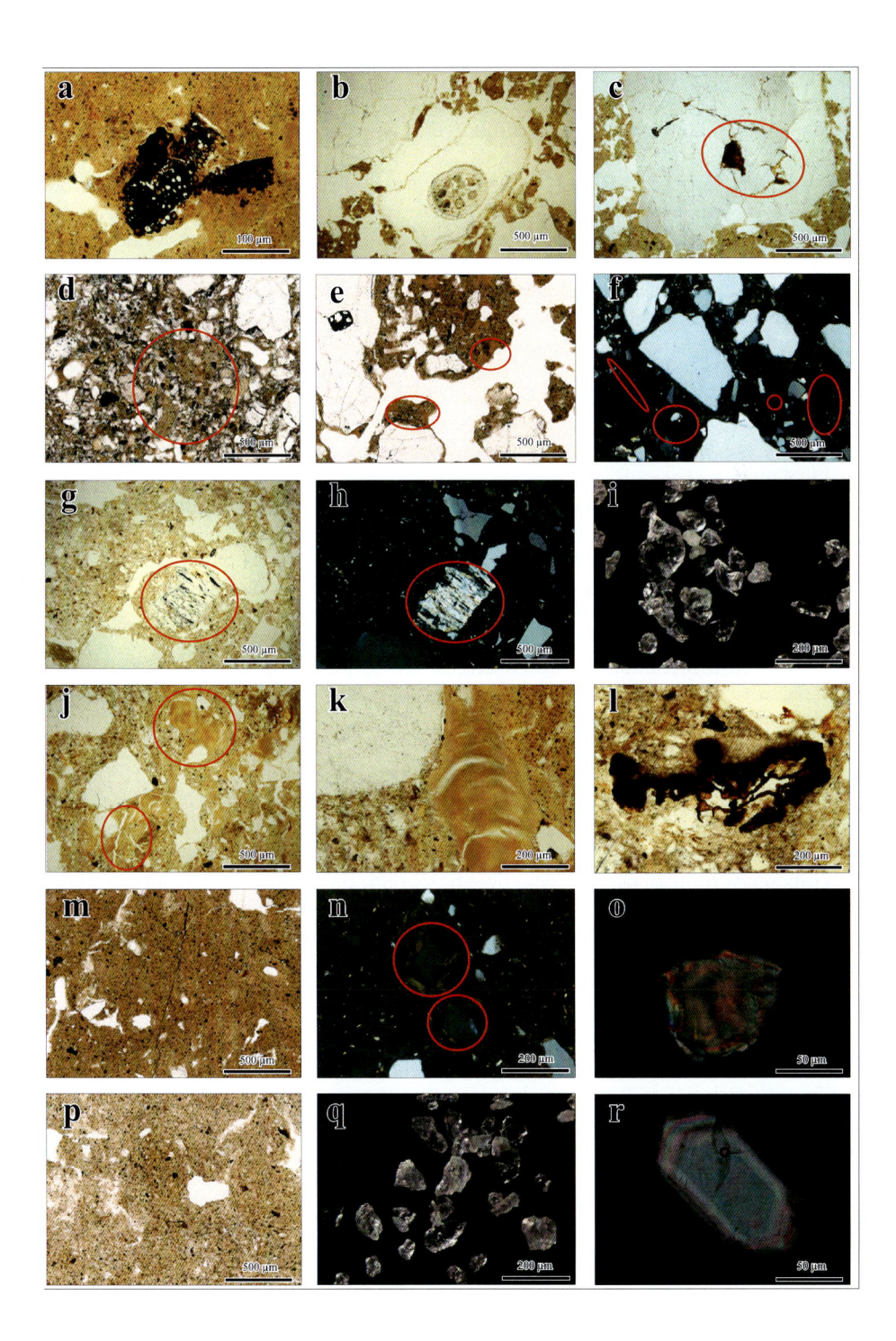

Der Bestand der auswertbaren Korngrößen größer der Tonfraktion setzt sich aus opaken Mineralkörnern, Eisenkonkretionen, Quarzen und vereinzelten Feldspäten zusammen. An Schwermineralen wurden geringe Mengen an Zirkon, Turmalin und Muskovit identifiziert.

Der Haplic Acrisol SSB 8 auf Quarzit zeigt ähnliche Eigenschaften, jedoch sind in seinem Profilverlauf eindeutige Merkmale einer polygenetischen Pedogenese enthalten. Der Ah-Horizont besitzt einen (Grob-)Porenanteil von ca. 39 % und zeigt in unvergrößerter Betrachtung rundliche Makroporen, die sich „löchrig" über den Dünnschliffausschnitt verteilen und über feinere Grobporen miteinander in Verbindung stehen (Abb. 5.5: Ah-Horizont). Es ergibt sich ein feinkörniges, kohärentes Bodengefüge aus zusammenhängenden Aggregatblöcken. In größerer Auflösung lassen sich Holzkohlepartikel, Pflanzenteile sowie Quarzminerale mit sekundär eingelagerten Eisenkonkretionen bestimmen (Abb. 5.5: a, b, c). Lediglich einige wenige Rutile konnten als Schwermineralvertreter im Auflagehorizont gefunden werden. Neben den Quarzen des Leichtmineralbestands dominiert das Vorkommen opaker Mineralkörner.

Mit erhöhten Sandanteilen unterscheidet sich der B1-Horizont deutlich vom Auflagehorizont. So fällt der erkennbare Grobporenanteil mit ca. 49 % höher im Vergleich zum aufliegenden Horizont aus. Das Bodengefüge erscheint weniger kohärent und das Porensystem einheitlicher in seiner Größe wie auch in seiner räumlichen Verteilung (Abb. 5.5: B1-Horizont). Es besteht aus einer dunklen Matrix mit schluffigem Material, das mit feinkörnigeren Toneinlagerungen und opaken Objekten, wie Holzkohle oder größeren Mineralkörnern durchsetzt ist (Abb. 5.5: d, e). Die Tonverfüllungen werden in der Betrachtung unter gekreuzten Nicols des Polarisationsmikroskops gut ersichtlich durch eine hellere Färbung sowie laminare Schichtung entlang der Porenwände (Abb. 5.5: f). Der B2-Horizont sowie der B3-Horizont entsprechen in ihren Eigenschaften sowie in ihrer Konsistenz weitgehend dem aufliegenden B1-Horizont. Lediglich in ihrer Färbung und in der Verteilung der Korngrößenfraktion weichen sie geringfügig voneinander ab. Der Grobporenanteil in den beiden Horizonten liegt bei ca. 45 %, wobei sich ein offenes, feines Porensystem ausbildet, das die gröberen Makroporen verbindet. Das Bodengefüge beschreibt einen blockigen Ausdruck, ohne dass vollständig ausgebildete Aggregate erkennbar sind (Abb. 5.5: B3-Horizont). Die feinkörnige Bodenmatrix ist mit größeren, deutlich angewitterten Quarz- und Feldspatkörnern durchsetzt (Abb. 5.5: g, h). Der Großteil des Leichtmineralvorkommens wird von Quarzkörnern gebildet, die unter dem Auflichtmikroskop minimal gerundete Ecken erkennen, und somit auf eine allochthone Verlagerung über kurze Distanz schließen lassen (Abb. 5.5: i). Das Ergebnis der Schwermineralanalyse aus allen drei Unterbodenhorizonten ergibt äußerst geringe Vorkommen von Rutil und Zirkon.

Einen ähnlich hohen Porenanteil von ca. 48 % besitzt der Ahb2-Horizont, in dem ein offenes System an Grobporen ausgebildet ist. Das Bodengefüge ist in vergrößerter Betrachtung als Mischung aus krümeligen, massiven Bereichen und kleinen, irregulären Aggregaten zu beschreiben (Abb. 5.5: Ahb2-Horizont). Die deutliche Zunahme der Tonfraktion erklärt sich durch die Verfüllung von Grobporen sowie durch Anlagerung an die Porenwände (Abb. 5.5: j, k). Des Weiteren ist zu beobachten wie sich sekundäres Eisen in Hohlräumen sammelt und sich schließlich zu opaken Konkretionen verdichtet (Abb. 5.5: l). Der liegende Ahb3-Horizont zeigt sich mit einem

Grobporenanteil von ca. 18 % als sehr massiv. Der hohe Tonanteil von über 75 % kommt in einem dichten, kohärenten Bodengefüge zum Ausdruck. Vereinzelte Grobporen sind Ausgangs- oder Endpunkt feinerer, rissiger Poren wie sie beim Wechsel von Durchfeuchtung und Austrocknung entstehen. In der Vergrößerung wird eine homogene, feinkörnige Bodenmatrix mit opaken Mineralkörnern sowie Eisenkonkretionen ersichtlich (Abb. 5.5: m). Als sicheres Anzeichen für Toneintrag aus dem Oberboden können die Auskleidungen der Grobporen gewertet werden, die unter gekreuzten Nicols am Polarisationsmikroskop deutlich hervortreten (Abb. 5.5: n).

Im Saprolit, dem C-Verwitterungshorizont auf anstehendem Quarzit, steigt der Grobporenanteil auf ca. 30 % an und gleichzeitig geht der Tonfraktionsanteil zu Gunsten des Schluffs zurück. Das Gefüge erscheint zum aufliegenden Horizont mit einer homogenen Grundmasse und feinkörnigen, opaken Aggregatkörnern etwas weniger massiv (Abb. 5.5: p). Quarz dominiert hier als Leichtmineral. Unter dem Auflichtmikroskop betrachtet, zeigen die Körner vergleichsweise schärfere Kanten als in den aufliegenden B-Horizonten, da sie der Quarzitverwitterung in situ unterlagen und nicht transportiert wurden (Abb. 5.5: q). Das Schwermineralspektrum der fossilen Bodenhorizonte sowie des Saprolits gleicht sich in seinem Gehalt an Zirkon, Rutil und Epidot. Das meist stark korrodierte Mineralvorkommen entspricht dem des anstehenden Quarzits und nimmt zum Verwitterungshorizont zu.

5.1.5 Der pedogene Kohlenstoffgehalt

Bei der Auswertung des Gesamtkohlenstoffgehalts ergeben sich die Höchstwerte in den Auflagehorizonten und nehmen zu den tieferen Horizonten kontinuierlich ab (Abb. 5.6). Der C_{tot}-Gehalt in den Böden am Untersuchungsstandort bewegt sich zwischen 0,17–3,64 % (Annex Tab. B1) und ist mit organischen Kohlenstoffverbindungen gleichzusetzen (Kap. 4.4.2). Für die Auflagehorizonte beträgt der Gewichtsanteil durchschnittlichen 2,5 % im Vergleich zu gemittelten 0,8 % im Unterboden. Mit fortschreitender Tiefe und Annäherung an den Verwitterungshorizont nimmt der Kohlenstoffanteil bis zur Nachweisgrenze ab. Auffällig, weil abweichend von der allgemeingültigen Tiefenfunktion in den Profilen, zeigen sich der Ahb2- und Ahb3-Horizont im Unterboden des Profils SSB 8, die 0,9 % bzw. 1,2 % C_{tot} aufweisen (Abb. 5.6). Einhergehend mit der Bestimmung der C_{tot}-Anteile wurde auch die Stickstoffkonzentration gemessen, die 0,02–0,32 % des Probengewichts erreicht und signifikant mit der Tiefenfunktion des Kohlenstoffgehalts korreliert. Das relative Gewichtsverhältnis der Totalgehalte von Kohlenstoff zu Stickstoff gilt als wichtiger Indikator zur Beurteilung der bio-chemischen Aktivität im Boden, da sich durch die Verhältniszahl auf die Abbaugeschwindigkeit des organischen Materials schließen lässt (POTT & HÜPPE 2007). In den Böden des Faxinal Untersuchungsstandorts ergeben sich C_{tot}:N_{tot}-Verhältnisse von 8,5–22,2. Mit dem Mittelwert 12,4 aller analysierten Horizonte fällt das Verhältnis im Vergleich zu den Waldböden gemäßigter Breiten geringer aus. Dieser Sachverhalt erklärt sich durch die höheren Umsatzraten bei der Remineralisierung von organischer Substanz unter den gegebenen subtropischen Klimabedingungen.

Der Ah-Horizont im Profil des Gleyic Fluvisols SSB 4 sowie der Ah-Horizont im Profil des Nitic Acrisols SSB 1 besitzen hohe Gehalte an C_{tot} und N_{tot}. Ihre $C_{tot}:N_{tot}$ Relation von 11,3 und 11,4 liegen im Werterahmen der regionalen Waldböden (Abb. 5.6). Mit 14,8 im gleyic Bl-Horizont bzw. mit 14,2 im AB-Horizont mit nitic Eigenschaften ist zunächst, wie für alle untersuchten Böden, in den Unterbodenhorizonten eine Kohlenstoffanreicherung relativ zum Stickstoff zu beobachten. Da in tieferen Profilhorizonten meist tonreichere, feuchtere und schlechter durchlüftete Bodenbedingungen herrschen, reduziert sich dort die Aktivität der Destruenten und in Folge die Stickstoffanreicherung. Im Bereich des Saprolits nehmen die Absolutwerte gegen die Nachweisgrenze ab, weshalb das absinkende Kohlenstoff-Stickstoff-Verhältnis vor diesem Hintergrund vorsichtig zu interpretieren ist. Die eben beschriebene Tiefenfunktion des $C_{tot}:N_{tot}$-Verhältnis findet sich auch im Profil des Haplic Arcisol SSB 8 wieder. Jedoch treten die tieferen Horizonte Ahb2 und Ahb3 sowohl durch ihre zunehmenden Gesamtgehalte als auch durch ihre Kohlenstoff-Stickstoff-Relation von 19,6 bzw. 22,2 hervor (Abb. 5.6). Diese Werte, vergleichbar mit denen von Waldböden in gemäßigten Breiten, weisen auf größere Mengen von unzersetztem, organischem Material hin. In der sich anschließenden Verwitterungszone des anstehenden Quarzits geht die $C_{tot}:N_{tot}$-Ratio auf 12 zurück, und entspricht wieder den Werten in vergleichbarer Tiefe anderer Untersuchungsprofile.

Die zusammen mit der Kohlen- und Stickstoffkonzentration gemessenen Totalgehalte an Schwefel liegen an der Nachweisgrenze (0,005–0,04 %), trotzdem lässt sich eine Korrelation mit C_{tot} und N_{tot} in den jeweiligen Horizonten feststellen (Annex Tab. B1). Es kann davon ausgegangen werden, dass unter den herrschenden Klimabedingungen der Großteil des Schwefels als Sulfat in organischen Kohlenstoffbindungen vorkommt (SCHEFFER & SCHACHTSCHABEL 2002).

5.1.6 Die pH-Werte des Bodenmilieus

Die erhöhte Kohlenstoffkonzentration in den Auflagehorizonten erklärt, warum dort die sauersten pH-Werte gemessen wurden. Die bei der Zersetzung organischer Substanz freigesetzten H^+ Ionen sowie ihr Eintrag durch Niederschlagswasser, ergaben saure Durchschnittswerte von pH 3,8 in 0,01 n $CaCl_2$-Lösung bzw. von pH 4,0 in 0,1 n KCl-Lösung. Das Gesamtspektrum der Messwerte umfasst für $CaCl_2$ den Bereich pH 3,5–4,4 und für KCl pH 3,8–4,3. Die geringfügig breitere Streuung und der sauerere pH-Durchschnittswert der $CaCl_2$-Werte beruht auf der höheren Eintauschbarkeit von Ca^{2+} aufgrund des höheren Ladungswerts und des kleineren Ionenradius gegenüber K^+ Kationen. Die 10-fach höhere Konzentration der KCl-Lösung gleicht dies wiederum aus, da die Messergebnisse in allen Profilen weitestgehend korrelieren und sich in einem ähnlichen Werterahmen bewegen (Abb. 5.6, Annex Tab. B1). Auch in der Tiefenfunktion über die Profilhorizonte sind jeweils nur geringe Wertedifferenzen zu verzeichnen. Im Vergleich zu den Auflagehorizonten sind in den Unterböden immer basischere Werte anzutreffen. Eine Ausnahme stellt das Profil SSB 4 dar, welches aufgrund seiner Senkenlage mineralischen Sedimenteintrag aus der Umgebung erfährt, der wiederum zur Anhebung des pH-Wertes im Oberboden führt (Abb. 5.6).

5.1 Faxinal Sete Saltos de Baixo

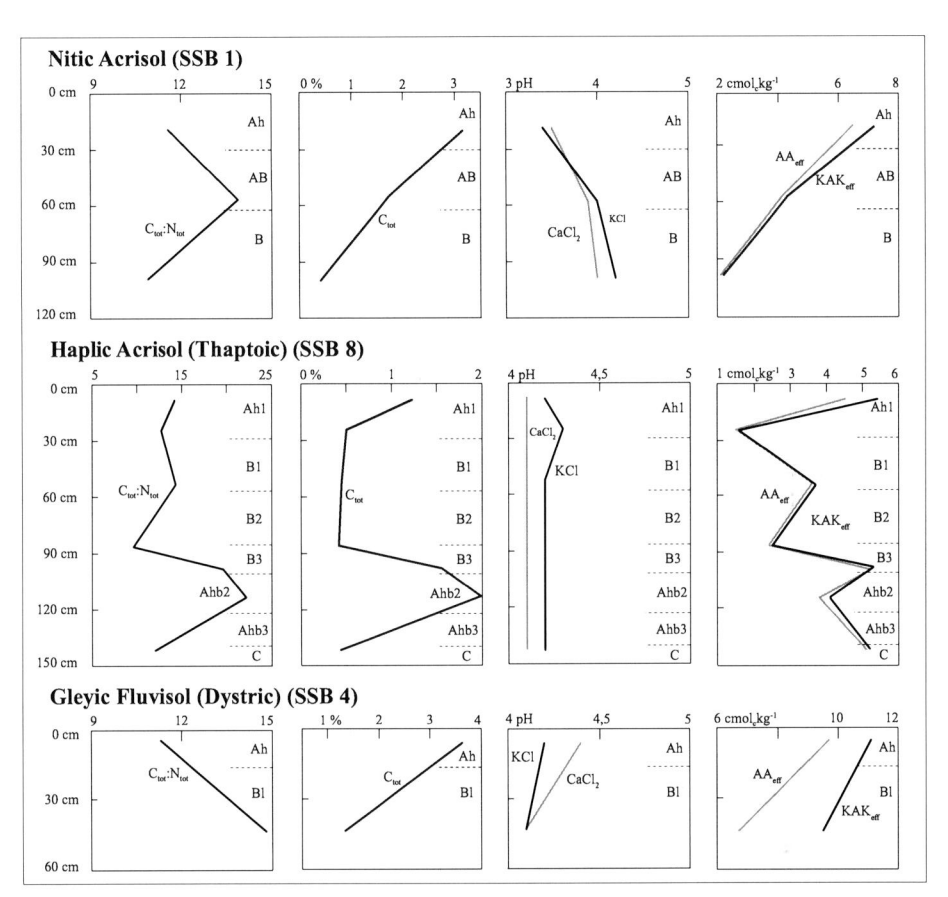

Abb. 5.6: Abfolge einer typischen Bodencatena im Untersuchungsgebiet Faxinal Sete Saltos de Baixo mit Tiefenfunktionen des pH-Werts, dem C_{tot}-Gehalt, dem $C_{tot}:N_{tot}$-Verhältnis sowie der AA_{eff} und KAK_{eff}. Quelle: Eigene Messung und Darstellung.

5.1.7 Die Kationenaustauschkapazität

Bei gegebenem pH-Wert wurde die effektive Kationenaustauschkapazität bestimmt. Sie stellt die Grundeinheit zur Beurteilung der Bodenfruchtbarkeit dar, indem aus ihr der Anteil aller eintauschbaren, und damit pflanzenverfügbaren Kationen hervorgeht. Die KAK_{eff} setzt sich zum einen aus der Summe der sog. austauschbaren Basen (v. a. Ca^{2+}, Mg^{2+}, Na^+ und K^+) zusammen, deren Prozentanteil als Basensättigung angegeben wird. Zum anderen gehören zur KAK_{eff} die sog. „sauren Basen" H^+ und Al^{3+}. Ihr Anteil wird in der effektiven Austauschazidität ausgedrückt und ist mit zunehmender Konzentration im Boden als nachteilig für die Pflanzenentwicklung zu bewerten.

Die KAK_{eff} der untersuchten Bodenprofile deckt das Wertespektrum 0,9–7,2 cmol$_c$ kg^{-1} ab, wobei die höchsten Werte innerhalb der Oberbodenhorizonte gemessen wurden. Dort erreichen sie im Mittel 5 cmol$_c$ kg^{-1} und nehmen in den Unterböden für gewöhnlich weiter ab, wie an den Beispielen der Profile SSB 1 und SSB 4 zu erkennen ist (Abb. 5.6). Anders zeichnet sich die Tiefenfunktion der KAK_{eff} im Profil SSB 8 ab, in dem sie von Horizont zu Horizont schwankt, bevor sie im Ahb2- und Ahb3-Horizont wieder zunimmt und sogar die Werte des Ah1-Horizonts übertrifft. Generell lässt sich eine deutliche Korrelation mit der Bodenart bezüglich einer Zunahme der Tonfraktionsanteile feststellen (vergl. Abb. 5.2).

Die aus der KAK_{eff} Bestimmung abgeleitete Basensättigung erreicht 1,2–29,5 %. In den Oberbodenhorizonten liegt sie durchschnittlich bei 12,6 %, wo sie im Allgemeinen auch die höchsten Anteile aufweist (Annex Tab. B1). Auffällig gegenüber dem insgesamt niedrigen Werteniveau zeigen sich die Werte für SSB 4. Der Gleyic Fluvisol an einem alluvial geprägten Standort im Talgrund unterliegt einem stetigen Sedimenteintrag und besitzt folglich einen größeren Vorrat an austauschbaren Basen. Häufigste Kationen sind $K^+ \leq 0,8$ mol$_c$ kg^{-1}, $Ca^{2+} \leq 0,3$ cmol$_c$ kg^{-1} und $Mg^{2+} \leq 0,3$ cmol$_c$ kg^{-1}, die in ihrer Konzentration jedoch singuläre Spitzenwerte darstellen. Für gewöhnlich zeigen sich die Messergebnisse bezüglich der austauschbaren Basen als äußerst gering und haben entsprechend wenig Anteil an der KAK_{eff}.

Die effektive Austauschazidität korreliert in ihrer Tiefenfunktion eindeutig mit der KAK_{eff}, wobei ihre Messwerte den Bereich 0,8–6,5 cmol$_c$ kg^{-1} abdecken. Somit bilden H^+ und Al^{3+} das mit Abstand größte Kontingent austauschbarer Kationen an den untersuchten Bodenstandorten. Im Gleyic Fluvisol SBB 4 sinkt die AA_{eff} etwas stärker unter die KAK_{eff} ab, ansonsten nur geringfügig in den Auflagehorizonten, da dort die austauschbaren Basen allochthon eingetragener Substanz vermehrt die Austauscher belegen (Abb. 5.6).

5.1.8 Die Ionenkonzentration in wässriger Bodenlösung

Die Probenanalyse des Elementgehalts in wässriger Lösung entspricht der Stoffkonzentration wie sie im Bodenwasser zu finden ist. Sie ergibt sich u. a. aus mikro-organischen Prozessen und steht in direkter Verbindung mit dem Nährstoffhaushalt der Pflanzen. Die Konzentrationen liegen auf einem äußerst niedrigen Niveau wie es für (sub-)tropische Böden mit saurem Bodenmilieu anzunehmen ist. Vergleichsweise relativ hoch fallen hierzu die Werte im Auflagehorizont des Nitic Acrisols SSB 1 unter einer frisch gerodeten Waldfläche aus. Dort treten hauptsächlich Ca^{2+} (10,6 mg/kg), Mg^{2+} (7,8 mg/kg), K^+ (12,5 mg/kg), NO_3^- (252,6 mg/kg) und SO_4^{2-} (27,2 mg/kg) durch ihre höchste Konzentration hervor, die in den anderen Auflagehorizonten wesentlich geringer ausfallen (Annex Tab. B1). Die Ascheanreicherung bildet einen kurzfristigen Vorrat an mineralischen Pflanzennährstoffen, während die entstandene Holzkohle zur Anhebung der Nährstoffspeicherkapazität beiträgt (SCHEFFER & SCHACHTSCHABEL 2002). Dies gilt insbesondere für NO_3^- und SO_4^{2-}, die im Vergleich zur durchschnittlichen Konzentration in den übrigen Horizontproben um ein 50 bzw. 100-fach höheres Niveau erreichen. Grundsätzlich sind die höchsten Elementkonzentrationen für alle Profile im Oberboden zu finden.

5.1.9 Der Königswasser-Gesamtaufschluss

Bezüglich der säurelöslichen Metalle in den Böden des Untersuchungsstandortes zeigt sich eine Dominanz von Al^{3+} und Fe^{2+}, wohingegen alle anderen Elemente in ihrem Vorkommen nahe oder unter der Nachweisgrenze liegen. Für Aluminium und Eisen besteht ein insgesamt heterogenes Verteilungsmuster im Vergleich der Horizonte untereinander. Das Wertespektrum erreicht für Al^{3+} 32,2–64,2 mg/g bzw. 16,8–77,4 mg/g für Fe^{2+} (Annex Tab. B1). Als Ursache für diese auffällige Konzentration sind die oxidierenden und hydrolytischen Verwitterungsbedingungen anzusehen, die unter dem gegenwärtigen Klima herrschen.

5.1.10 Die Vegetationsgesellschaft des Weideareals

In den quasi-natürlichen Waldbereichen des *Mata Densa* erfolgte die Vegetationsaufnahme auf vier Parzellen à 120 m² (Abb. 5.8). Die Auswahl der Örtlichkeiten und ihrer räumlichen Ausdehnung geht auf die Erfahrung des Kartierteams zurück, welches bereits zahlreiche vegetationsgesellschaftliche Aufnahmen in der Region durchführte (NIEDZIELSKI 2007). Innerhalb der 0,048 ha Gesamtaufnahmefläche wurden alle Pflanzenindividuen mit Stammumfang größer gleich 10 cm auf Brusthöhe inventarisiert. Es wurden insgesamt 170 Individuen und 42 Taxone registriert, die sich 29 Arten, 22 Gattungen und 16 Familien zuordnen lassen. Zwei Taxone konnten wegen fehlender Vergleichsexemplare im Herbarium der Universität Ponta Grossa nicht näher klassifiziert werden. Weitere zwei Taxone umfassen Totholz, also abgestorbene Pflanzenindividuen und vor Ort nicht erfassbare Gewächse. In letztere Kategorie fallen Individuen, die sich in sehr dichten Beständen nicht mit Sicherheit gegeneinander abgrenzen und/oder sich aufgrund der Unzugänglichkeit ihrer Äste, Blätter und Blüten nicht determinieren lassen.

Die Stammdurchmesser erreichen 3,18–47,45 cm bei einem Mittelwert von 9,54 cm mit durchschnittlicher Abweichung von 7,3 cm. Vom Stammdurchmesser kann auf die basale Grundfläche geschlossen werden, die als Durchmesserfläche des Stamms horizontal auf den Boden projiziert das absolute Deckungsmaß einer Pflanze beschreibt. Diese liegt bei 0,177–0,0008 m², wobei sie durchschnittlich 0,0071 m² Grundfläche mit einer gemittelten Abweichung von 0,004 m² abdeckt. Die Bäume und Sträucher sind im Mittel 8,55 m hoch bei einer durchschnittlichen Abweichung von 4,6 m. Die größten Individuen erreichen 35,0 m und die kleinsten 1,8 m. Zu beachten ist jedoch, dass für die Ermittlung der Höhendurchschnittswerte nur eine Gesamtheit von 156 Individuen zu Grunde liegt. 14 Pflanzenvertreter konnten in ihrer vertikalen Ausdehnung nicht erfasst werden, da sie zu eng beieinander standen. Kombiniert man die basale Grundfläche mit der Wuchshöhe, ist es möglich das Volumen der Artenvertreter näherungsweise zu bestimmen: Dieses beträgt 4,48–0,002 m³ bei durchschnittlichen 0,152 m³ mit einer Abweichung von 0,48 m³.

Aus den Aufnahmedaten aller vier Parzellen resultiert eine absolute Dichte an Pflanzenindividuen von 3451,67 pro Hektar mit einem Gesamtvolumen von 25,85 m³. Die basale Grundfläche aller erhobenen Individuen, gleichbedeutend mit der absoluten

Deckung der Aufnahmeflächen, ergibt in ihrer Summe 1,992 m² bzw. 40,05 m² pro Hektar. Auskunft über die räumliche Verteilung einer Art auf den Untersuchungsparzellen gibt die absolute Frequenz, die in der Summe aller erfassten Individuen 1525 % beträgt.

5.1.11 Die Artenzusammensetzung des *Mata Densa*

Mit insgesamt 28 Individuen besitzt *Eugenia pluriflora* die meist gezählten Artenvertreter und weist die höchste Dichte und Dominanz aller erfassten Spezies auf (Tab. 5.1). Da sich ihr Vorkommen auf zwei Parzellen beschränkt, erreicht ihre Frequenz entsprechend 50 %, so dass sie innerhalb der Vegetationsassoziation nur zu den akzessorischen Arten zu zählen ist. Die konstanten Arten werden von *Capsicodendron dinsii* mit neun Individuen, *Casearia inaequilatera* mit sieben, *Casearia sylvestris* mit fünf und *Mosiera prismatica* mit drei Artenvertretern gestellt. Allesamt besitzen eine absolute Frequenz von 75 % und decken zusammen 14,1 % des Individuenbestands ab.

Myrcia hatschbachii stellt mit zehn Individuen neben *Eugenia pluriflora* eine wichtige akzessorische Spezies dar, ergänzt durch *Ocotea odorifera* (drei Exemplare), *Matayba elaeagnoides* (vier Exemplare), *Prunus brasiliensis* und *Nectandra grandiflora* (jeweils zwei Exemplare) mit geringerer Dichte und Dominanz. Akzessorische und konstante Artenbestände erreichen gemeinsam 42,9 % aller Individuen, alle anderen Arten sind in ihrem Vorkommen als gelegentlich oder zufällig zu bezeichnen. Folglich erbringt *Eugenia pluriflora* den höchsten Importanzwert mit 33,8 %, deutlich vor *Capsicodendron dinsii* (15,7 %), *Myrcia hatschbachii* (10,7 %), *Casearia inaequilatera* (10,5 %), *Cedrela fissilis* (10,0 %) und den restlichen Artenvorkommen. Bezüglich des Deckungswertes erreicht *Cedrela fissilis* mit 8,4 % den drittgrößten Wert hinter *Eugenia pluriflora* (30,5 %) und *Capsicodendron dinsii* (10,7 %) aufgrund nur eines Exemplars mit umgerechneter basaler Grundfläche pro Hektar von 3,1 m².

Bisher noch nicht erwähnte Arten sind in absteigender Reihenfolge ihres Importanzwerts: *Ocotea odorifera*, *Casearia sylvestris*, *Mosiera prismatica*, *Matayba elaeagnoides*, *Hennecartia omphalandra*, *Myrsine umbellata*, *Jacaranda micrantha*, *Prunus brasiliensis*, *Nectandra grandiflora*, *Casearia lasiophylla*, *Lonchocarpus muehlbergianus*, *Sapium glandulatum*, *Eugenia uniflora*, *Myrcia rostrata*, *Ocotea puberula*, *Nectandra lanceolata*, *Cryptocarya aschersoniana*, *Ilex theezans*, *Campomanesia xanthocarpa*, *Casearia decandra*, *Myrceugenia myrcioides*, *Rollinia*

Tab. 5.1 (S. 59): Vegetationsbestand des Mata Densa im Criadouro Comum des Faxinal Sete Saltos de Baixo. Auflistung nach dem Importanzwert der Taxone, a. Di. = absolute Dichte, Do. = Dominanz, Fr. = Frequenz, I.V. = Importance Value (Importanzwert), C.V. = Cover Value (Deckungswert). *Der umgangssprachliche Name ist für einige Arten regional verschieden oder bezieht sich nur auf die Gattung. Quelle: Gemeinsame Erhebung mit NIEDZIELSKI *2007, eigene Darstellung.*

5.1 Faxinal Sete Saltos de Baixo

Art	gemeiner Name	Indivi-duen	a. Di. n/ha	a. Do. m²/ha	a. Fr. %	I.V.	C.V.
Nicht beprobte bzw. bestimmte Individuengruppe		44	916,7	14,5519	100,0	68,77	62,22
Eugenia pluriflora DC	Pitanga verde	28	583,3	5,6055	50,0	33,75	30,47
Capsicodendron dinisii (Schwab.) Occh.	Pimenteira	9	187,5	2,1803	75,0	15,66	10,74
Myrcia hatschbachii Legr.	Caingá*	10	208,3	0,6037	50,0	10,67	7,39
Casearia inaequilatera Camb.	Guaçatunga miúda*	7	145,8	0,5930	75,0	10,52	5,60
Cedrella fissilis Vell.	Cedro vermelho	1	20,8	3,1119	25,0	10,00	8,36
Myrtaceae 3		5	104,2	1,4386	50,0	9,81	6,53
Ocotea odorifera (Vell.) Rohwer	Canela sassafrás	3	62,5	1,8212	50,0	9,59	6,31
Casearia sylvestris Sw.	Café de bugre	5	104,2	0,4138	75,0	8,89	3,97
Mosiera prismatica (D. Legr.) Landrum	Murta	3	62,5	0,2562	75,0	7,32	2,40
Matayba elaeagnoides Radlk.	Miguel pintado	4	83,3	0,5104	50,0	6,91	3,63
Hennecartia omphalandra J. Poiss.		1	20,8	1,8627	25,0	6,88	5,24
Myrsine umbellata Mart.	Capororocão	5	104,2	0,7301	25,0	6,40	4,76
Jacaranda micrantha Chamb.	Carobinha	2	41,7	1,0960	25,0	5,55	3,91
Psychotria sp	Grandiúva	2	41,7	0,1701	50,0	4,88	1,60
Loranthaceae 1		2	41,7	0,8156	25,0	4,85	3,21
Prunus brasiliensis (Cham. & Schltdl.) Dietr.	Pessegueiro bravo	2	41,7	0,0804	50,0	4,66	1,38
Sapindaceae 1		2	41,7	0,6988	25,0	4,56	2,92
Nectandra grandiflora Nees	Canela fedida	2	41,7	0,0366	50,0	4,55	1,27
Casearia lasiophylla Eichler	Guaçatunga graúda*	2	83,3	0,0972	25,0	4,23	2,60
Lonchocarpus muehlbergianus Hassl.	Timbó*	2	41,7	0,2619	25,0	3,47	1,83
Sapium glandulatum (Vell.) Pax.	Pau Leiteiro	1	20,8	0,4657	25,0	3,36	1,75
Eugenia uniflora L.	Pitangueira	2	41,7	0,2176	25,0	3,26	1,72
Nicht identifiziertes Artenvorkommen 1		2	41,7	0,1759	25,0	3,24	1,62
Myrcia rostrata DC	Guamirim chorão*	2	41,7	0,1705	25,0	3,14	1,60
Ocotea puberula (Rich.) Nees	Canela guaicá / sebo*	1	20,8	0,3662	25,0	3,04	1,50
Nectandra lanceolata Nees et Mart. & Nees	Canela amarela	2	41,7	0,0903	25,0	3,01	1,40
Cryptocarya aschersoniana Mez	Canela batalha*	2	41,7	0,0776	25,0	2,99	1,37
Myrtaceae 2		2	41,7	0,0698	25,0	2,90	1,35
Ilex theezans Mart.	Congonha / Caúna graúda*	1	20,8	0,2685	25,0	2,90	1,26
Campomanesia xanthocarpa O. Berg	Guabiroba	1	20,8	0,2652	25,0	2,89	1,25
Casearia decandra Jacq.	Guaçatunga / Cambroé*	1	20,8	0,2071	25,0	2,74	1,11
Myrtaceae 1		1	20,8	0,1832	25,0	2,68	1,05
Lauraceae 1		1	20,8	0,0877	25,0	2,45	0,81
Myrceugenia myrcioides (Camb.) O. Berg	Guamirim*	1	20,8	0,0802	25,0	2,43	0,79
Calyptranthes sp	Guamirim*	1	20,8	0,0802	25,0	2,43	0,79
Totholz		1	20,8	0,0730	25,0	2,41	0,77
Myrtaceae 4		1	20,8	0,0730	25,0	2,41	0,77
Rollinia sericea (R. E. Fries) R. E. Fries	Pinha da mata	1	20,8	0,0664	25,0	2,39	0,75
Nicht identifiziertes Artenvorkommen 2		1	20,8	0,0560	25,0	2,37	0,73
Casearia obliqua Spr.	Guaçatunga preta, Cambroé*	1	20,8	0,0239	25,0	2,29	0,65
Eugenia neoverrucosa Sobral	Guamirim*	1	20,8	0,0165	25,0	2,27	0,63
Total		170	3541,5	40,0504	1525,0	300,0	200,0

sericea, Casearia obliqua und *Eugenia neoverrucosa*. Für die Interpretation gilt es zu berücksichtigen, dass 44 Individuen keiner Artenbestimmung unterzogen und drei Individuen nicht bestimmt werden konnten.

5.1.12 Der Familienbestand des *Mata Densa*

Mit 13 Arten und 58 Individuen stellen die Myrtaceae die vorherrschende Familie im Untersuchungsgebiet dar. Ihr Importanz- und Deckungswerte von 86,3 % und 56,8 % errechnen sich aus den Höchstwerten der relativen Dichte, Dominanz und Frequenz (Abb. 5.7). Die nächst größeren, vegetationsgesellschaftlich prägenden Familien sind die Flacourtiaceae (fünf Arten und 18 Individuen) mit einem Importanzwert von 28,7 % und einem Deckungswert von 13,9 %, die Lauraceae (sechs Arten und elf Individuen) mit 25,8 % bzw. 12,7 % sowie Canellaceae (eine Art mit neun Exemplaren) mit 15,7 % bzw. 10,7 %. Aus diesen Familien kommen 56,4 % aller erfassten Individuen. Ihre ökologische Bedeutung bezüglich des Aufbaus des Pflanzenbestands zeigt sich in ihrem addierten Importanzwert von 156,5 % (von max. 300 %). Für die Deckung des Untersuchungsareals fällt ihr Einfluss ausgedrückt durch die Summe ihrer Deckungswerte von 94,1 % (von max. 200 %) etwas geringer aus.

Des Weiteren sind in Reihenfolge des Importanzwertes die Familien der Sapindaceae, Monimiaceae, Myrsinaceae, Bignoniaceae, Rubiaceae, Loranthaceae, Rosaceae, Fabaceae, Euphorbiaceae, Aquifoliaceae und Annonaceae im Untersuchungsgebiet anzutreffen (Annex Tab. A1). Schließlich ist noch die zusammengefasste Gruppe der Individuen zu betrachten, die entweder keiner näheren Bestimmung unterzogen werden konnte oder deren pflanzenanalytische Zuordnung aufgrund mangelnder Vergleichsmaterialien nicht möglich war. Sie erlangen den Importanzwert von 74,4 % bzw. den Deckungswert von 64,6 %.

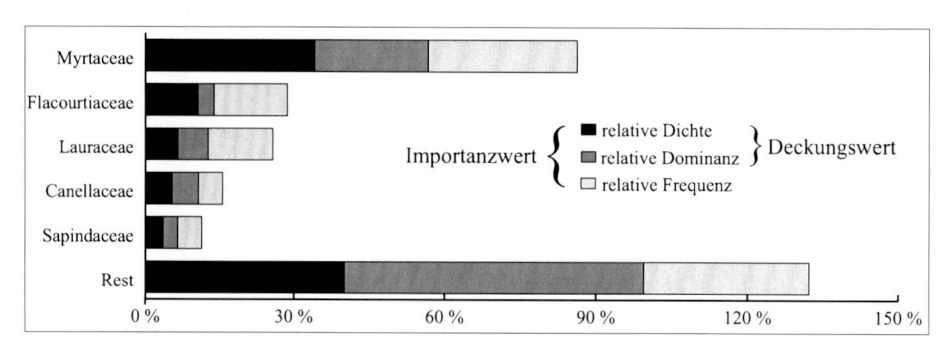

Abb. 5.7: Relativer Vergleich der Dichte, Dominanz und Deckung bzw. Importanz- und Deckungswert der fünf vorherrschenden Pflanzenfamilien des Faxinal Sete Salto de Baixo. Quelle: Gemeinsame Erhebungen mit NIEDZIELSKI *2007, eigene Darstellung.*

5.1.13 Die Landnutzung im inneren Faxinal

Das *Criadouro Comum* nahm bis zum Jahr 1995 den gesamten Oberlauf des Rio Sete Saltos ein und umfasste die Gemeinde Sete Saltos de Baixo beinahe vollständig. Die Gesamtfläche betrug ca. 180 ha mit einer Länge der Gemarkungsgrenz von 9,5 km. Nach der Abspaltung des ungefähr 80 ha großen nördlichen Teils beinhaltet der aktuell gemeinschaftlich genutzte Weidebereich 106,4 ha. Die Begrenzungen erreichen in ihrer Gesamtlänge 5,65 km und bestehen aus Stacheldraht- und Naturholzzäunen sowie bis zu zwei Meter tiefen Gräben. Eine schnelle und unkomplizierte Durchfahrt wird an den Hauptwegen über *Mata Burros* gewährt, die Ein- und Ausgänge von kleineren Seitenwegen sind hingegen durch Tore gesichert. In einer vorläufigen Studie zum Status aller Faxinais in Paraná wird die ökologische Situation in Sete Saltos de Baixo als „gut" angegeben (MARQUES 2004). Allerdings beruht der Bericht auf Sekundärdaten der lokalen Verwaltung und bezieht sich noch auf die Größe des Faxinal vor 1995. Aufgrund mangelnder Kooperationsbereitschaft auf Seiten der Grundeigentümer war es nicht möglich den abgespaltenen nördlichen Bereich zu untersuchen, so dass sich der Landnutzungsvergleich der Jahre 1980 zu 2006 auf das südliche, gegenwärtig gemeinschaftlich bewirtschaftete Areal beschränkt.

Die durchgeführte Klassifikation richtet sich nach dem vegetationsgesellschaftlichen Erscheinungsbild, das sich durch die Nutzungsintensität und dem resultierenden Artenbestand ergibt. In der Klassifikation wurden die lokalen Bezeichnungen übernommen: Die geschlossenen Waldgebiete des *Mata Densa* unterliegen nur äußerst extensiven Einflüssen, weisen eine hohe Diversität der Flora und Fauna auf und kommen in ihrer Ausprägung einer potentiell natürlichen Vegetation am nächsten. Offene Waldbereiche, sog. *Mata Limpa,* stehen unter stärkerer Beweidung und erfahren durch Holzextraktion und Kultivierung von Matesträuchern eine intensivere Bewirtschaftung. Als *Campo* wurden Grasflächen klassifiziert, die ihren Ursprung in der Flächenrodung haben. Sie treten in Siedlungsnähe auf oder wurden als Grasweide künstlich angelegt. Die Bezeichnung *Lagoa* oder *Laginho* bezieht sich auf Feuchtgebiete natürlicher sowie künstlicher Art. Waldvegetation kann dort nicht gedeihen, so dass Grasseggenarten bzw. offene Wasserflächen vorherrschen. Die sumpfigen Gebiete wurden stellenweise gezielt als Suhlplatz für die Schweine angelegt. Der Begriff *Várzea* entspricht den Auen entlang der Wasserläufe, die sich über andere Klassen erstrecken können und sich über ihre alluviale Zeigerarten der Gattungen *Ocotea, Cryptocarya* und *Nectandra* (Lauraceae) definieren. Explizit von der Beweidung ausgenommene Flächen innerhalb des *Criadouro Comum* wurden in Sete Saltos de Baixo nicht identifiziert.

Für das Jahr 1980 konnte die Flächenaufteilung anhand von Luftbildern rekonstruiert werden (Abb. 5.8). Damals entsprachen 76,5 ha einem dichten Waldbestand, 17 ha einem lichten, intensiver genutzten Wald, 12,4 ha wurden von Grasflächen eingenommen und 0,5 ha waren als Feuchtgebiete und/oder als Wasserfläche zu klassifizieren. 9,1 ha betrug der Anteil der *Várzea* Vegetation an der Gesamtweidefläche. Die Auswertung für das Jahr 2006 ergab deutliche Veränderungen in den Flächenanteilen der jeweiligen Klassen (Abb. 5.8): Die Gebiete mit dichten Wäldern gingen auf 59,6 ha zurück, die Grasflächen dehnten sich auf 33 ha aus und die offenen Wald-

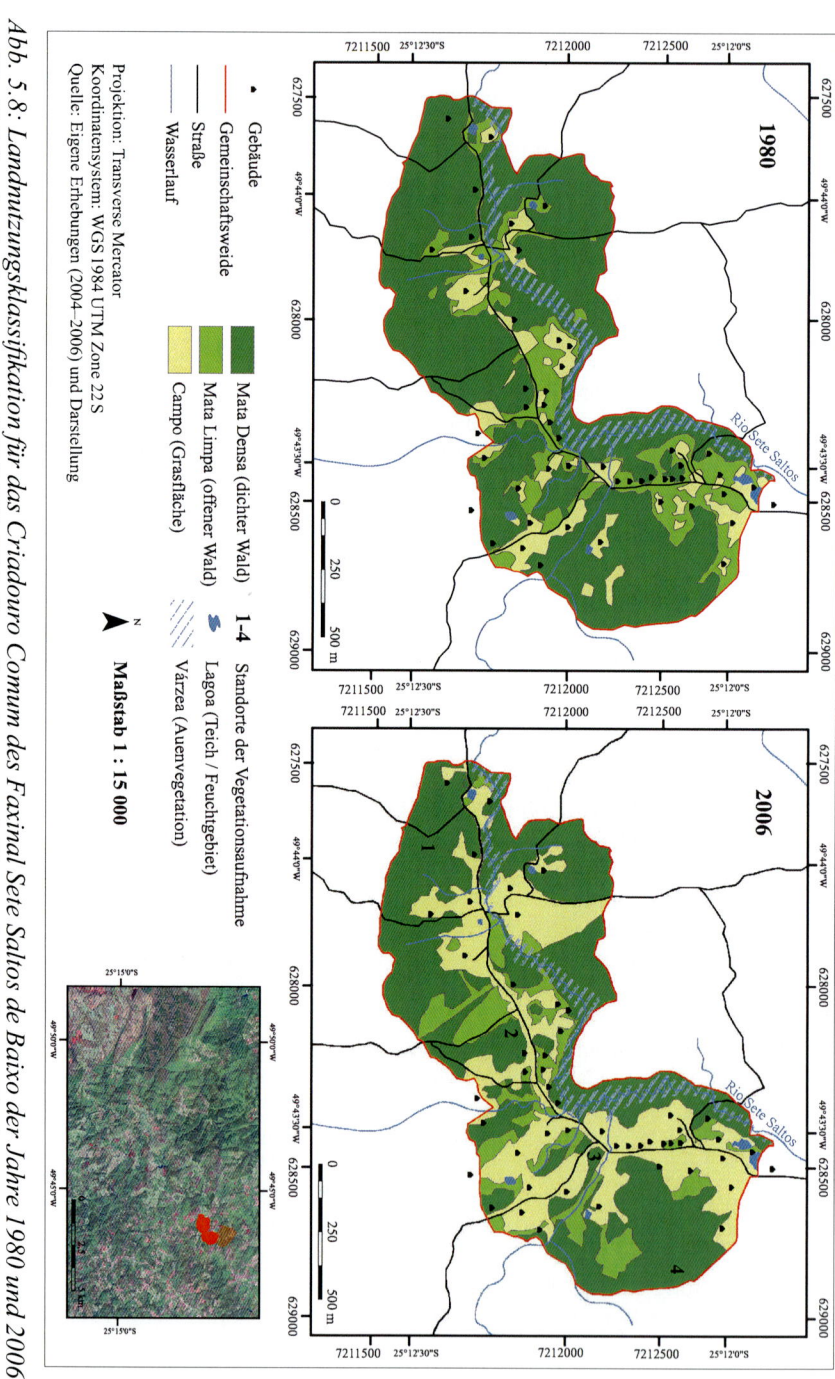

Abb. 5.8: Landnutzungsklassifikation für das Criadouro Comum des Faxinal Sete Saltos de Baixo der Jahre 1980 und 2006 auf Luftbildbasis. Rechts unten: LANDSAT 7 Bild (Kanalkombination 742) von 2002. Grüne Flächen stehen für dichten Vegetationsbestand, violette für vegetationsfreie Areale/Ackerflächen; kräftiges Rot: aktuelle Ausdehnung der Gemeinschaftsweidefläche; schwaches Rot: Ausdehnung vor 1995.

Projektion: Transverse Mercator
Koordinatensystem: WGS 1984 UTM Zone 22 S
Quelle: Eigene Erhebungen (2004-2006) und Darstellung

- Gebäude
- Gemeinschaftsweide
- Straße
- Wasserlauf

- Mata Densa (dichter Wald)
- Mata Limpa (offener Wald)
- Campo (Grasfläche)
- Lagoa (Teich / Feuchtgebiet)
- Várzea (Auenvegetation)

1-4 Standorte der Vegetationsaufnahme

Maßstab 1 : 15 000

bestände nahmen auf 13,3 ha ab. Die Feuchtgebiete hingegen stagnierten bei 0,5 ha Flächenanteil, ebenso blieb die Ausbreitung der Auenvegetation mit 9 ha nahezu unverändert.

Der Vergleich beider Jahre ergibt folgende Entwicklung: Die Zunahme der *Campo* Flächen um 19,3 % erfolgt auf Kosten der restlichen Klassen. *Mata Densa* geht um 16 % und *Mata Limpa* um 3,5 % zurück. Die Bereiche der *Várzea* und *Lagoa* erfahren nur geringfügige bzw. keine Anteilsänderungen. Hinsichtlich dieser Entwicklung ist die Teilung des gemeinschaftlichen Weideareals im Jahre 1995 nicht zu vergessen, die eine Flächenverkleinerung um rund 60 % zur Folge hatte (siehe Kap. 5.1.14). Bei Betrachtung der räumlichen Lage fällt auf, dass die Grasflächen von einem inselartigen Verteilungsmuster zu einem zusammenhängenden Korridor entlang der Hauptdurchgangsstraße wuchsen. Von der Straße aus wurden die Waldbereiche zurückgedrängt und zerteilt, so dass ihr geschlossener Charakter nur noch in Nähe der Begrenzung des inneren Faxinal bzw. in schlecht erschlossenen Gebieten gewahrt ist. Während früher die offenen Waldbereiche in Nähe der Gebäude zu finden waren, wurden sie dort in der Zwischenzeit von reinen Grasflächen abgelöst und stellen gegenwärtig meist Schneisen oder Auflichtungen im Bereich der dichten Waldbestände dar.

5.1.14 Die gesellschaftlichen Hintergründe der Landnutzung

Dem Faxinal Sete Saltos de Baixo gehören aktuell 46 Familien an. Bisher erhielt das Faxinal von öffentlicher Seite keine offizielle Anerkennung als gemeinwirtschaftliches Agrarsystem, jedoch beantragte die Mitgliedergemeinschaft im Sommer 2008 die Anerkennung des *Criadouro Comum* als ARESUR. Den Nachforschungen zur historischen Entwicklung von LÖWEN SAHR & IGELSKI (2004) zufolge, besteht das Faxinal seit Anfang des 20. Jahrhunderts und dehnte sich entlang des gesamten Oberlaufs des Rio Sete Salto aus. Um das Jahr 1990 entstanden in der Gemeinschaft der Faxinalenses unüberbrückbare Differenzen bezüglich Eigentums-, Unterhalts- und Nutzungsfragen, die den Fortbestand der bisherigen Organisationsform bedrohten. Räumlich drückten sich die Konflikte in der Vernachlässigung des Gemeinschaftsareals und in der Abgrenzung individueller Besitzgemarkungen aus. Der Verfall der Zäune und Gräben sowie eine starke Degradation der frei zugänglichen Weiden bewirkten ein Erliegen der Tierhaltung bis zum Jahr 1995. Da jedoch weiterhin eine große Mehrheit der Bewohner das Faxinal-System befürwortete, kam es noch im gleichen Jahr zu einer „Wiederbelebung" des *Criadouro Comum*, wenn auch in einem kleineren Flächenausmaß. Neun Familien trennten ihren Grundbesitz vom kollektiven Waldweideareal ab. Sie betreiben bis heute extensive Tierhaltung, allerdings ist ihr Territorium durch einen dauerhaften Zaun gegen Groß- und Kleinvieh aus dem Faxinal geschützt. Aber auch im *Criadouro Comum* greifen einige Anteilseigner in die Beweidung ein, indem sie auf ihrem Grundbesitz flexible Zäune, meist aus vier Drähten bestehend, gegen fremdes Großvieh errichten. Das Kleinvieh, worunter im Faxinal-System im Besonderen Schweine gemeint sind, kann sich gleichwohl im *Criadouro Comum* frei bewegen.

Nur wenige Haushalte beziehen ihr Wasser aus eigenen Quellen, da die meisten Wohnhäuser an ein zentrales Trinkwasserversorgungssystem angeschlossen sind. Es gibt im Faxinal zwei Bars, angebunden an kleine Ladengeschäfte mit Gütern für den täglichen Bedarf. In der katholischen Kirche werden mehrmals im Monat, zu Heiligenfesten und zu besonderen Anlässen Gottesdienste abgehalten. Früher existierte ein Gesundheitsposten und eine Schule, doch wurden die Einrichtungen wieder geschlossen und müssen nun in Itaiacoca oder Campo Largo in Anspruch genommen werden. Neben den regelmäßig verkehrenden Schulbussen betreibt ein Transportunternehmen tägliche Busverbindungen nach Ponta Grossa und Campo Largo. Entsprechend wird das größte Wirtschaftsaufkommen im Transportgewerbe und im Einzelhandel generiert. Ergänzt wird es durch den Absatz landwirtschaftlicher Produkte wie Mais, Bohnen, Maniok und Kartoffeln auf den regionalen Märkten. Die, dem Faxinal zugehörigen Bauern sind nicht in einer genossenschaftlichen Vereinigung organisiert, allerdings helfen sie sich untereinander bei Erntearbeiten, teilen sich Transportkosten und überlassen untereinander Traktoren gegen ein Entgeld. Die Waldbestände der Kollektivweide unterliegen lediglich einer geringen Feuerholzextraktion für den eigenen Bedarf, da Bauholz taugliche Bestände kaum vorhanden sind. Die Mateeproduktion basiert auf wenigen Kulturen natürlicher *Ilex paraguariensis* Sträucher und dient der Selbstversorgung der Bewohner. Eine wichtige Rolle als beständige Einkommensquelle spielen die Bezüge von staatlichen Institutionen, weil sich die Mehrzahl der Bewohner bereits im Rentenalter befindet.

Gegenwärtig scheint der Fortbestand des Faxinal in seinen Grenzen von 1995 als gesichert, unterstrichen wird dieser Eindruck durch die erst kürzlich erfolgte Beantragung des Status als ARESUR. Allerdings bestehen Probleme ähnlich der Krise Anfang der 1990er Jahre und lassen an einer Beibehaltung des Faxinal in seiner rezenten Organisation für die Zukunft zweifeln. Steigende Bodenpreise im Zuge von Förderprogrammen zur Wiederaufforstung geben Anreize zum Landverkauf. Weitere Faktoren sind die strengeren Naturschutz- und Tierhaltungsvorgaben sowie die Nicht-Berücksichtigung der besonderen Verkehrssituation im Faxinal als Gefahr für die frei laufenden Tiere, welche die traditionelle Bewirtschaftungsweise unattraktiv erscheinen lassen.

5.2 Der Untersuchungsstandort Faxinal Anta Gorda (Paraná)

In der Absicht die naturräumlichen Ausgangsbedingungen von Faxinais auf unterschiedlichen Ausgangsgesteinen untersuchen zu wollen, wurde das Faxinal Anta Gorda (Paraná) auf dem zweiten Hochland ausgewählt. Dort stehen feinkörnige Sand-, Silt- und Tonsteine permischer Sedimentitfolgen an. Inbesondere die sehr schluffhaltigen *Folhelhos* aus der Gruppe Passa Dois bzw. aus den Formationen Teresina und Rio de Rastro prägen die lokale Geologie (NORTHFLEET, MEDEIROS & MUHLMANN 1969, MINEROPAR 2001). Das Relief ist leicht gewellt und erreicht im Bereich der gemeinschaftlichen Weidefläche ein Gefälle von 0–10 %. Lediglich die Hänge zum Rio Anta Gorda fallen auf kurze Distanz steiler ein, jedoch werden diese im Geländemodell nicht mehr ausreichend aufgelöst dargestellt (Abb. 5.9).

5.2.1 Die Bodengesellschaft

Nach der WRB (2006) setzt sich die örtliche Bodengesellschaft aus Cambic Leptosols, Haplic Cambisols, Acric Nitisols sowie Haplic Gleysols und Haplic Fluvisols zusammen, wobei die beiden letzteren Bodentypen häufig als Übergangsformen anzusprechen sind (Abb. 5.9). Ursächlich für das Auftreten dieser azonalen Bodentypen ist der Standort im Mikrorelief, mit dem sich die pedologischen Bedingungen, wie beispielsweise die Durchlüftung oder die Wassersättigung, ändern. Haplic Gleysols sowie Haplic Fluvisols sind in ihrem Auftreten entsprechend an den Einflussbereich des Grundwassers in Senken und Mulden, bzw. an das Hochwassereinzugsgebiet der Wasserläufe gebunden. Nach der brasilianischen Bodenklassifikation fallen die Bodentypen unter die Bezeichnungen *Gleissolos Háplicos* und *Neossolos Flúvicos*. Aber auch andere Bodentypen korrelieren in ihrer Verbreitung stark mit Positionen im lokalen Relief. So befinden sich Cambic Leptosols und Haplic Cambisols in exponierten Kuppenlagen und in steilerem Gelände. Es handelt sich hierbei um sehr flachgründige Böden mit einer Entwicklungstiefe kleiner gleich 40 cm, die in der brasilianischen Klassifikation unter *Neossolos Litólicos* geführt werden, wohingegen nach der WRB (2006) die Entwicklungstiefe eines Leptosols nicht mehr als 20 cm beträgt. Die restlichen Flächen, und damit ein Großteil des *Criadouro Comum*, werden von Acric Nitisols bedeckt, die sich durch glänzende Scherflächen im Bodenprofil auszeichnen. In der brasilianischen Bodenklassifikation entspricht dieser Typ den *Nitossolos Háplicos Distróficos*.

Die Bodenverbreitungskarte basiert auf einer flächendeckenden Bohrstocksondierung. Für die detailliertere Untersuchung charakteristischer Bodentypen wurden sechs Leitprofile angelegt und protokolliert (Abb. 5.9). Ihnen wurden insgesamt 13 Proben zur physikalischen und chemischen Analyse entnommen, deren Resultate im Weiteren präsentiert und diskutiert werden. Die Tonfraktion der Profile AGP 2 und AGP 7 wurden röntgendiffraktometrisch untersucht (AGP = Untersuchungsstandort Anta Gorda (Paraná)). Zudem war das Profil AGP 2 Gegenstand der mikromorphologischen Auswertung mittels Dünnschliff.

Abb. 5.9: Die Bodengesellschaft des Faxinal Anta Gorda (Paraná) mit den Leitprofilstandorten. Rechts oben: Neigungskarte der Untersuchungsregion auf Basis von SRTM2 Daten (90x90m Auflösung).

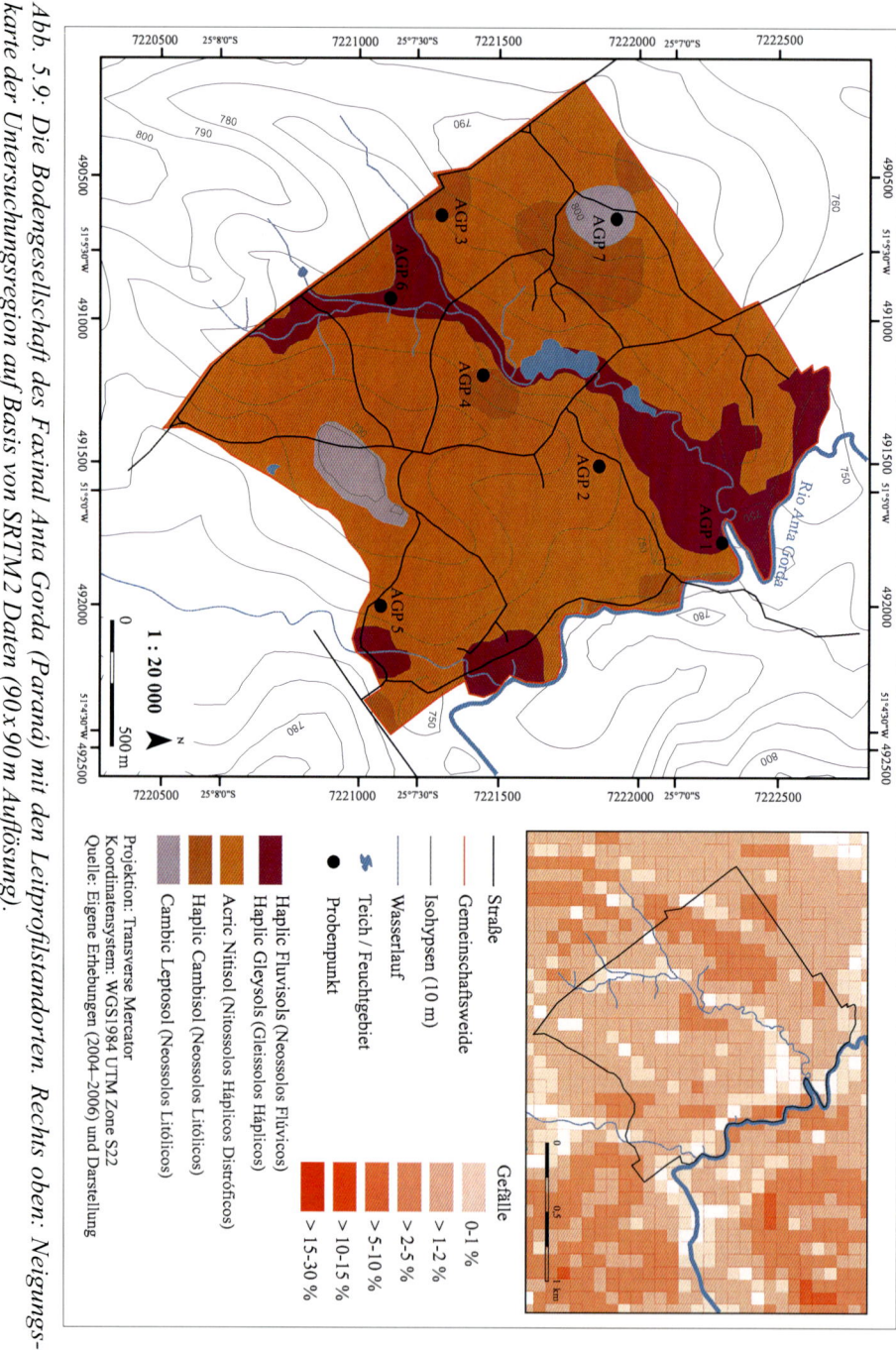

5.2.2 Die Ergebnisse der Korngrößenanalyse

Das Korngrößenspektrum des Feinerdgehalts aus Horizontproben der angesprochenen Leitprofile variiert in seiner Zusammensetzung zwischen 3–60 % Sand, 24–65 % Schluff und 15–65 % Ton. Meist liegt die Bodenart in den Klassen Ton und schluffiger Ton, lediglich die Profile des Haplic Fluvisols APG 1 und des Haplic Gleysols APG 6 sind den Einheiten sandiger Lehm bzw. schluffiger Lehm zuzuordnen (Abb. 5.10). An diesen Standorten zeigt sich eine allochthon geprägte Pedogenese mit Eintrag von gröberem Sediment, wie sie sich deutlich durch erhöhte Schluff-Ton-Verhältnisse abzeichnet. Am Standort des Haplic Fluvisol (Epiarenic) APG 1 ergibt sich eine nur geringfügige Differenzierung im Vergleich der Horizonte zueinander. Das U : T-Verhältnis liegt bei 1,7 bzw. 1,6, wobei Sand mit jeweils ca. 60 % die dominierende Fraktion darstellt. Ursache ist die unmittelbare Nähe zum Rio Anta Gorda, der an diesem Standort eine Breite von bis zu zehn Metern erreicht und Sedimentfracht aus entfernten Liefergebieten mit sich führt und immer wieder vor Ort ablagert. Anders fällt das Korngrößenverhältnis im Haplic Gleysol (Siltic) APG 6 in Nähe eines Quellkopfs aus. Die Sand- sowie die Tonfraktion sind dort zu weniger als 30 % vertreten. Es dominiert Schluff als Verwitterungsprodukt des in der Umgebung anstehenden, stellenweise direkt an Aufschlüssen zugänglichen Schluffsteins, sog. *Folhelho*. Entsprechend erreicht im Auflagehorizont die Relation von Schluff zu Ton 2,1 und im gleyic Unterbodenhorizont sogar 5,3.

Die Profile in den Hang- und Kuppenlagen unterscheiden sich nur wenig in ihren Korngrößenspektren. Allen gemein ist ein Tongehalt von über 40 %, wobei die Auflagehorizonte geringfügig weniger Tonfraktionsanteile als die Unterbodenhorizonte beinhalten (Abb. 5.10). Einerseits kann es sich aufgrund der meist flachen Profilausbildung um residuale Primärminerale aus dem ton- und schluffreichen Anstehenden handeln, andererseits können sich im Unterboden sekundäre Tonminerale als Produkte der Silikatverwitterung angereichert haben. Für das Schluff-Ton-Verhältnis bleibt zu beachten, dass neben der Verwitterungsintensität v. a. die Anteilverhältnisse im Ausgangsgestein für dessen Ausprägung maßgebend sind. So liegen die U : T-Relationen der Acric Nitisols AGP 2 und AGP 5 allesamt zwischen 0,5–0,6 und stehen für eine autochthon geprägte, aber zu den beiden anderen Faxinal-Untersuchungsstandorten vergleichsweise „unreife" Bodenentwicklung. An den flachgründigen Bodenstandorten, die durch ihre Reliefexposition von verstärkter Erosion betroffen sind, paust sich ebenso eine deutliche Prägung des Solums durch den Schluffstein ab. Beide Haplic Cambisols weisen entsprechende U : T-Verhältnisse (AGP 3: A-Horizont = 0,6 und B-Horizont = 0,5, AGP 4 A-Horizont = 1,1) sowie äußerst geringe Sandanteile auf. Ebenso verhält es sich mit dem Cambic Leptosol AGP 7 (Ah-Horizont = 1,0 und C-Horizont = 0,8), der nur sehr schwach entwickelt ist.

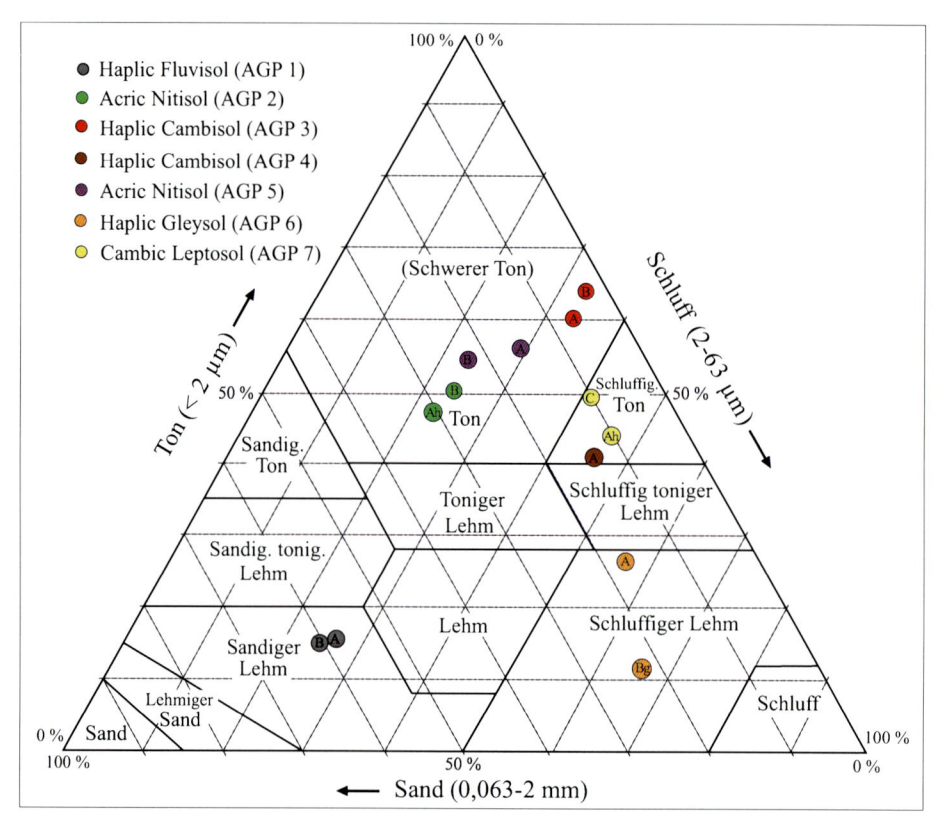

Abb. 5.10: Korngrößenspektrum des Feinbodens am Standort Faxinal Anta Gorda (Paraná). Quelle: Eigene Ergebnisse dargestellt nach WRB 2006.

5.2.3 Die Ergebnisse der röntgendiffraktometrischen Analyse

Die röntgendiffraktometrische Untersuchung zeigt, dass die Tonfraktion aller analysierten Böden zum Großteil aus Quarzen besteht. In allen untersuchten Proben dominiert der 100% Basisreflex bei 20,8°2θ bzw. 4,2 Å in der Normaltemperatur-, der Quell- und der Glühkurve. Geringere Anteile haben Kaolinite, Gibbsit und sekundäre Chlorite wie sie in den Auflagehorizonten von AGP 2 und AGP 7 vorkommen (Abb. 5.11, Annex Tab. C2). Ihre Intensität der Reflexsignale lässt auf ein ausgeglichenes Anteilverhältnis untereinander schließen. Die Minerale der Kaolinit-Gruppe sind typischer Weise an ihrem Ausschlag bei 7,2 Å (12,2°2θ), 4,4 Å (19,9°2θ) und 4,3 Å (20,3°2θ) zu erkennen, wobei es bei Letzterem zur Überlagerung mit einem Basisreflex des Gibbsits kommt. Deutlicher zeichnet sich Gibbsit bei 4,8 Å (18,2°2θ) ab, trotz Interferenzen mit dem Signal des sekundären Chlorits bei 4,7 Å (18,1°2θ). Dieses wird zusätzlich bei 13,9 Å (6,2°2θ) und 7,1 Å (12,3°2θ) reflektiert, wo es

5.2 Faxinal Anta Gorda (Paraná)

vom 7,2 Å Peak des Kaolinits jedoch nicht zu differenzieren ist. Alle drei beschriebenen Mineralgruppen zeichnen sich durch nicht vorhandene Quelleigenschaften nach ihrer Bedampfung mit Ethylenglykol, bzw. durch Kollabieren ihrer Kristallgitternetzabstände beim Erhitzen auf 550 °C aus. In den Unterbodenhorizonten der Profile AGP 2 und AGP 7 findet sich hingegen kein Gibbsit und auch Kaolinit lässt sich nur in den Basisreflex bei 7,2 Å interpretieren. Neben Quarz-Charakteristika erscheinen in der Messkurve des B-Horizonts im Profil AGP 2 bei 10 Å (8,8 ° 2θ), 5 Å (17,7 ° 2θ) und 4,5 Å (19,9 ° 2θ) stabile Signale in der Glühkurve, die auf Glimmer bzw. Illit zurückzuführen sind (Abb. 5.11). Im C-Horizont von AGP 7 sind darüber

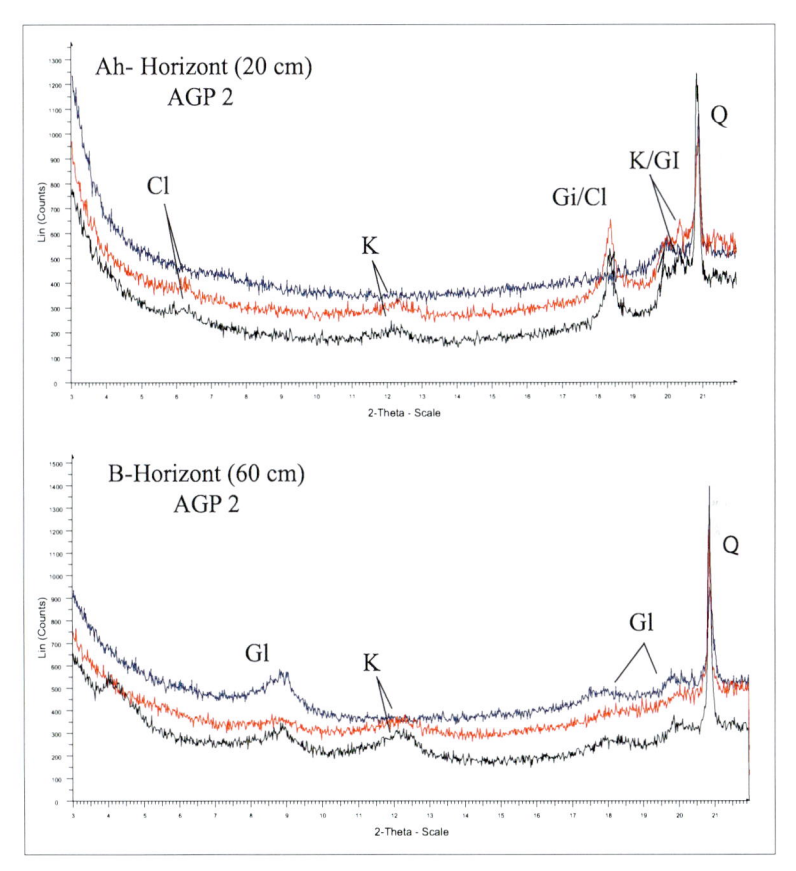

Abb. 5.11: Charakteristische Röntgendiffraktogramme der Tonfraktion aus dem Profil AGP 2. Neben Quarz kommen Kaolinite K, Gibbsit Gi und sek. Chlorit und/oder Chlorit/Vermiculit-Wechsellagerungsminerale Cl als Ergebnis einer fortgeschrittenen Bodenentwicklung im Ah-Horizont vor. Das hohe Vorkommen an Glimmer Gl im B-Horizont entstammt dem anstehenden Schluffstein. Schwarz = Normalpräparat; rot = Quellpräparat; blau = Glühpräparat. Quelle: Die Messungen erfolgten am Labor für Röntgenkristallographie des Mineralogischen Instituts der Universität Heidelberg.

hinaus sekundäre Chlorite enthalten, die eventuell mit Vermiculit sog. Mixed-Layer-Minerale bilden. Die für sie typischen Reflexe liegen meist bei ca. 10 Å und 5 Å gleich auf mit denen des Illits.

Zusammenfassend erklärt sich das Ergebnis der röntgendiffraktometrischen Tonmineralanalyse aus dem großen Silikatangebot des anstehenden Siltsteins. Die vorgefundenen Minerale sind Ausgangs-, Umwandlungs- oder Residualprodukte aus der chemischen Verwitterung der primären Silikate. So entsteht Illit aus Glimmern, verwittert über sekundäre Chlorite und Vermiculite zu Kaoliniten, oder wird direkt zu Kaolinit und schließlich zu Gibbsit umgewandelt (SCHEFFER & SCHACHTSCHABEL 2002). Folglich erklären sich die festgestellten Abweichungen im Mineralbestand der untersuchten Bodenhorizonte durch eine unterschiedlich lange und/oder intensive Bodenentwicklung, wie sie in Abstufungen zwischen Auflage- und Unterbodenhorizonten zu erwarten ist. So deutet das Vorhandensein von Kaoliniten, Gibbsit und sekundärem Chlorit im Ah-Horizont von APG 2 auf eine fortgeschrittene Verwitterung des Bodensubstrats hin (Abb. 5.11). Im Gegensatz dazu stehen der Illit und/oder die Glimmer für eine schwache pedogenetische Entwicklung, denn sie kommen in gleicher Form im anstehenden Schluffstein vor.

5.2.4 Die mikromorphologische Betrachtung

Der Acric Nitisol AGP 2 auf Schluffstein wurde aufgrund der räumlichen Dominanz hinsichtlich seiner mikromorphologischen Eigenschaften sowie seines Schwermineralbestands untersucht. Die Grobporen (größer gleich 10 µm) entsprechen dem am Bodendünnschliff visuell auswertbaren Porenanteil, der für den Ah-Horizont ca. 45 % beträgt. Neben einigen größeren Hohlräumen ist das Bodengefüge von einem offenen, leicht rissigen Porensystem durchzogen, wie es sich in tonreichem Substrat oft einstellt (FITZPATRICK 1993). Das Gefüge besteht als Verbund kleiner, homogener Aggregate, in dem stellenweise Mineralkörner, opake Objekte sowie Pflanzenteile zu erkennen sind (Abb. 5.12: Ah-Horizont). In der 40-fachen Vergrößerung wird das löchrige Muster der Grobporen deutlich, welches das Resultat einer hohen Aktivität der Bodenfauna ist (Abb. 5.12: a). Des Weiteren lässt die dunkle Einfärbung auf einen hohen Anteil organischen Materials schließen. Hellere Bereiche an den Porenwänden deuten hingegen auf Tonanlagerungen hin. In der Bodenmatrix herrschen Quarzminerale vor, deren Hauptkorngröße hauptsächlich die Schlufffraktion umfasst. Die räumliche Verteilung der Minerale lässt sich unter gekreuzten Nicols gut erkennen und diese von Pflanzen- bzw. Holzkohleresten unterscheiden (Abb. 5.12: b, d2).

Im B-Horizont liegt der ersichtliche Grobporenanteil bei ca. 32 %, wobei einige wenige, größere Hohlräume ausgebildet sind, die über rissige Porengänge miteinander in Verbindung stehen (Abb. 5.12: B-Horizont). Das Bodengefüge ist stellenweise massiv, in anderen Horizontbereichen in unvollständigen, leicht blockigen Aggregaten ausgebildet. Darin eingeschlossen sind Pflanzen- und Holzkohlereste sowie Mineralkörner aus dem anstehenden Schluffstein und opake Objekte. Die 40-fache Vergrößerung ermöglicht die Identifikation einiger opaker Körper als Eisenkonkretionen, die meist sekundären Ursprungs sind (Abb. 5.12: d1). Aufgrund des Tonanteils von 50 % und der damit verbundenen Quell- bzw. Schrumpfeigenschaft bei Durch-

5.2 Faxinal Anta Gorda (Paraná)

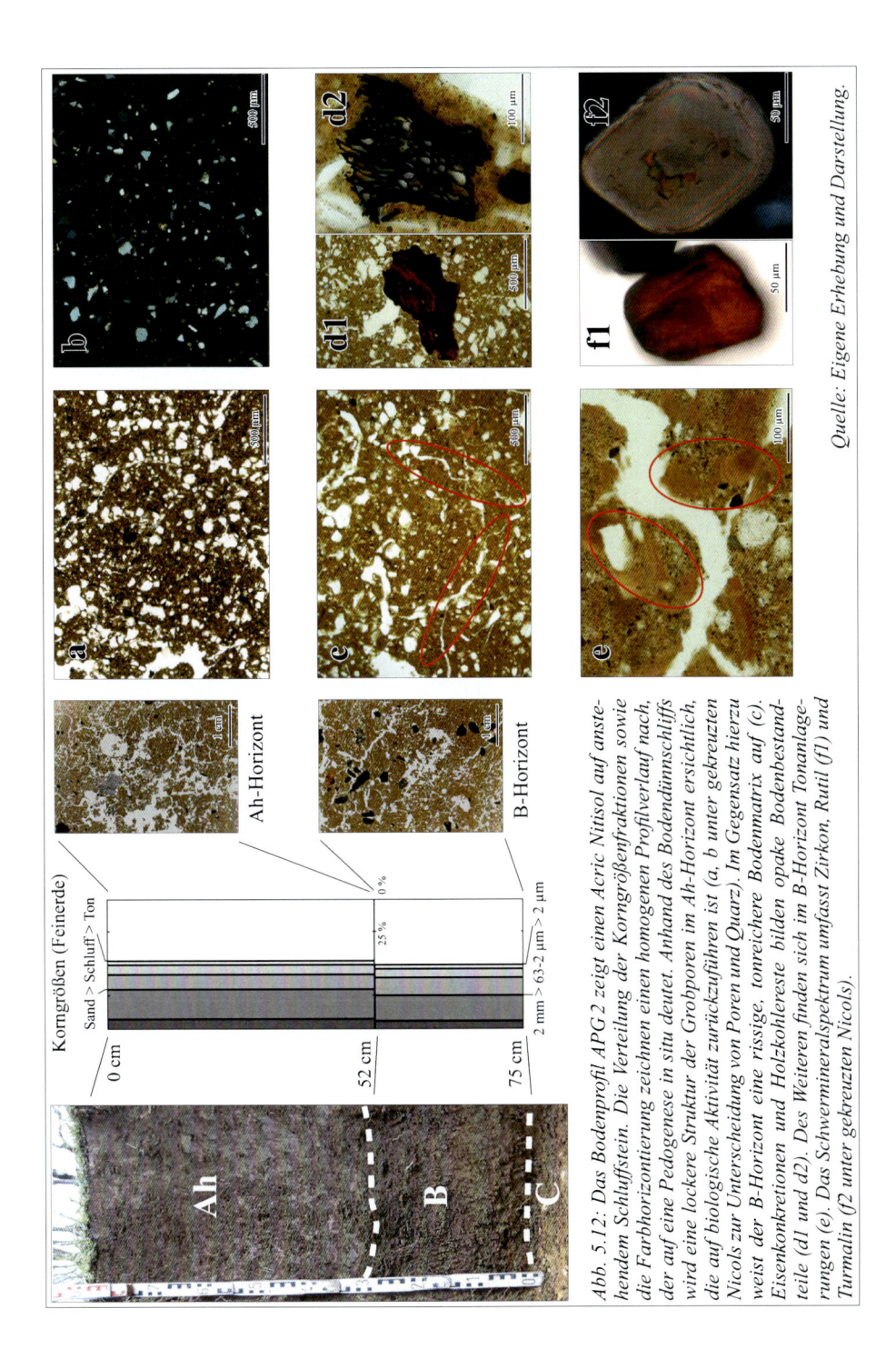

Abb. 5.12: *Das Bodenprofil APG 2 zeigt einen Acric Nitisol auf anstehendem Schluffstein. Die Verteilung der Korngrößenfraktionen sowie die Farbhorizontierung zeichnen einen homogenen Profilverlauf nach, der auf eine Pedogenese in situ deutet. Anhand des Bodendünnschliffs wird eine lockere Struktur der Grobporen im Ah-Horizont ersichtlich, die auf biologische Aktivität zurückzuführen ist (a, b unter gekreuzten Nicols zur Unterscheidung von Poren und Quarz). Im Gegensatz hierzu weist der B-Horizont eine rissige, tonreichere Bodenmatrix auf (c). Eisenkonkretionen und Holzkohlereste bilden opake Bodenbestandteile (d1 und d2). Des Weiteren finden sich im B-Horizont Tonanlagerungen (e). Das Schwermineralspektrum umfasst Zirkon, Rutil (f1) und Turmalin (f2 unter gekreuzten Nicols).*

Quelle: Eigene Erhebung und Darstellung.

feuchtung bzw. Austrocknung entstehen viele Risse im feineren Grobporenbereich zwischen 50–10 µm (Abb. 5.12: c). Generell lässt sich am helleren Erscheinungsbild der Bodenmatrix ein geringerer Gehalt an organischer Substanz als im Oberboden ablesen. Zudem erscheint ihre Zusammensetzung feinkörniger als im Auflagehorizont. Die Hohlräume sind stellenweise verfüllt mit extrem homogenem Material, was sich in der 400-fachen Vergrößerung eindeutig als Tonanlagerungen identifizieren lässt (Abb. 5.12: e). Die Sichtung der Schwerminerale im gesamten Bodenprofil AGP2 erbringt lediglich geringe Vorkommen von Muskovit, Rutil, Turmalin und Zirkon. Meist sind die Mineralkörner von Eisenkrusten überzogen oder stark angewittert, was ihre Bestimmung erheblich erschwert (Abb. 5.12: f1, f2).

5.2.5 Der pedogene Kohlenstoffgehalt

Die Auswertung des Kohlenstoffgehalts C_{tot} in den Bodenprofilen ergibt eine allgemein gültige Tiefenfunktion, die sich durch eine kontinuierliche Abnahme von den Auflagehorizonten zu den tieferen Bodenschichten nahe des Saprolits auszeichnet. Die ermittelten Werte für die Oberböden erreichen durchschnittlich 2,1 %, die Unterbodenbereiche hingegen gemittelte 1,1 %. Insgesamt beträgt der C_{tot}-Gewichtsanteil 0,39–2,99 %, wobei die Kohlenstoffanteile bis zur Verwitterungszone des Anstehenden deutlich messbar bleiben (Annex Tab. B2). Es ist davon auszugehen, dass die festgestellten C_{tot}-Konzentrationen ausschließlich organischen Quellen entstammen (siehe Kap. 4.4.2).

Die Stickstoffanteile N_{tot} in den beprobten Profilen betragen 0,04–0,25 % und korrelieren deutlich mit denen des Kohlenstoffs (Annex Tab. B2). Ebenso haben alle Profile ihre Höchstwerte im Auflagehorizont und nehmen mit zunehmender Profiltiefe sukzessive ab (Abb. 5.13). Das $C_{tot}:N_{tot}$-Verhältnis besitzt ein Spektrum von 7,9–15,2 bei einem Mittelwert von 11,3. Somit beschreibt das C:N-Verhältnis im Boden unter Araukarienwaldvegetation eine hohe bio-chemische Umsatzrate der anfallenden organischen Substanz wie sie typisch für wärmere und feuchtere Klimate der (sub-)tropischen Breiten ist. Im Vergleich der $C_{tot}:N_{tot}$-Relationen der Auflage- zu den Unterbodenhorizonten treten sowohl Wertzunahmen als auch Abnahmen in den Profilen auf. Als Ursachen sind eine geringe Entwicklungstiefe und Abweichungen im lokalen Feuchteregime anzunehmen. So bewirkt beispielsweise im Acric Nitisols AGP2 die Stauung von Bodenwasser eine Aktivitätsabnahme der Bodenorganismen und zusammen mit dem Eintrag von Huminstoffen einen Anstieg des C:N-Verhältnis (Abb. 5.13). Im Haplic Fluvisol (Epiarenic) AGP1 besteht dementgegen ein vergleichsweise kleineres C:N-Verhältnis aufgrund einer verbesserten Drainage durch einen größeren Mengenanteile gröberer Korngrößenfraktionen.

Trotz nur geringer S_{tot}-Gehalte von 0,01–0,03 % ist eine signifikante Korrelation der Schwefelkonzentration mit C_{tot}- und N_{tot}-Vorkommen in den jeweiligen Horizonten abzuleiten. Der Großteil des Kohlenstoffs stammt aus organischen Verbindungen, so dass der Schwefel v. a. als gebundenes Sulfat auftritt (SCHEFFER & SCHACHTSCHABEL 2002). Für die jeweiligen Messergebnisse in den Horizonten und zur Ableitung des C:S-Verhältnis siehe Annex Tab. B2.

5.2.6 Die pH-Werte des Bodenmilieus

Die in 0,1 n KCl- und in 0,01 n CaCl$_2$-Lösung gemessenen pH-Werte differieren kaum und ähneln sich in ihrer Tiefenfunktion für das jeweilige Bodenprofil. Das Wertespektrum liegt bei pH 3,7–4,0 in Kaliumchlorid bzw. bei pH 3,7–4,1 in Kalziumchlorid. Den einzigen Ausreißer mit einem basischeren Wert von pH 4,9 in KCl bzw. pH 5,4 in CaCl$_2$ stellt die A-Horizontprobe des Haplic Cambisols AGP 4 dar. Es handelt sich hierbei um einen Standort mit Grasvegetation, der noch vor kurzer Zeit ackerbaulich genutzt und mit Mineraldünger behandelt wurde (Annex Tab. B2). Im Allgemeinen können sowohl geringfügige Abnahmen als auch Zunahmen vom Ober- zum Unterboden hin beobachtet werden, allerdings behalten die Werte immer ihren sauren Charakter von unter pH 4 (Abb. 5.13). Eine Erklärung ist in der geringen Mächtigkeit der Böden zu sehen, die keine größere Ausdifferenzierung innerhalb der Profile zulässt.

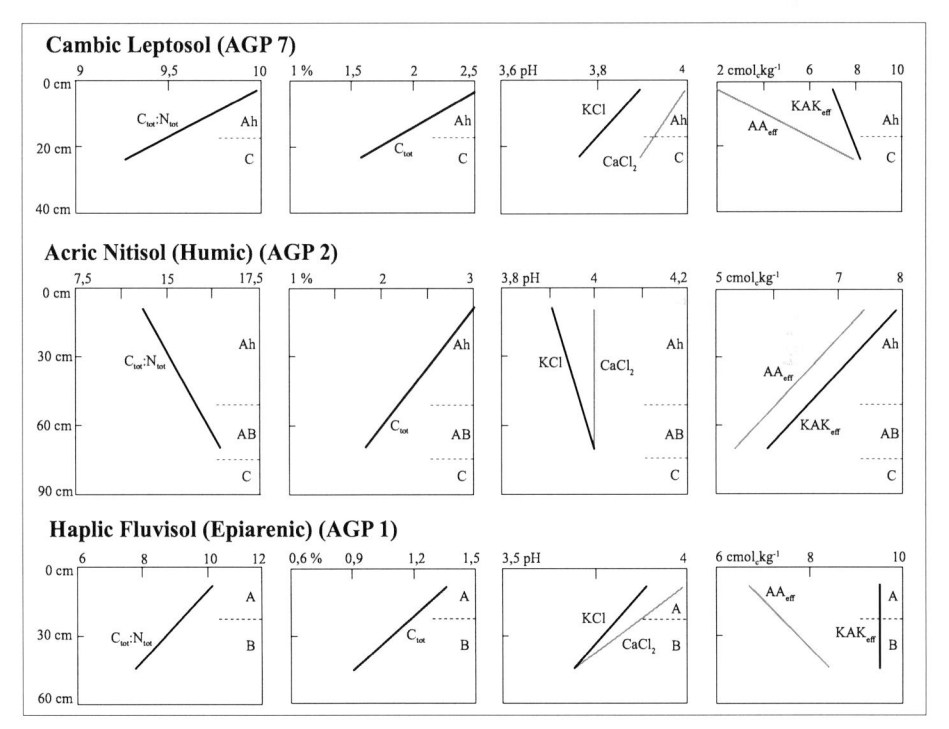

Abb. 5.13: Abfolge einer typischen Bodencatena im Untersuchungsgebiet Faxinal Anta Gorda (Paraná) mit Tiefenfunktionen des pH-Werts, dem C_{tot}-Gehalt, dem $C_{tot}:N_{tot}$-Verhältnis sowie der AA_{eff} und KAK_{eff}. Quelle: Eigene Messung und Darstellung.

5.2.7 Die Kationenaustauschkapazität

Die effektive Kationenaustauschkapazität wird innerhalb des natürlichen pH-Wertemilieus gemessen und dient als wichtiger Parameter zur Abschätzung der Bodenfruchtbarkeit. In den untersuchten Böden auf Schluffstein erreicht die KAK_{eff} 5,9–9,5 $cmol_c\,kg^{-1}$, wobei ihr Durchschnitt bei 8,0 $cmol_c\,kg^{-1}$ liegt. Zwischen den Auflage- und Unterbodenhorizonten ergeben sich kaum Unterschiede, so dass sich anhand der untersuchten Bodenprofile keine allgemein gültige Tiefenfunktion ableiten lässt (Abb. 5.13). Dieses Ergebnis ist auf die geringe Entwicklungstiefe der Böden und ihre schwache pedologische Ausdifferenzierung zurückzuführen. Aus der Messung der KAK_{eff} leitet sich die Basensättigung ab, die innerhalb der analysierten Proben 3,5–71,4 % beträgt (Annex Tab. B2). Sie stellt eine weitere bedeutende Größe zur Beurteilung der Bodenfruchtbarkeit dar, indem sie den Hauptanteil der austauschbaren Basen von Ca^{2+}, Mg^{2+}, Na^+ und K^+ angibt. Der singuläre Höchstwert von 71,4 % im A-Horizont des Haplic Fluvisols AGP 1 beruht auf der Lage in der Flussaue, wo sich Hochwassersedimente mit Erosionsmaterial von umliegenden Ackerbauflächen akkumulieren. Da sich die erhöhte Konzentration auf den Oberboden beschränkt, dürfte ihre Quelle im Eintrag von Düngemitteln liegen. Eine ähnliche Situation zeichnet sich schwächer ausgeprägt im Profil des Cambic Leptosol AGP 7 ab.

Für bedeutende Vorkommen an Kationenvertretern ergeben sich folgende Konzentrationsobergrenzen: $Ca^{2+} \leq 3,4\,cmol_c\,kg^{-1}$ und $Mg^{2+} \leq 1,5\,cmol_c\,kg^{-1}$ in den Auflagehorizonten von AGP 1 sowie $K^+ \leq 0,8\,cmol_c\,kg^{-1}$ in AGP 7. Die restlichen Messergebnisse bezüglich austauschbarer Basen liegen nahe an der Nachweisgrenze und sind ohne Relevanz für die weitere Diskussion.

Die Basensättigung erschließt sich auch auf indirektem Weg über die Bestimmung der Austauschazidität. Insbesondere in Böden mit sauren pH-Werten kommt der effektiven Austauschazidität eine große Bedeutung zu, da sie den komplementären Anteil der sog. „sauren Basen" H^+ und Al^{3+} an der effektiven Kationenaustauschkapazität wiedergibt. Der Verlauf der AA_{eff} korreliert mit der Tiefenfunktion von KAK_{eff}, wobei Werte von 1,9–8,4 $cmol_c\,kg^{-1}$, bzw. 6,3 $cmol_c\,kg^{-1}$ im Durchschnitt gemessen wurden (Annex Tab. B2). Außer im A-Horizont des Haplic Fluvisols AGP 1 bilden H^+ und Al^{3+} immer das größte Kontingent an austauschbaren Kationen. Wie auch im Cambic Leptosol Profil AGP 7 liegt ihr Konzentrationsanteil an der KAK_{eff} im Auflagehorizont deutlich tiefer als im Unterboden (Abb. 5.13). Ursächlich hierfür ist die Belegung der Austauscher an den Tonmineralen mit basischen Kationen, deren hydrolytischer Verlust durch externen, elementreichen Eintrag gemindert wird.

5.2.8 Die Ionenkonzentration in wässriger Bodenlösung

Die Elementanalyse der wässrigen Lösung gibt die Stoffkonzentration im Bodenwasser an, welche einem Großteil der pflanzenverfügbaren Nährstoffe entspricht. Charakteristisch für subtropische Böden treten allgemein schwache Konzentrationen auf, die von den Ober- zu den Unterbodenhorizonten des Profils abnehmen. Wie aus den Resultaten der vorangegangenen Analysen zu vermuten ist, wurden die höchsten Ionenkonzentrationen an den Standorten AGP 1 und AGP 7 ermittelt. Insgesamt ergeben sich die gemessenen Höchstwerte signifikant nachweisbarer Elemente wie folgt: $Ca^{2+} \leq 13,5$ mg/kg, $Mg^{2+} \leq 12,3$ mg/kg, $K^+ \leq 67,0$ mg/kg, $Mn^{2+} \leq 10,8$ mg/kg, $NO_2^- \leq 177,7$ mg/kg, $NO_3^- \leq 281,1$ mg/kg und $SO_4^{2-} \leq 20,9$ mg/kg. Generell fallen die Konzentrationen in den jeweiligen Horizonten jedoch wesentlich niedriger aus (Annex Tab. B2). Besondere Aufmerksamkeit verdient der hohe Nitritgehalt in AGP 7, der auf einen großen, nicht in mineralischer Form vorliegenden Stickstoffanteil im Boden hindeutet. Dieser nicht direkt pflanzenverfügbare Stickstoff dürfte einer organischen Quelle entstammen, indem z. B. Gülle ausgebracht wurde.

5.2.9 Der Königswasser-Gesamtaufschluss

Die Analyse des säurelöslichen Metallgehalts ergibt deutliche Vorkommen von Aluminium und Eisen, deren Konzentration 14,4–47,1 mg/g bzw. 14,3–46,2 mg/g erreicht. Es handelt sich um residuale Anreicherungen von Aluminium- und Eisenoxiden aus der Oxidationsverwitterung, deren Konzentrationsverhältnis über die Bodenhorizonte hinweg miteinander korreliert. Zwischen den jeweiligen Standorten können hierbei die Totalgehalte von Al^{3+} und Fe^{2+} um das Dreifache voneinander abweichen (Annex Tab. B2). Alle weiteren untersuchten Elemente haben eine Mengenkonzentration auf sehr niedrigem Niveau wie es als Resultat von der starken hydrolytischen Verwitterung unter dem gegebenen Klima zu erwarten ist. Lediglich Kalium tritt im Ober- und Unterboden des Cambic Leptosol AGP 7 mit 6,9 mg/g bzw. 7,8 mg/g in nennenswerten Mengen auf. Da eine leichte K^+-Konzentrationszunahme auch in Unterböden anderer Profile beobachtet wurde, dürfte das Kalium hauptsächlich von verwitterten Illit-Tonmineralen aus dem anstehenden Schluffsteins stammen.

5.2.10 Die Vegetationsgesellschaft des Weideareals

In den als *Mata Densa* klassifizierten, sehr extensiv bewirtschafteten Bereichen wurden vier Untersuchungsparzellen mit jeweils 210 m² Größe eingerichtet (Abb. 5.15). Die Auswahl der Lokalitäten sowie die räumliche Erstreckung der Parzellen beruht auf den Erfahrungswerten des Kartierungsteams zu vegetationsgesellschaftlichen Aufnahmen in der Region (DYKSTRA 2007). Insgesamt erfolgte auf 0,084 ha eine Bestimmung aller baum- und strauchartigen Pflanzenindividuen mit einem Stammumfang von größer gleich 10 cm auf Brustniveau. 122 Individuen wurden inventarisiert und 38 Taxonen zugeordnet, die sich auf 27 Arten, 21 Gattungen und 17 Familien aufteilen. Zwei Taxone ließen sich auch nicht mit Hilfe des Vergleichbestands am Herbarium der Universität Ponta Grossa bestimmen. Auf das Taxon „Totholz" entfallen 14 abgestorbene Pflanzenindividuen.

Nach Umrechnung des gemessenen Stammumfangs ergeben sich Stammdurchmesser von 2,52–42,97 cm mit einem gemittelten Durchmesser von 13,58 cm bei einer durchschnittlichen Abweichung von 9,5 cm. Vom Stammdurchmesser leitet sich die basale Grundfläche der Individuen von 0,0005–0,145 m² ab. Im Durchschnitt deckt sie 0,0145 m² bei einer Abweichung von 0,007 m². Die Wuchshöhe der Pflanzenindividuen erreicht 2–17 m, im Mittel werden 7,7 m Höhe unter einer Abweichung von 3,4 m erlangt. Aus der basalen Grundfläche und der Höhe kann folglich das Volumen der erfassten Gewächse errechnet werden. Dieses beträgt 0,002–2,17 m³ und liegt im Durchschnitt bei 0,225 m³ bei einer möglichen Abweichung von 0,382 m³. Aus den Erhebungsdaten aller vier Parzellen resultiert eine absolute Dichte von 1452,38 Individuen pro Hektar sowie ein Gesamtvolumen des Vegetationsbestands von 27,48 m³. Die Summe der basalen Grundfläche aller erfassten Artenvertreter beträgt 2,618 m² und entspricht 31,172 m² absoluter Deckung auf einen Hektar Vergleichsmaß. Die Verteilung der Arten auf die vier Aufnahmeflächen drückt sich durch die absolute Frequenz aus und ergibt in der Summe aller erhobenen Spezies 1500%.

5.2.11 Die Artenzusammensetzung des *Mata Densa*

Die mit Abstand meisten Artenvertreter stellt *Casearia decandra* mit 19 Exemplaren, so dass diese Art auch die höchste Dichte erreicht (Tab. 5.2). Mit ihrem Vorkommen auf drei der vier Untersuchungsparzellen erreicht sie eine absolute Frequenz von 75% und liegt damit gleich auf mit *Campomanesia xanthocarpa* (7 Individuen), *Casearia sylvestris* (11 Individuen) und *Hovenia dulcis* (3 Individuen). Zusammen mit *Casearia obliqua* (11 Individuen) und *Ilex paraguariensis* (8 Individuen), beide mit einer Frequenz von 100%, bilden sie den Bestand konstanter Arten sowie 48,4% des gesamten Individuenvorkommens. Unter die akzessorischen Arten mit 50% absoluter Frequenz fallen im Untersuchungsgebiet *Matayba elaeagnoides* mit fünf Individuen, *Ilex brevicuspis* und *Picramnia parvifolia* mit jeweils zwei Artenvertretern. Sie ergeben zusammen mit den konstanten Vertretern 55,7% aller erfassten Arten. Das Auftreten der restlichen Arten mit geringerer Frequenz ist als gelegentlich oder zufällig zu bewerten.

Bezüglich der ökologischen Bedeutung erzielt *Casearia decandra* den höchsten Importanzwert mit 24,3%, gefolgt von *Casearia obliqua* mit 20,9%, *Matayba elaeagnoides* (20,6%), *Campomanesia xanthocarpa* (20%), *Casearia sylvestris* (16,2%) und *Ilex paraguariensis* (15,9%). Für den Deckungswert ändert sich vorige Reihenfolge aufgrund der hohen absoluten Dominanz von *Matayba elaeagnoides* (4,1 m²/ha) und *Campomanesia xanthocarpa* (2,9 m²/ha), so dass beide mit 17,2% und 15% *Casearia obliqua* (14,2%) übertreffen und direkt hinter der am stärksten deckenden Art *Casearia decandra* (19,3%) auftreten. Weniger bedeutende Arten hinsichtlich ihres Importanzwerts sind in absteigender Reihenfolge: *Hovenia dulcis*, *Myrcia breviramis*, *Cinnamomum vesiculosum*, *Ilex theezans*, *Cedrella fissilis*, *Ilex dumosa*, *Ilex brevicuspis*, *Ocotea porosa*, *Picramnia parvifolia*, *Cabralea canjerana*, *Guazuma ulmifolia*, *Allophylus edulis*, *Clethra scabra*, *Ocotea puberula*, *Myrsine umbellata*, *Myrcia lageana*, *Zanthoxylum rhoifolium*, *Cryptocarya aschersoniana*, *Maytenus ilicifolia*, *Arrabidaea selloi*, und *Miconia hiemalis*. Die geringe Anzahl von zwei nicht identifizierten Individuen kann für die weitere Diskussion der Erhebungsergebnisse außer Acht gelassen werden.

5.2 Faxinal Anta Gorda (Paraná)

*Tab. 5.2: Vegetationsbestand des Mata Densa im Criadouro Comum des Faxinal Anta Gorda (Paraná). Auflistung nach dem Importanzwert der Taxone, a. Di. = absolute Dichte, Do. = Dominanz, Fr. = Frequenz, I.V. = Importance Value (Importanzwert), C.V. = Cover Value (Deckungswert). *Der umgangssprachliche Name ist für einige Arten regional verschieden oder bezieht sich nur auf die Gattung.*

Art	gemeiner Name	Individuen	a. Di. n/ha	a. Do. m²/ha	a. Fr. %	I.V.	C.V.
Totholz		14	166,7	3,5349	100,0	29,48	22,82
Casearia decandra Jacq.	Guaçatunga*	19	226,2	1,1671	75,0	24,32	19,32
Casearia obliqua Spr.	Guaçatunga, Cambroé*	11	131,0	1,6269	100,0	20,90	14,24
Matayba elaeagnoides Radlk.	Miguel pintado*	5	59,5	4,0955	50,0	20,57	17,24
Campomanesia xanthocarpa O. Berg	Guabiroba	7	83,3	2,8714	75,0	19,95	14,95
Casearia sylvestris Sw.	Café de bugre	11	131,0	0,6926	75,0	16,24	11,24
Ilex paraguariensis St. Hil.	Erva mate	8	95,2	0,8383	100,0	15,91	9,25
Loranthaceae 1	Erva de passarinho	4	47,6	1,3962	50,0	11,09	7,76
Sapindaceae 2		2	23,8	1,9483	25,0	9,56	7,89
Hovenia dulcis (Thunb.)	Uva do Japão	3	35,7	0,4504	75,0	8,90	3,90
Fabaceae 1		4	47,6	0,4841	50,0	8,16	4,83
Myrcia breviramis (Berg.) Legr.	Guamirim*	2	23,8	1,4524	25,0	7,97	6,30
Cinnamomum vesiculosum (Nees) Kosterm.	Canela alho	1	11,9	1,7008	25,0	7,94	6,28
Ilex theezans Mart.	Congonha / Caúna graúda*	3	35,7	1,0770	25,0	7,58	5,91
Cedrella fissilis Vell.	Cedro	1	11,9	1,4331	25,0	7,58	5,42
Ilex dumosa Reissek	Congonha / Caúna miúda*	1	11,9	1,1671	25,0	6,23	4,56
Ilex brevicuspis Reissek	Caúna / Congonha miúda*	2	23,8	0,2089	50,0	5,64	2,31
Ocotea porosa (Nees) Barroso	Imbuia	1	11,9	0,8968	25,0	5,36	3,70
Picramnia parvifolia Engl.	Pau amargo	2	23,8	0,0274	50,0	5,06	1,73
Nicht identifiziertes Artenvorkommen 1		1	11,9	0,5617	25,0	4,29	2,62
Cabralea canjerana (Vell.) Mart.	Canjerana	1	11,9	0,4912	25,0	4,06	2,40
Nicht identifiziertes Artenvorkommen 2		1	11,9	0,4912	25,0	4,06	2,40
Sapindaceae 1		2	23,8	0,2013	25,0	3,95	2,29
Guazuma ulmifolia Lamk.	Esporão de galo*	1	11,9	0,4254	25,0	3,85	2,18
Myrtaceae 1		1	11,9	0,3706	25,0	3,68	2,01
Allophylus edulis (A. St.-Hil.) Radlk.	Fruta de pombo/Vacum*	2	23,8	0,1047	25,0	3,64	1,98
Clethra scabra (Pres.)	Guaperê / Carne de vaca*	1	11,9	0,3298	25,0	3,54	1,88
Ocotea puberula (Rich.) Nees	Canela guaicá / sebo*	1	11,9	0,2661	25,0	3,34	1,67
Myrcia sp	Cambuí / Guamirim*	1	11,9	0,2169	25,0	3,18	1,52
Myrsine umbellata Mart.	Capororocão	1	11,9	0,1835	25,0	3,08	1,41
Myrtaceae 2		1	11,9	0,1297	25,0	2,90	1,24
Eugenia sp		1	11,9	0,1289	25,0	2,90	1,23
Myrcia lageana D. Legrand	Cambuí*	1	11,9	0,1031	25,0	2,82	1,15
Zanthoxylum rhoifolium Lam.	Mamica de porca/Juvevê*	1	11,9	0,0342	25,0	2,60	0,93
Cryptocarya aschersoniana Mez	Canela fogo/batalha*	1	11,9	0,0213	25,0	2,55	0,89
Maytenus ilicifolia Mart. ex Reissek	Espinheira Santa	1	11,9	0,0186	25,0	2,55	0,88
Arrabidaea selloi Spr.	Timbó/Cipó*	1	11,9	0,0136	25,0	2,53	0,86
Miconia hiemalis A. St.-Hil. et Naud.	Jacatirão/Pixirica*	1	11,9	0,0115	25,0	2,52	0,86
Total		122	1452,2	31,1725	1500,0	300	200

Quelle: Gemeinsame Erhebung mit DYKSTRA *2007, eigene Darstellung.*

5.2.12 Der Familienbestand des *Mata Densa*

Die Familie der Flacourtiaceae umfasst mit 41 Vertretern die größte Individuenanzahl und weist die höchste relative Dichte (33,6%) sowie die höchste relative Frequenz (16,7%) auf. Somit erreicht sie auch den mit Abstand größten Importanzwert (61,5%) und Deckungswert (44,8%) (Abb. 5.14). In der Betrachtung des Importanzwerts folgen die Myrtaceae (14 Individuen) mit 43,4% und die Sapindaceae (11 Individuen) mit 37,7%, die beide aufgrund ihrer im Durchschnitt größeren Stammdurchmesser die insgesamt höchsten relativen Dominanzwerte (16,9% bzw. 20,4%) erzielen. Die Flacourtiaceae, Myrtaceae und Sapindaceaebilden besitzen zusammen mit den Aquifoliaceae (14 Artenvertreter) 65,5% an der Gesamtheit aller Artenvertreter, 178% des Importanzwerts (Maximalwert 300%) und 124,6% hinsichtlich des Deckungswerts (Maximalwert 200%).

Weitere Familien in absteigender Reihenfolge ihres Importanzwertes sind Lauraceae, Meliaceae, Loranthaceae, Ramnaceae, Fabaceae, Simaroubaceae, Malvaceae, Clethraceae, Myrsinaceae, Rutaceae, Celastraceae, Bignoniaceae und Melastomataceae (Annex Tab. A2). Interessant für die ökologische Interpretation erscheint der hohe Anteil an 14 abgestorbenen Individuen innerhalb der Aufnahmeparzellen, der einen Importanzwert von 29,5% sowie einen Deckungswert von 22,8% einnimmt.

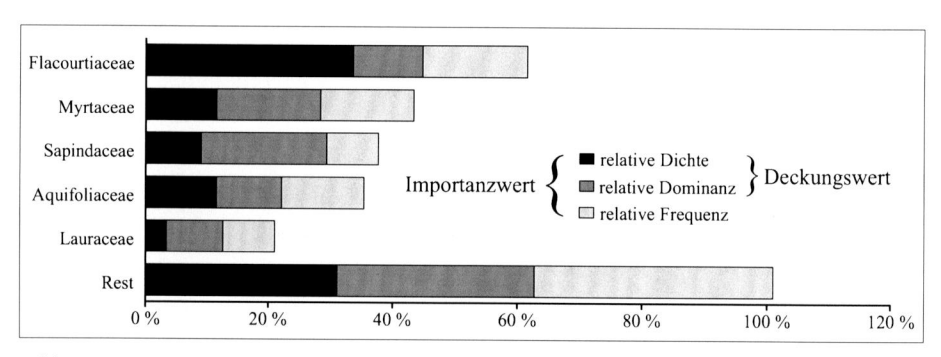

Abb. 5.14: Relativer Vergleich der Dichte, Dominanz und Deckung bzw. Importanz- und Deckungswert der fünf vorherrschenden Pflanzenfamilien des Faxinal Anta Gorda (Paraná). Quelle: Gemeinsame Erhebungen mit DYKSTRA *2007, eigene Darstellung.*

5.2.13 Die Landnutzung im inneren Faxinal

Die aktuelle Gemarkung der gemeinschaftlichen Weidefläche im Faxinal Anta Gorda (Paraná) beläuft sich auf 8,1 km und umschließt 278,5 ha. Ob das Faxinal in seiner Geschichte jemals größere Ausmaße hatte und seit wann es ungefähr besteht, konnte aus der Befragungen ortsansässiger Personen nicht in Erfahrung gebracht werden. Die Waldweide ist auf drei Seiten mittels Stacheldrahtzäunen von den angrenzenden Ackerbauflächen getrennt, auf der Nordostseite stellt der Lauf des Rio Anta Gorda eine natürliche Grenze dar. In Nord-Süd-Richtung verläuft eine wichtige Hauptverkehrsstraße mitten durch das Weideareal, an dessen Ein- und Ausfahrten *Mata Burros*, Viehgitter, einen flüssigen Durchgangsverkehr gewährleisten. Alle anderen Zugänge sind mit Toren gesichert, die nach jeder Durchfahrt wieder geschlossen werden müssen. Die ökologische Situation wird nach MARQUES (2004) als „*regular*", also „mittelmäßig" beschrieben, allerdings erfolgte die Bewertung auf Grundlage älterer Sekundärdaten der Munizipverwaltung. Einer Erhebung der Organisation ING zu Folge waren im Jahr 2005 ca. 90 ha der Weidefläche für Großvieh nicht frei zugänglich. Dieser Sachverhalt trifft insbesondere auf die Grundstücke von Gegnern des traditionellen Faxinal-Systems zu.

Für die vergleichende Landnutzungsklassifikation der Jahre 1980 und 2006 wurden die lokalen Landschaftsbezeichnungen übernommen (Abb. 5.15). Aufgrund der extensiven Bewirtschaftung birgt der *Mata Densa* ein hohes Artenreichtum an Tieren und Pflanzen. Charakteristische Pflanzenvertreter im Faxinal Anta Gorda (Paraná) sind Guaçatunga vermelha (*Casearia obliqua*), Miguel pintado (*Matayba elaeagnoides*), Guabiroba (*Campomanesia xanthocarpa*) und Café de bugre (*Casearia sylvestris*). Die geschlossenen Waldgebiete kommen somit einer natürlichen Vegetationsgesellschaft am nächsten. In den intensiver bewirtschafteten, offenen Waldgebieten des *Mata Limpa* treten verstärkt Guabiroba (*Campomanesia xanthocarpa*), Guaçatunga vermelha (*Casearia obliqua*) und Carne de vaca (*Clethra scabra*) auf. Als *Campo* wurden Grasflächen klassifiziert, die durch Rodung von Grasweide- oder Siedlungsfläche entstanden. Unter *Terra Cultivável* fällt im Faxinal Anta Gorda (Paraná) eine Aufforstung als *Pinus sp.* Monokultur. In Luft- und Satellitenbildern konnte das von der Beweidung ausgenommene Gebiet nicht identifiziert werden, jedoch war es möglich seine Größe im Rahmen des Feldaufenthalts zu kartieren. Nach Aussage der Bewohner entstand die Pflanzung Mitte der 1990er Jahre, was auch durch die Wuchshöhe der Bäume glaubhaft erscheint. In der Klasse *Lagoa* sind alle Feuchtgebiete erfasst, die regelmäßig nach Niederschlagsereignissen überflutet werden und sumpfige Bereiche mit kleinen Wasserflächen ausbilden. An den Rändern wachsen bevorzugt Seggengräser, da es für die Waldvegetation zu feucht ist. Stellenweise finden sich gänzlich vegetationsfreie Feuchtestandorte, hierbei handelt es sich um Suhlplätze der frei lebenden Hausschweine. Unter der Klassenbezeichnung *Várzea* versteht man die Auenvegetation im Talgrund entlang des Wasserlaufs. Typisch ist dort die Dominanz von Bäumen der Gattungen *Ocotea* und *Nectandra* aus der Familie der Lauraceae.

Die Auswertung der Landnutzungsklassifikation für das Jahr 1980 ergibt folgende Situation (Abb. 5.15): 191,9 ha sind von dichtem Wald bestanden, 49,2 ha von offener Waldvegetation, 34,7 ha sind als *Campo* und 2,8 ha als *Lagoa* zu klassifizieren. Der Anteil der Auenvegetation am *Criadouro Comum* deckt 15,1 ha ab. Von der Beweidung ausgeschlossene Bereiche existierten innerhalb der Weidegemarkung nicht. 2006 wurden 127,1 ha als *Mata Limpa* ausgewiesen, 106,7 ha als *Mata Densa* und 39,5 ha als reine Grasflächen. Die Feuchtgebiete behalten ihre Ausdehnung von 2,8 ha bei, doch nimmt nun die neue Klasse *Terra Cultivável* 2,4 ha der Gemeinschaftsweide ein. Die Auenfläche stieg leicht auf 15,9 ha an, was auf die Aufstauung des Zuflusses zum Rio Anta Gorda im Zuge der Hauptstraßenbefestigung zurückzuführen ist.

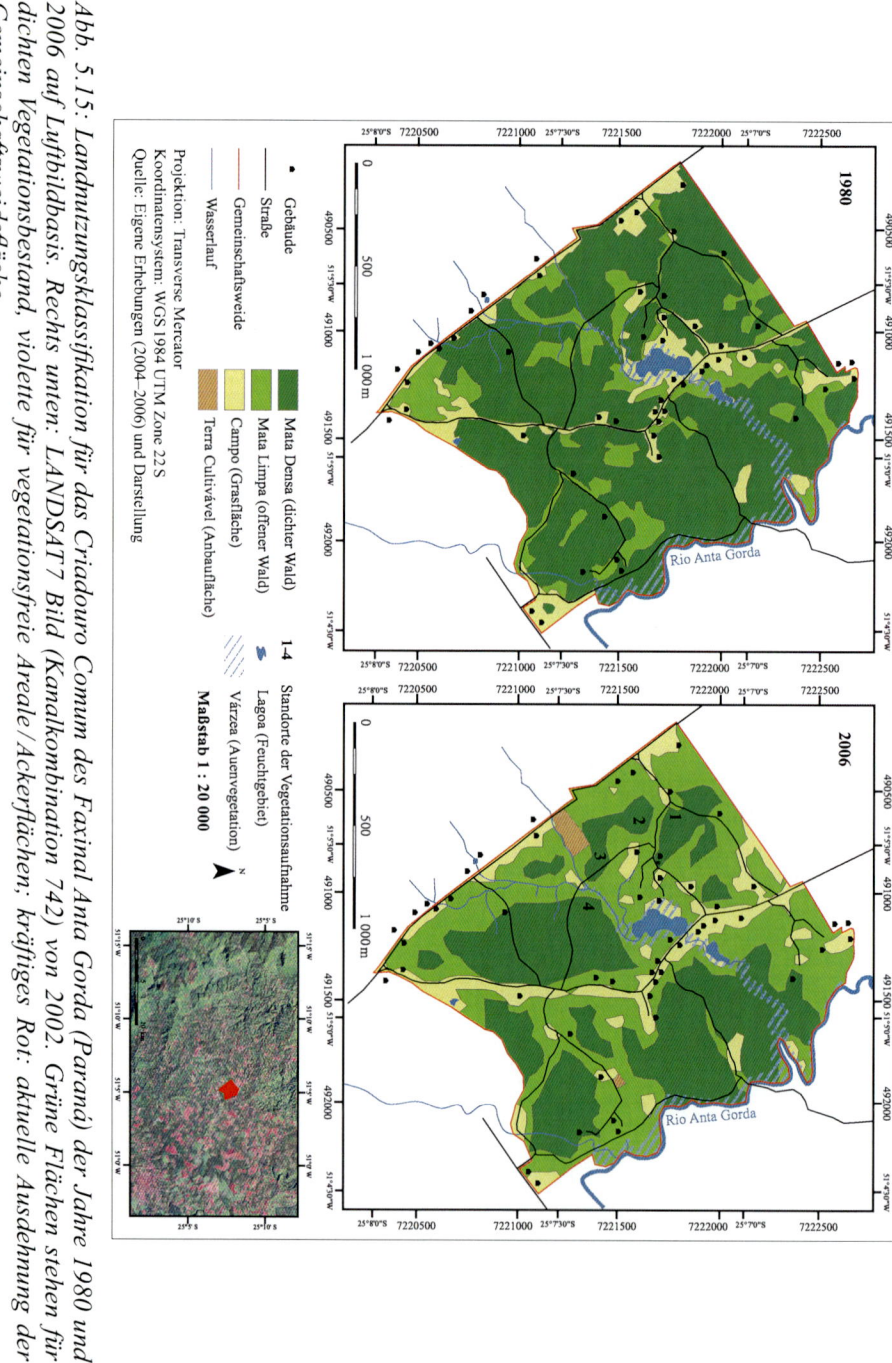

Abb. 5.15: Landnutzungsklassifikation für das Criadouro Comum des Faxinal Anta Gorda (Paraná) der Jahre 1980 und 2006 auf Luftbildbasis. Rechts unten: LANDSAT 7 Bild (Kanalkombination 742) von 2002. Grüne Flächen stehen für dichten Vegetationsbestand, violette für vegetationsfreie Areale/Ackerflächen; kräftiges Rot: aktuelle Ausdehnung der Gemeinschaftsweidefläche.

Vergleicht man die Landnutzungssituation der Jahre 1980 und 2006, fällt zuerst der Flächenrückgang der Klasse *Mata Densa* um 30,6 % auf. Im Gegenzug nahmen offene Waldbestände um 28,1 % und Grasflächen um 1,7 % zu. Die neu hinzugekommene Aufforstungsfläche, die von der Beweidung ausgenommen ist, nimmt 0,9 % des gesamten *Criadouro Comum* ein. Die Auenvegetation dehnte sich geringfügig um 0,3 % aus, wovon insbesondere der Bereich östlich der Hauptstraße betroffen wurde. Weder in Bezug auf die Feuchtgebiete, noch auf die Größe der Gesamtweidefläche ist eine Veränderung festzustellen.

Der Rückgang dichter Wälder zu Gunsten offener Bereiche zeigt sich deutlich in der Landschaft, indem die ehemals räumlich zusammenhängenden Waldstücke heute durch lichter bestandene Abschnitte voneinander getrennt werden. Ausgangspunkt dieser Entwicklung waren und sind die Straßen und Wege, von wo aus sich Grasflächen und offene Gehölze ausbreiten. Besonders gut ist dies entlang der Hauptstraße zu erkennen, an der mit der Zeit ein waldfreier Korridor entstand. Die in Monokultur betriebene Forstfläche erklärt sich aus den individuellen Besitzverhältnissen innerhalb des *Criadouro Comum* und ist nicht Ausdruck einer sukzessiven Dynamik, die aus der gemeinschaftlichen Bewirtschaftung hervorging.

5.2.14 Die gesellschaftlichen Hintergründe der Landnutzung

Am System des Faxinal Anta Gorda (Paraná) partizipieren aktuell 37 Familien mit insgesamt 112 Personen, deren Durchschnittsalter bei 45 Jahren liegt (ING 2005). Die Familien besitzen rund 70 % des *Criadouro Comum*, der restliche Bereich gehört Grundeignern, die sich nicht an der kollektiven Bewirtschaftung beteiligen. Das Faxinal erhält finanzielle Unterstützung im Rahmen des ICMS Ecológico (Kap. 3.5), die bisher für den Unterhalt von Straßen, Brücken und Zäune Verwendung fand. Die Anerkennung des Gebiets als ARESUR ist hauptsächlich auf das Wirken der Nichtregierungsorganisation *Instituto dos Gardões da Natureza* ING zurückzuführen, die sich für Naturschutz und den Erhalt der traditionellen Kulturlandschaft in der Region Prudentópolis einsetzt. Andere Organisationsformen sind in der Region kaum vertreten, auch werden die regelmäßig unter den Faxinalenses abgehaltenen Versammlungen nicht von allen ansässigen Familien besucht.

Durch das Faxinal verläuft eine öffentliche Durchgangsstraße mit einer täglich mehrfach verkehrenden Busverbindung nach Prudentópolis. Des Weiteren befindet sich an der Straße eine Werkstatt für Fahrzeuge und landwirtschaftliches Gerät. An der Westseite grenzt ein Friedhof an das Gemeinschaftswesen, ebenso liegen in wenigen Kilometern Distanz ein Gesundheitsposten, eine Grundschule sowie eine Kirche. Es gibt keine öffentliche Wasserversorgung, die Bewohner beziehen ihr Trinkwasser aus eigenen Quellen oder Brunnen. Knapp die Hälfte der Haushalte ist motorisiert und 10 % nennen einen Traktor ihr Eigentum (ING 2005). Nach wie vor wird der Großteil der Feldarbeit mit menschlicher und tierischer Arbeitskraft vollbracht, wobei die Faxinalenses sich untereinander unterstützen und nur selten Erntehelfer auf Tagelohnbasis einstellen.

Viele Bauern verwenden Kunstdünger und Pestizide bei der Bestellung ihrer Felder, auf denen sie als Hauptanbauprodukte in der Reihenfolge ihrer wirtschaftlichen Rentabilität Tabak, Bohnen und Mais anbauen. Als viert ergiebigste, und v. a. sicherste, Einkommensquelle nennen die Bewohner den Bezug staatlicher Unterstützung (ING 2005). Das Fleisch aus eigener Schlachtung sowie die Produktion von Matetee findet zwar Absatz auf dem lokalen Markt, dient aber hauptsächlich zur Deckung des eigenen Bedarfs. Die Mateblätter natürlicher *Ilex paraguariensis* Vorkommen werden vor Ort weiterverarbeitet. Für das Trocknen werden wie bei der Tabakproduktion holzbefeuerte Öfen eingesetzt, die mit Feuerholz aus dem Waldbestand der Region beheizt werden.

Einige Grundeigentümer grenzen ihren Gebietsanteil von der kollektiven Weidefläche mittels weitständiger Drahtzäune ab, um ihn nur durch das eigene Großvieh beweiden zu lassen. Kleinvieh wie beispielsweise Schweine oder Hühner, kann sich jedoch ungehindert im Waldweideareal bewegen. Im Gegensatz hierzu ist die Kieferanpflanzung, die von einem auswärtigen Besitzer bewirtschaftet wird, gänzlich von der Beweidung ausgenommen. Nach der Befragung durch die ING (2005) befürwortet eine knappe Bevölkerungsmehrheit den Fortbestand des traditionellen Faxinal-Systems in Form der freien, extensiven Weidewirtschaft. Ein Viertel der Bewohner besteht jedoch aus vehementen Gegnern der aktuellen Strukturen, so dass eine angespannte und konfliktgeladene Stimmung innerhalb der Gemeinschaft herrscht, die einen künftigen Fortbestand unsicher erscheinen lässt. Trotzdem kam es laut Bericht der Bewohner bisher noch zu keiner Flächenverkleinerung oder kompletten Abspaltung eines Faxinal-Teils.

5.3 Der Untersuchungsstandort Faxinal Saudade Santa Anita

Das Faxinal Saudade Santa Anita auf dem dritten Planalto wurde aufgrund seiner zu den anderen Untersuchungsstandorten abweichenden naturräumlichen Lage ausgewählt. Die dort anstehenden Basalte aus dem späten Jura und der Kreide gehören der Formation Serra Geral der Gruppe São Bento an (NORTHFLEET, MEDEIROS & MUHLMANN 1969, MINEROPAR 2001). Sie bilden die Grundlage für das sanft gewellte Relief der Region, das im Bereich der gemeinschaftlich genutzten Waldweide bis 10 % Gefälle beträgt (Abb. 5.16).

5.3.1 Die Bodengesellschaft des Faxinal Saudade Santa Anita

Die Bodengesellschaft am Untersuchungsstandort setzt sich nach der WRB-Klassifikation (2006) aus Ferralic Nitisols, Haplic Ferralsols und Haplic Gleysols zusammen. Neben den bodenbildenden Faktoren, wie dem Klima und den damit verbundenen Verwitterungseigenschaften des anstehenden Gesteins, stellt das Mikrorelief die entscheidende Einflussgröße bezüglich des Bodenwasserhaushalts und somit für die Entwicklung azonaler Bodentypen dar. Haplic Gleysols finden sich in den flachen Reliefpositionen nahe der Wasserläufe, wo sich der Grundwassereinfluss am stärksten bemerkbar macht. Im brasilianischen Klassifikationssystem entsprechen die Böden den *Gleissolos Mêlanicos* oder *Háplicos*, je nach dem ob sie einen Ah-Horizont ausbilden oder nicht. Ferralic Nitisols stellen den vorherrschenden Bodentyp in der Region dar, indem sie eine weite Verbreitung besitzen und nur schwer mit Mikroreliefformen in Verbindung gebracht werden können. Lediglich in steileren Hangbereichen stehen Haplic Ferralsols mit einer teils mehreren Meter mächtigen Entwicklungstiefe an, wobei ihre Bodenhorizonte kaum gegeneinander abzugrenzen sind. Im Gelände ist das Hauptunterscheidungsmerkmal zwischen Nitisols und Ferralsols das (Nicht-)Vorhandensein von nitic Eigenschaften, also dem Auftreten von glänzenden Scherflächen sowie einer deutlicheren Differenzierung der Profilhorizonte. Nach der brasilianischen Bodenklassifikation sind diese beiden Bodentypen als *Latossolos Brunos* und *Nitossolos Háplicos* bzw. *Vermelhos* anzusprechen. Letzterer Bodentyp ist nach seiner Färbung von 2,5 YR und röter in den ersten 100 cm zu klassifizieren (vermelho = portugiesisch „rot").

Die Kartierung der Bodengesellschaft erfolgte auf Grundlage einer flächendeckenden Bohrstockbeprobung im Gebiet des *Criadouro Comum* (Abb. 5.16). Zur genaueren Analyse und Bestimmung wurden fünf repräsentative Leitprofile in verschiedenen Reliefpositionen angelegt. Den Bodenprofilen wurden insgesamt 13 Proben für weiterführende Laboranalysen zu physikalischen und chemischen Parametern entnommen, deren Ergebnisse im Anschluss präsentiert werden. Zur Ergänzung der Laborarbeiten wurde die Tonfraktion der Profile SSA 3 und SSA 4 der Röntgenbeugungsanalyse unterzogen sowie das Profil SSA 4 anhand von Dünnschliffen unter dem Durchlichtmikroskop mikromorphologisch ausgewertet (SSA = Untersuchungsstandort *S*audade *S*anta *A*nita).

Abb. 5.16: Die Bodengesellschaft des Faxinal Saudade Santa Anita mit den Leitprofilstandorten. Rechts oben: Neigungskarte der Untersuchungsregion auf Basis von SRTM2 Daten (90x90 m Auflösung).

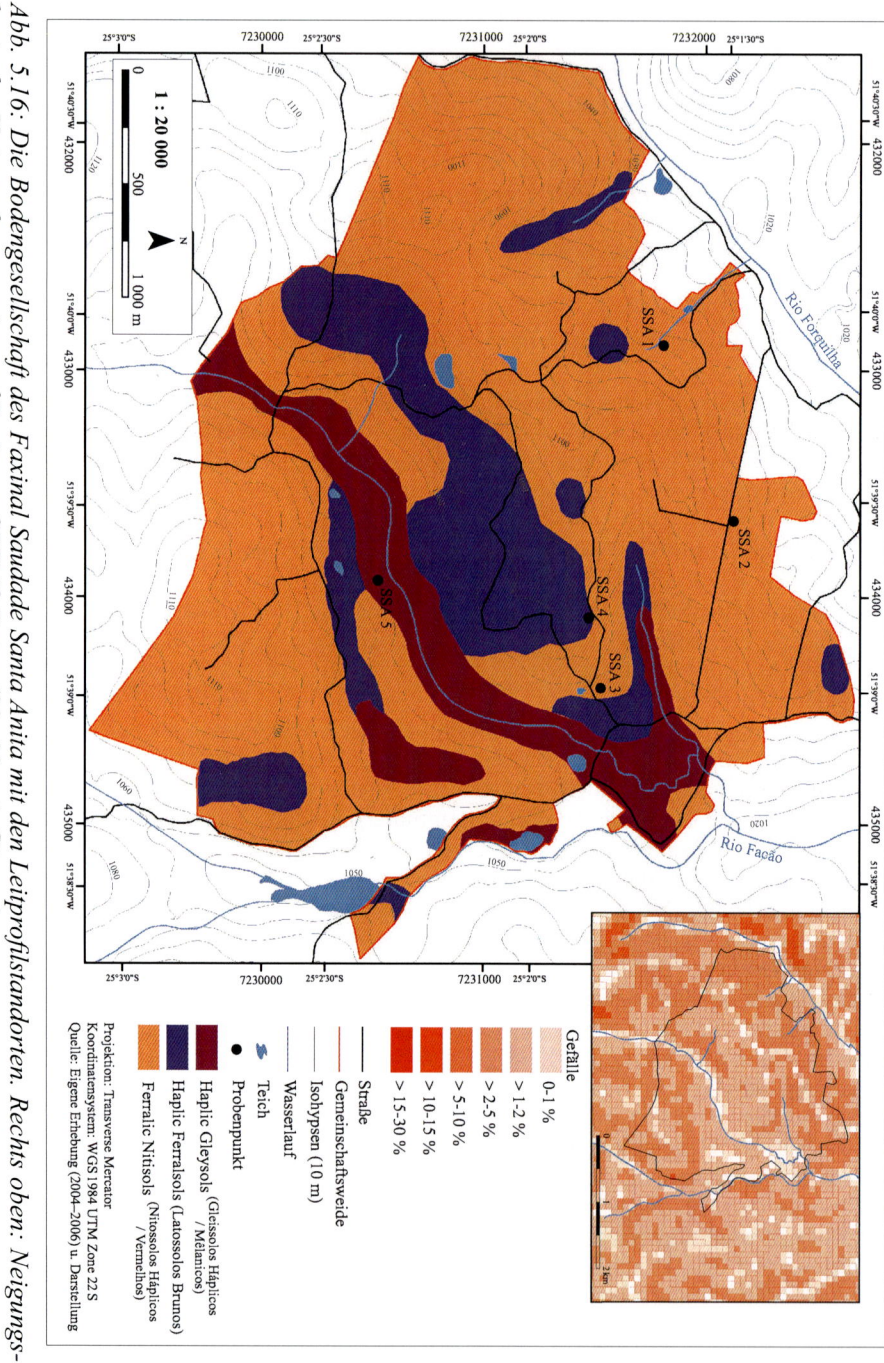

5.3.2 Die Ergebnisse der Korngrößenanalyse

Die Korngrößenauswertung des Feinbodens zeigt im Vergleich der Profilhorizonte sowie der gesamten Profile zueinander ein einheitliches Bild. Im Dreiecksdiagramm zur Klassifikation der Bodenart fallen alle untersuchten Proben in die Klasse Ton. Die einzige Ausnahme bildet der B-Horizont des Ferralic Nitisols SSA 2, der direkt über der Saprolitzone des anstehenden Basalt liegt und dessen Bodenart schluffigem Ton entspricht (Abb. 5.17). Alle Bodenstandorte weisen einen Tongehalt von über 56 % auf, die meisten sogar 60 % und mehr, so dass ihre Bodenart als schwerer Ton anzusprechen ist. Die Sandfraktion erreicht an keiner Lokalität mehr als 10 %. Auch die Schlufffraktion ist äußerst schwach vertreten, nur im B-Horizont von SSA 2 ereicht sie knapp mehr als 40 %. Die Ursache der Korngrößenverteilung liegt in den Verwitterungseigenschaften des Basalts, dessen Hauptminerale Olivin und Pyroxen eine hohe Anfälligkeit gegenüber der hydrolytischen Silikatverwitterung besitzen. Entsprechend ist von einer intensiven Bodenentwicklung auszugehen, die sich in der Profilmächtigkeit sowie im Schluff-Ton-Verhältnis widerspiegelt. Der in Kuppen-

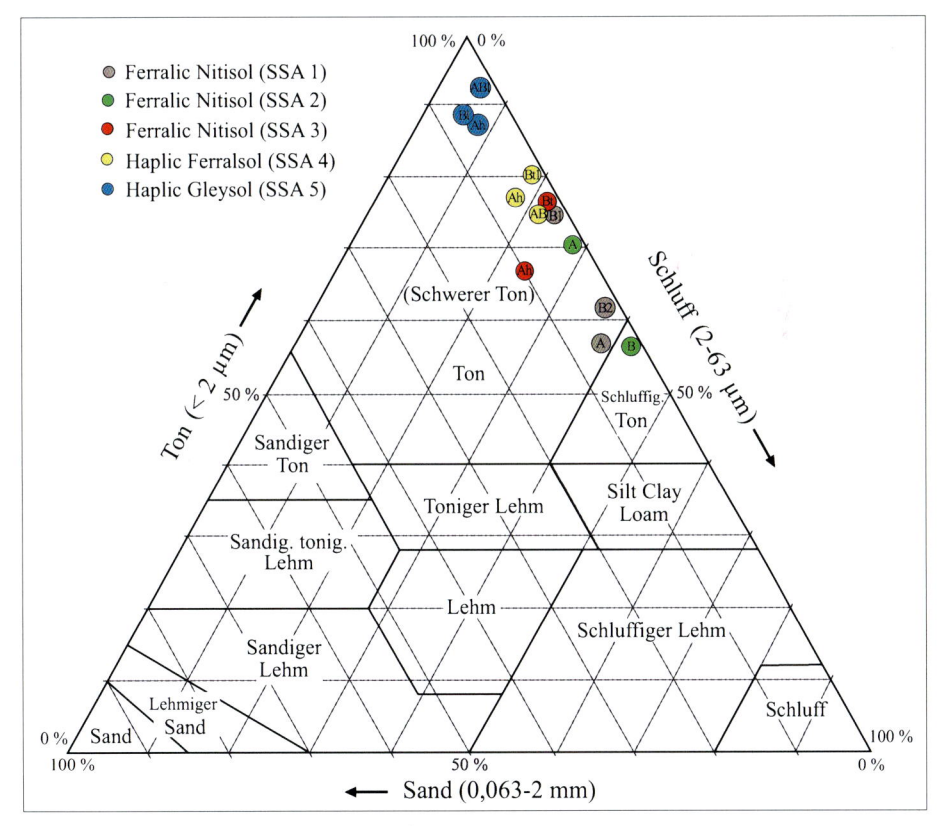

Abb. 5.17: Korngrößenspektrum des Feinbodens am Standort Faxinal Saudade Santa Anita. Quelle: Eigene Ergebnisse dargestellt nach WRB 2006.

lage ausgebildete A-Horizont des Ferralic Nitisol SSA2 zeigt ein U:T-Verhältnis von 0,4, das sich im Unterboden mit Übergang zur Verwitterungszone des Basalts zu Gunsten des Schluffanteils verschiebt (B-Horizont = 0,7). Die Sandfraktion bleibt wie auch im Falle der anderen Profile im Untersuchungsgebiet nahezu unverändert. Der Ferralic Nitisol SSA3 sowie der Haplic Ferralsol SSA4 weisen ähnliche Werte für ihre Auflage- und Unterbodenhorizonte auf. Diese liegen für das U:T-Verhältnis des Profils SSA3 bei jeweils 0,3, für das Profil SSA4 ergeben sich im A-Horizont 0,2, im AB-Übergangshorizont 0,3 und im Bt-Unterbodenhorizont wiederum 0,2. Daher ist an diesen Standorten von einer vergleichsweisen intensiveren Bodenbildung auszugehen, allerdings bleibt das unterschiedliche Verwitterungsverhalten der Gesteinsarten zu beachten.

Noch kleinere U:T-Verhältnisse werden im Haplic Gleysol SSA5 erreicht (Ah-Horizont = 0,1, ABl-Horizont < 0,1 und Bl-Horizont = 0,1). Hierbei handelt es sich um ein Bodenhabitat im Grundwassereinflussbereich. Aufgrund der topographischen Lage in einer Senke ist anzunehmen, dass dieses als Sedimentzwischenspeicher für den Eintrag von Feinmaterial aus der höher liegenden Umgebung fungiert, wodurch sich der erhöhte Tonfraktionsanteil erklärt. Der Ferralic Nitisol SSA1 befindet sich ebenfalls im Talgrund, allerdings in Nähe des Quellkopfs eines kleinen tributären Wasserlaufs, der von steilen Hängen sowie Aufschlüssen des anstehenden Basalts gesäumt wird. Die erhöhten U:T-Verhältnisse im A-Horizont von 0,7, im B1-Horizont von 0,3 und im B2-Horizont von 0,6 deuten auf vermehrten Eintrag von schluffigem Material hin. Die generell sehr niedrigen Anteile in der Sandfraktion lassen annehmen, dass unter den gegebenen Bedingungen der anstehende Basalt fast ausschließlich zu Schluff und Ton verwittert.

5.3.3 Die Ergebnisse der röntgendiffraktometrischen Analyse

Die röntgendiffraktometrische Untersuchung der Tonmineralfraktion zeigt eine Dominanz von Kaoliniten und Gibbsit in den Böden auf Basalt. Die Zweischichtminerale der Kaolinit-Gruppe sind dokumentiert durch Basisreflexe bei 7,2 Å (12,2°2θ), 4,4 Å (19,9°2θ) und 4,1 Å (21,3°2θ). Im Ferralic Nitisol SSA3 sowie im Haplic Ferralsol SSA4 weisen sie zudem die höchsten Intensitäten in den Normal- und Quellkurven auf (Abb. 5.18, Annex Tab. C3). Gibbsit tritt im Bt1-Horizont des Haplic Ferralsols am deutlichsten hervor. Sowohl im Unbehandelten als auch im Texturpräparat mit Ethylenglykol bedampft, liegen die charakteristischen Basisreflexe bei 4,8 Å (18,2°2θ) sowie 4,3 Å (20,5°2θ) und brechen schließlich beim Erhitzen auf 550°C zusammen. Bei 4,2 Å (20,8°2θ) ist in allen Proben, wenn auch mit geringer Intensität, ein quarztypischer Ausschlag in den Messkurven nachzuweisen. Dieser lässt sich nur durch allochthonen Eintrag, beispielsweise durch äolische (Paläo-)Prozesse erklären, da Basalt primär frei von Quarz ist.

Die relativ unscharfen Basisreflexe könnten ihren Ursprung in einer Verstellung der Netzebenenscharen mit verstärkter Streuung der Reflexintensität haben und außerdem sind mehrfache Überlagerungen von Reflexen denkbar (HEIM 1990). Außerdem wird der „rauschige" Hintergrund der Messkurven vermutlich durch das vermehrte Vorhandensein amorpher Aluminiumsilikatverbindungen verursacht (SANTOS FILHO

5.3 Faxinal Saudade Santa Anita

1977, JASMUND & LAGALY 1993). Das beschriebene Spektrum der Tonmineralfraktion ergibt sich aus der intensiven chemischen Verwitterung des tholeiitischen Basalts, dessen Verwitterungsendprodukte v. a. aus Kaoliniten und Gibbsit bestehen (SCHEFFER & SCHACHTSCHABEL 2002). In den gemessenen Intensitäten unterscheiden sich die Röntgendiffraktometriereflexe kaum von den analysierten Proben der beiden anderen Standorte. Jedoch lassen sich keine primären Silikate aus dem anstehenden Gestein mehr nachweisen, da diese bereits in sekundäre Tonminerale umgewandelt wurden.

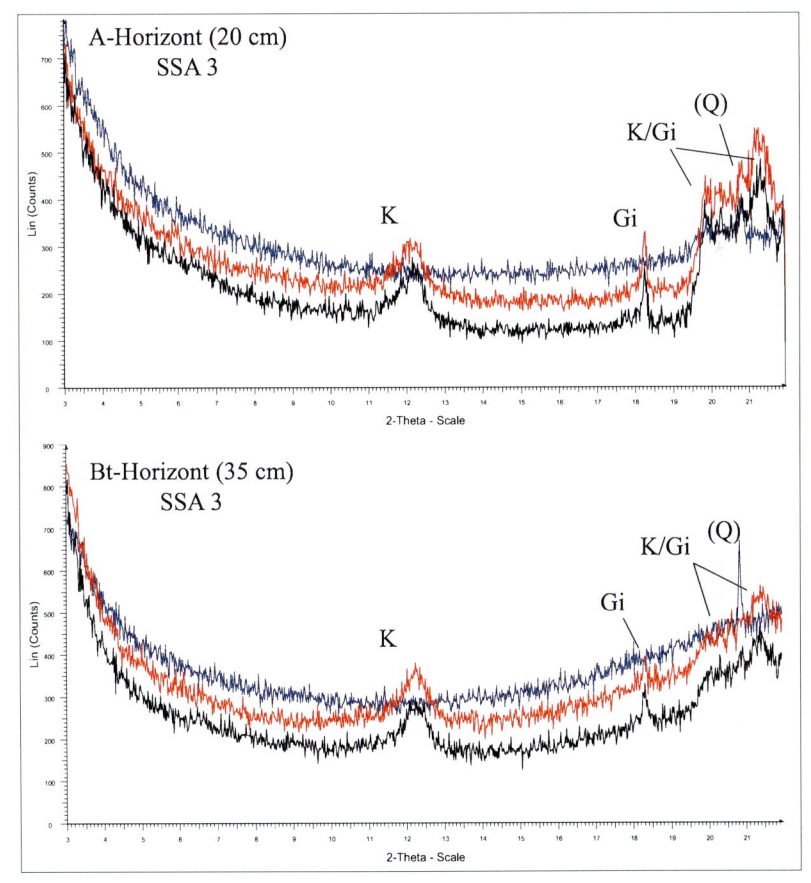

Abb. 5.18: Charakteristische Röntgendiffraktogramme der Tonfraktion aus dem Profil SSA 3. Im A-Horizont sowie im Bt-Horizont des Ferralic Nitisols ergeben sich Vorkommen von sekundären Tonmineralen der Kaolinit-Gruppe K und Gibbsit Gi. Es kann ein geringer Quarzgehalt Q festgestellt werden, dem allochthoner Einfluss zu Grunde liegt. Das unscharfe Erscheinungsbild der Messkurven dürfte auf hohe Konzentrationen von Al-Si-Verbindungen zurückzuführen sein. Schwarz = Normalpräparat; rot = Quellpräparat; blau = Glühpräparat. Quelle: Die Messungen erfolgten am Labor für Röntgenkristallographie des Mineralogischen Instituts der Universität Heidelberg.

5.3.4 Die mikromorphologische Betrachtung

Die oberen Profilhorizonte des regionalen Bodentyps Haplic Ferralsols SSA 4 wurden einer mikromorphologischen Untersuchung unterzogen. Der visuell auswertbare Porenanteil größer gleich 10 µm entspricht dem Größenbereich von Grobporen und beträgt im Ah-Horizont ca. 32 % der Dünnschlifffläche. Generell dürfte der Gesamtporenanteil wesentlich höher ausfallen, da die meisten Hohlräume in tonreichem Substrat auf die Mittel- und Feinporen entfallen (FITZPATRICK 1993). Das Porensystem ist offen ausgebildet und weist eine schwammartige Struktur auf, so dass das Bodengefüge keinen geschlossenen Eindruck vermittelt (Abb. 5.19: Ah-Horizont). Zwar existieren stellenweise kohärente, massivere Gefügebereiche, jedoch besitzen diese eine kleinräumig begrenzte, blockige Struktur. In der 40-fachen Vergrößerung zeigt sich die sehr feinkörnige, tonreiche Bodenmatrix durchsetzt von opaken und rot-braunen Konglomerationen mit schluffigen bis tonigen Korngrößen (Abb. 5.19: a). Es handelt sich um Anlagerungen von sekundärem Eisen, das sich bis zur Lichtundurchlässigkeit verdichtet oder andere Mineralkörner mit einer Eisenoxidkruste überzogen hat. Das sichtbare Porensystem erscheint nicht mehr geöffnet, obwohl es sich locker über die Fläche des Dünnschliffs verteilt. Einzelne rissartige Poren treten auf, hervorgerufen durch den Wechsel von Quellen und Schrumpfen bei Schwankungen der Bodenfeuchtigkeit. 100-fach vergrößert und unter gekreuzten Nicols sind Reliktformen von Mineralen zu sehen, die von residualen Verwitterungsprodukten nachgezeichnet werden. Diese Tonpartikel bezeugen die intensive Verwitterung des Bodensubstrats (Abb. 5.19: b). Im AB-Horizont erfolgt ein diffuser Übergang vom Auflage- zum Unterboden, ohne dass sich jeweils typische Charaktereigenschaften eindeutig zuordnen lassen.

Im Bt1-Horizont nimmt das sichtbare Grobporenvolumen auf ca. 25 % ab, wobei feine, lange Risssysteme zu erkennen sind, die sich über die gesamte Dünnschlifffläche spannen (Abb. 5.19: Bt1-Horizont). Diese entstanden in ihrer extremen Ausprägung vermutlich durch Austrocknen des Probenmaterials, allerdings kann dieser Vorgang auch in natürlicher Umgebung stattfinden. Dazwischen existieren einzelne Poren mit rundlichem Charakter, die auf Aktivitäten der Bodenfauna, insbesondere von Termiten zurückgehen. In unvergrößerter Betrachtung gestaltet sich das Bodengefüge stellenweise massiv mit größeren, unvollständigen Aggregatblöcken. 40-fach aufgelöst zeigt sich, ähnlich wie im Auflagehorizont, die äußerst tonreiche Bodenmatrix mit ihren opaken, grobkörnigen Einsprenglingen. Extrem kohärente Bereiche heben sich von weniger dichten, mit rissigen Poren durchzogenen Regionen ab (Abb. 5.19: c, d). In letzterem Ausschnitt setzt sich im Bildzentrum ein verfüllter Hohlraum farblich ab, der unter 400-facher Vergrößerung deutlich als sekundäre Eisenkonkretion zu erkennen ist (Abb. 5.19: f). An der Porenwand verdichtet, in den umliegenden kleineren Porenräumen weniger weit fortgeschritten, ist eine hellere, schlierenartige Füllung als Ergebnis des Eisenanlagerungsprozess zu sehen. Der nur sehr geringe Anteil der Sandfraktion am Feinboden sowie der intensive Verwitterungsgrad des Bodensubstrats erschwerte die Durchführung einer Schwermineralbestimmung stark, so dass keine repräsentativen Ergebnisse zu Stande kamen.

5.3 Faxinal Saudade Santa Anita

Abb. 5.19: Auf Basalt ist der Haplic Ferralsol SSA 4 bis zum Bw2-Horizont aufgeschlossen. Die Verteilung der Korngrößenfraktionen und die Abstufung der Farbhorizontierung stellen einen sehr homogenen Profilverlauf in Folge einer Pedogenese in situ dar. Die mikromorphologische Betrachtung zeigt im Ah-Horizont eine feinkörnige Bodenmatrix mit feinen Grobporen (a) sowie residuale Mineralstrukturen (b, unter gekreuzten Nicols). Im massiveren Bt-Horizont finden sich sekundäre Eisenkonkretionen (d und f) sowie viele opake Aggregate (c) bestehend aus Mineralkörnern mit Fe- und Al-Überzügen (e). (AB- und Bw2-Horizont sind nicht dargestellt.)

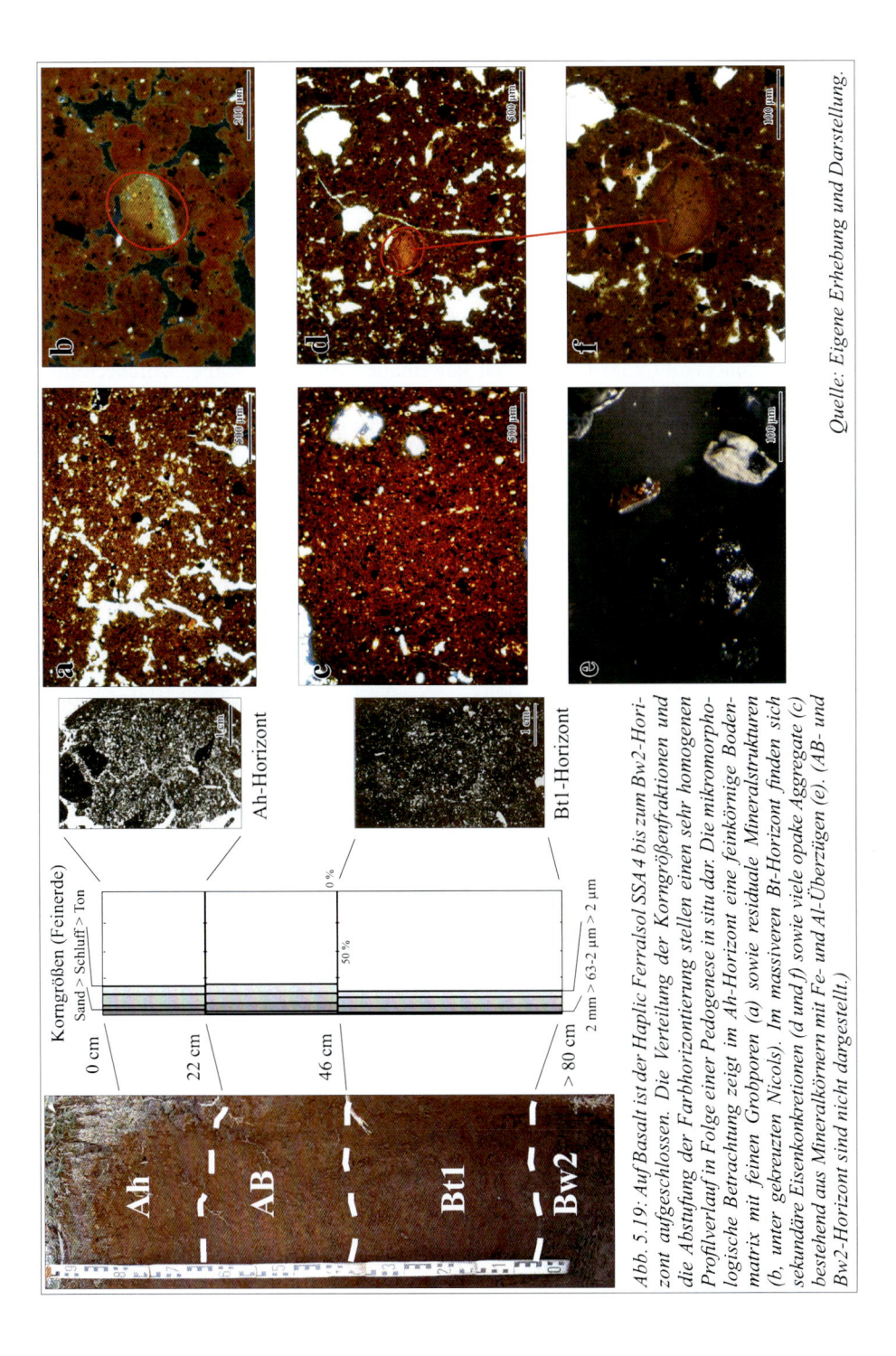

Quelle: Eigene Erhebung und Darstellung.

Die Betrachtung der Feinsandfraktion unter dem Auflichtmikroskop ermöglichte die Identifizierung der sonst opak erscheinenden Mineralkörner als rötlich-braune bis schwarze Krusten oder Minerale aus Eisen- und Aluminiumoxiden (Abb. 5.19: e).

5.3.5 Der pedogene Kohlenstoffgehalt

Die Auswertung des Gesamtkohlenstoffgehalts erbrachte Gewichtsprozentanteile von 0,4–5,7% (Annex Tab. B3). Es ist davon auszugehen, dass der im Boden festgestellte Kohlenstoff vollständig aus organischen Quellen stammt (siehe Kap. 4.4.2). Die sukzessive, für alle untersuchten Profile gültige, Abnahme des C_{tot}-Gehalts vom Auflagehorizont zum Unterboden untermauert diese Annahme. Durchschnittlich finden sich 3,2% C_{tot} im Oberboden und 1,8% in den tieferen Horizonten. Die höchste Konzentration von 5,7% C_{tot} tritt im Ah-Horizont des Haplic Gleysol SSA5 unter feuchten Standortbedingungen und dichter Vegetation auf (Abb. 5.20). Der Haplic Ferralsol SSA4 ist ebenfalls mit dichter Waldvegetation bestanden, so dass der Ah-Horizont mit 5,1% gleichermaßen einen hohen Kohlenstoffgewichtsanteil aufweist. Unter wesentlich lichterer Pflanzenbedeckung am Standort des Ferralic Nitisol SSA3 sind im Ah-Horizont lediglich 1,9% C_{tot} vorhanden, da hier weniger organisches Material anfällt.

Die absoluten Stickstoffgewichtsanteile N_{tot} liegen im Bereich von 0,03–0,42% und fallen korrelierend mit den Kohlenstoffvorkommen von den Oberbodenhorizonten mit fortschreitender Profiltiefe kontinuierlich ab (Annex Tab. B3). Innerhalb der Böden des Untersuchungsstandorts ergeben sich $C_{tot}:N_{tot}$-Verhältnisse zwischen 10,0–22,2 bei einem Durchschnitt für alle untersuchten Horizontproben von 14,8. Je nach Standort kann eine Ab- oder Zunahme des Werteverhältnis vom Auflage- zum Unterbodenhorizont auftreten. Hierfür ist das Bodenmilieu verbunden mit der Anreicherung von organischer Substanz sowie die herrschenden Feuchtigkeits- bzw. Belüftungsbedingungen ursächlich. So kann die $C_{tot}:N_{tot}$-Tiefenfunktion im Unterboden zu Gunsten des Kohlenstoffs deutlich zunehmen, wie es in den Profilen SSA4 des Haplic Ferralsol und SSA5 des Haplic Gleysol der Fall ist. (Abb. 5.20). Hingegen ist eine schnelle Abnahme der C- und N-Totalgehalte bei einer Verringerung der $C_{tot}:N_{tot}$-Ratio unter Standorten mit offenem Vegetationsbestand möglich. Ein entsprechendes Beispiel gibt das Profil des Ferralic Nitisol SSA3.

Die bei der Messung der Kohlen- und Stickstoffkonzentration ebenfalls erfassten Totalgehalte an Schwefel korrelieren in sehr engem Rahmen mit den beiden anderen Elementanteilen. Sie decken ein Wertespektrum von 0,01–0,06% ab und liegen damit nahe der Nachweisgrenze (Annex Tab. B3). Unter den gegebenen Klimabedingungen ist davon auszugehen, dass der Großteil des Schwefels als Sulfat an organische Substanz gebunden ist (SCHEFFER & SCHACHTSCHABEL 2002).

5.3.6 Die pH-Werte des Bodenmilieus

In engem Zusammenhang mit der Kohlenstoffkonzentration stehen die gemessenen pH-Werte, da in allen Auflagehorizonten die höchsten Anteile organischer Substanz und zugleich die sauersten pH-Werte festgestellt wurden. Ebenso erweisen sich die Werte in den Unterbodenhorizonten stets (geringfügig) basischer (Abb. 5.20, Annex Tab. B3). Der Durchschnittswert für die Oberböden liegt bei pH 4,2 in 0,1 n KCl-Lösung bzw. pH 4,1 in 0,01 n $CaCl_2$-Lösung und im Unterboden bei pH 4,4 sowohl in KCl- als auch in $CaCl_2$-Lösung. Generell wurde ein Wertespektrum von pH 3,8–5,2 in Kaliumchlorid- bzw. von pH 3,8–5,5 in Kalziumchlorid-Lösung gemessen.

Im Vergleich der Profile zeigen sich standörtlich bedingte Abweichungen, denn unter den dichten Vegetationsbeständen von SSA 4 und SSA 5 fallen die Werte deutlich saurer aus als unter dem lichter bedeckten Untersuchungspunkt SSA 3 (Abb. 5.20). Allerdings ist an letzterem Standort eine vorausgegangene Nutzung als Weidefläche, verbunden mit Maßnahmen zur künstlichen Aufwertung der Bodenfruchtbarkeit, nicht auszuschließen.

5.3.7 Die Kationenaustauschkapazität

Unter gegebenem pH-Wert des natürlichen Bodenmilieus dient die Bestimmung der effektiven Kationenaustauschkapazität als Maß zur Abschätzung der Bodenfruchtbarkeit, indem sie den Anteil pflanzenverfügbarer, also austauschbarer Kationen angibt. Für die Böden auf Basalt ergibt sich ein Wertebereich der KAK_{eff} von 4,0–15,9 $cmol_c\,kg^{-1}$ (Annex Tab. B3) mit einem Gesamtdurchschnittswert von 10,5 $cmol_c\,kg^{-1}$. Die KAK_{eff} variiert deutlich zwischen Ober- und Unterböden, wobei sie durchschnittlich 13,9 $cmol_c\,kg^{-1}$ in den Auflagehorizonten und 9,3 $cmol_c\,kg^{-1}$ in den tiefer liegenden Horizonten erreicht. Im Vergleich der Profilstandorte untereinander zeigen sich keine signifikanten Unterschiede in den Messergebnissen, so dass von einer homogenen Ausprägung der KAK_{eff} innerhalb der regionalen Bodengesellschaft gesprochen werden kann (Abb. 5.20).

Der Anteil austauschbarer Basen an der KAK_{eff}, insbesondere von Ca^{2+}, Mg^{2+}, Na^+ und K^+ als wichtige Bestandteile der Pflanzennährstoffe, wird in der Basensättigung ausgedrückt. Sie beträgt für die untersuchten Horizonte 0,9–39,6 % (Annex Tab. B3). Meist fallen die Elementkonzentrationen äußerst niedrig aus und liegen nahe oder unter der Nachweisgrenze. Auffallend hohe Werte werden im Profil des Ferralic Nitisols SSA 3 mit vergleichsweise geringer Entwicklungstiefe erreicht. Der erhöhte Basenvorrat könnte dem oberflächennah anstehenden Verwitterungshorizont des Basalts entstammen. Allerdings besteht an dieser Stelle auch die Möglichkeit, dass es sich um Düngerrückstände im Boden aus einer vorausgegangenen, ackerbaulichen Nutzungsphase handelt.

Konträr zur Basensättigung werden mit H^+ und Al^{3+} die sog. „sauren Basen" in der effektiven Austauschazidität erfasst. In saurem Bodenmilieu stellen diese einen Großteil der eintauschbaren Kationen im Boden dar, so auch in allen untersuchten Leitprofilen (Abb. 5.20, Annex Tab. B3). Die AA_{eff} korreliert mit dem Verlauf der KAK_{eff}-Tiefenfunktion über die Bodenhorizonte hinweg und zeichnet das allgemein gültige Muster einer Wertabnahme von den Auflage- zu den Unterbodenhorizonten nach. Das Wertespektrum beträgt 4,0–15,5 cmol$_c$ kg^{-1} und liegt im Mittel bei 10,0 cmol$_c$ kg^{-1} (Annex Tab. B3). Die Konzentrationsschwankungen im Verhältnis zur KAK$_{eff}$ im Oberboden von SSA 4 kommen aufgrund einer Zunahme der Basensättigung durch Maßnahmen zur Bodenmelioration zu Stande (Abb. 5.20). Für den Unterboden von SSA 5 ist hingegen davon auszugehen, dass die Nähe zum anstehenden, basenreicheren Grundgestein die Basensättigung ansteigen und somit die Konzentration von H$^+$ und Al^{3+} Kationen verhältnismäßig absinken lässt.

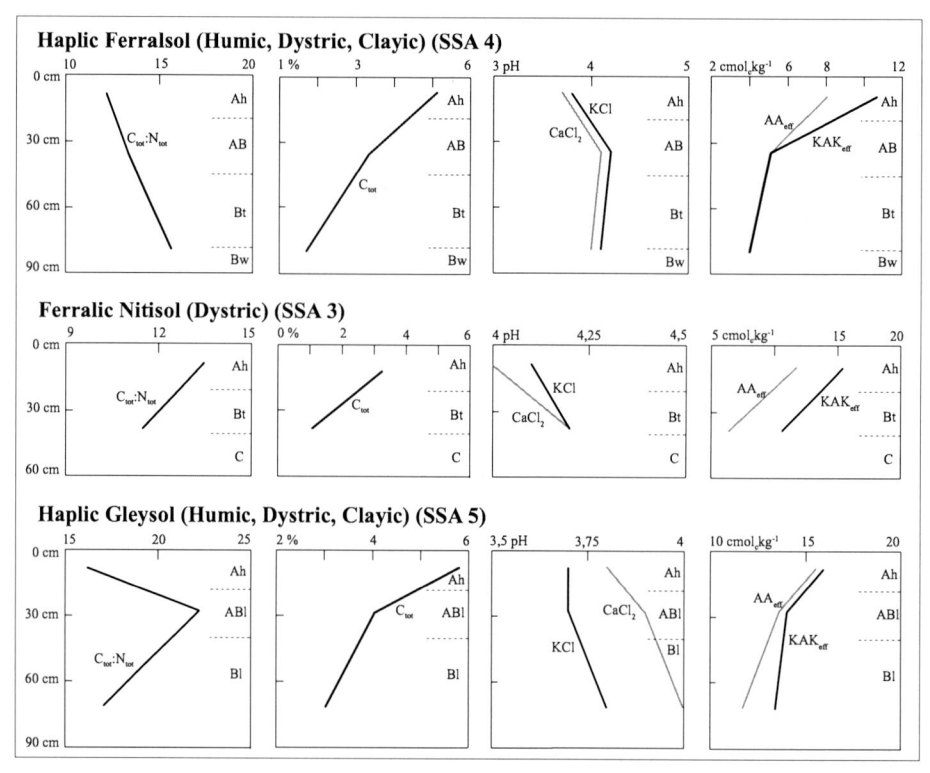

Abb. 5.20: Abfolge einer typischen Bodencatena im Untersuchungsgebiet Faxinal Saudade Santa Anita mit Tiefenfunktionen des pH-Werts, dem C$_{tot}$-Gehalt, dem C$_{tot}$:N$_{tot}$-Verhältnis sowie der AA$_{eff}$ und KAK$_{eff}$. Quelle: Eigene Messung und Darstellung.

5.3.8 Die Ionenkonzentration in wässriger Bodenlösung

Die Elementkonzentration in wässriger Lösung entspricht der Zusammensetzung des Bodenwassers und enthält somit einen Großteil der pflanzenverfügbaren Stoffe. In allen Profilen wurden nur sehr geringe Konzentrationen festgestellt, wobei das Auftreten von Höchstwerten immer an einen Auflagehorizont gebunden ist. Dies bedeutet, dass potentielle Elementkonzentrationen im Bodenwasser mit fortschreitender Profiltiefe stetig abnehmen. Der Vergleich der Profilstandorte untereinander erbringt nur geringe Konzentrationsschwankungen. Die am stärksten vertretenen Elemente sind $K^+ \leq 23,0\,mg/kg$, $NO_3^- \leq 351,2\,mg/kg$ und $SO_4^{2-} \leq 19,7\,mg/kg$. Hervorzuheben ist lediglich der hohe Nitratgehalt in den Oberböden. So erreicht der mineralische Stickstoff im Ah-Horizont des Haplic Ferralsols SSA4 351,2 mg/kg und im Ah-Horizont des Haplic Gleysol SSA5 181,0 mg/kg. Die Ursache für diesen Sachverhalt ist nicht geklärt und Hinweise auf einen Elementeintrag aus externen Quellen, wie beispielsweise eine erst kürzlich stattgefundene Rodung, konnten nicht gewonnen werden. Für weitere Analyseresultate zu den jeweiligen Horizonte siehe Annex Tab. B3.

5.3.9 Der Königswasser-Gesamtaufschluss

Die Bestimmung des säurelöslichen Metallgehalts unter Aufschluss des Bodensubstrats mittels Königswasser ergibt deutliche Vorkommen von Aluminium und Eisen. Andere, für den Pflanzenwuchs wichtige Bodenelemente konnten nicht in signifikanten Konzentrationen festgestellt werden, so dass ihr Vorkommen sich auf äußerst geringe Mengen beschränkt. Das Wertespektrum von Al^{3+} und Fe^{2+} umfasst 42,5–58,0 mg/g bzw. 26,9–157,9 mg/g, wobei die jeweiligen Konzentrationen in ihrem Verhältnis zueinander in den Bodenhorizonten eng korrelieren.

Im Vergleich zwischen den Beprobungsstandorten variieren die Totalgehalte für Aluminium nur geringfügig, für Eisen weicht die Konzentrationsmenge jedoch um das Fünffache ab (Annex Tab. B3). Ursache ist vermutlich der schwankende Eisengehalt im anstehenden Basalt. Die insgesamt hohen Eisen- und Aluminiumgehalte und die sonst durchgängig sehr niedrigen Elementkonzentrationen sind das Resultat der vorherrschenden Verwitterungsprozesse mit Hydrolyse und Oxidation unter subtropischem Klima.

5.3.10 Die Vegetationsgesellschaft des Weideareals

Insgesamt wurden zehn Untersuchungsparzellen à 150 m² im *Mata Densa*, also in Waldbereichen mit nur geringer Bewirtschaftung angelegt (Abb. 5.22). Die Wahl der Lokalitäten sowie die Parzellengröße basieren auf der Erfahrungsgrundlage des Kartierteams mit regionalem Arbeitsschwerpunkt (BITTENCOURT 2007). Auf insgesamt 0,15 ha wurden alle Pflanzenindividuen größer gleich 10 cm Stammumfang auf Brusthöhe inventarisiert. Hierbei wurden 169 Individuen gezählt, die sich auf 32 Arten, 28 Gattungen bzw. 18 Familien aufteilen. Von insgesamt 53 Taxonen konnten lediglich fünf der Gattung und elf nur der Familie zugeordnet werden. Des Weiteren erwiesen sich fünf Taxone mangels Vergleichmaterial als nicht identifizierbar. Unter der Bezeichnung „Totholz" wurden zwei Individuen erfasst, die nach ihren äußeren Anzeichen abgestorben waren.

Die Umrechnung des Stammumfangs ergibt Stammdurchmesser von 2,04–80,21 cm. Der gemittelte Durchmesser liegt bei 20,04 cm bei einer mittleren Abweichung von 15,97 cm. Aus dem Stammdurchmesser lässt sich die basale Grundfläche als Deckungsmaß für das jeweilige Pflanzenindividium ableiten. Sie beträgt 0,0003–0,505 m² bei einem Durchschnitt von 0,0315 m² mit durchschnittlichen 0,02 m² Abweichung. 2,0–25,0 m erreichen die Wuchshöhen bei einem durchschnittlichen Höhenbestand von 8,5 m und einer mittleren Abweichung von 4,8 m. Aus der basalen Grundfläche und der Höhe errechnet sich das Pflanzenvolumen, welches 0,001–10,5 m³ umfasst und dessen Durchschnittsvolumen bei 0,68 m³ mit einer Abweichung bis zu 1,29 m³ liegt. Die Zusammenführung der Aufnahmeergebnisse der zehn Parzellen ergibt eine absolute Individuendichte von 1126,67 pro Hektar sowie ein Gesamtvolumen des Vegetationsbestands von 115,62 m³. Die basale Grundfläche aller aufgenommenen Artenvertreter beläuft sich auf 8,693 m² bzw. 57,95 m² pro Hektar Vergleichsmaß. Hinsichtlich der räumlichen Verteilung der Artenvertreter auf die Gesamtheit aller Parzellen, ausgedrückt in der Summe der absoluten Frequenzen, wird im Faxinal Saudade Santa Anita ein Wert von 920% erzielt.

5.3.11 Die Artenzusammensetzung des *Mata Densa*

Als die meist verbreitete Art mit 57 Individuen erweist sich *Ilex paraguariensis* bei 90% absoluter Frequenz, gefolgt von *Campomanesia xanthocarpa* mit 80% Frequenz und 14 Vertretern (Tab. 5.3). Beide Pflanzen bilden somit die konstanten Arten der Vegetationsassoziation des *Mata Densa* und stellen 42% des gesamten Individuenbestands. Zum akzessorischen Artenbestand gehören *Ocotea porosa* mit neun Individuen sowie *Pouteria gardneriana* mit zehn Individuen und jeweils 40% Konstanz. Zusammen mit den konstanten Arten erreichen sie 53,3% aller erhobenen Individuen. Die restlichen Arten kommen mit drei oder weniger Individuen bei einer maximalen Verteilung auf drei Untersuchungsparzellen vor, weshalb ihr Auftreten als „gelegentlich" oder „zufällig" einzustufen ist. Folglich besitzt *Ilex paraguariensis* den höchsten Importanzwert (49,6%), fast gleich auf mit *Campomanesia xanthocarpa* (46,3%), vor *Ocotea porosa* (18,3%) und *Pouteria gardneriana* (17,4%) sowie vor allen anderen Arten. *Campomanesia xanthocarpa* erreicht ihren hohen Importanzwert trotz ihres wesentlich geringeren Vorkommens aufgrund der höchsten Dominanz von 16,8 m²/ha, so dass ihr Deckungswert (37,3%) nur knapp hinter *Ilex paraguariensis* (39,8%) liegt. Abgeschlagen folgen *Ocotea porosa* (14%), *Pouteria gardneriana* (13,1%) und alle restlichen Arten in abnehmender Reihenfolge ihres Importanzwerts: *Nectandra lanceolata, Nectandra megapotamica, Araucaria angustifolia, Casearia lasiophylla, Ocotea corimbosa, Matayba elaeagnoides, Casearia sylvestris, Ocotea puberula, Capsicodendron dinisii, Myrciaria tenella, Inga Vera, Sebastiania brasiliensis, Machaerium stipitatum, Coussarea*

---

*Tab. 5.3 (S. 95): Vegetationsbestand des Mata Densa im Criadouro Comum des Faxinal Saudade Santa Anita. Auflistung nach dem Importanzwert der Taxone. a. Di. = absolute Dichte, Do. = Dominanz, Fr. = Frequenz, I.V. = Importance Value (Importanzwert), C.V. = Cover Value (Deckungswert). *Der umgangssprachliche Name ist für einige Arten regional verschieden oder bezieht sich nur auf die Gattung. Quelle: Gemeinsame Erhebung mit* BITTENCOURT *2007, eigene Darstellung.*

5.3 Faxinal Saudade Santa Anita

Art	gemeiner Name	Individuen	a. Di. n/ha	a. Do. m²/ha	a. Fr. %	I.V.	C.V.
Ilex paraguariensis St. Hil.	Erva mate	57	380,0	3,5104	90,0	49,57	39,78
Campomanesia xanthocarpa O. Berg	Guabiroba	14	93,3	16,8371	80,0	46,03	37,34
Nicht identifiziertes Artenvorkommen 3		11	73,3	3,8065	60,0	19,60	13,08
Ocotea porosa (Nees) Barroso	Imbuia	9	60,0	4,9986	40,0	18,30	13,95
Pouteria gardneriana (DC.) Radlk.	Mata olho	10	66,7	4,1456	40,0	17,42	13,07
Nectandra lanceolata Nees et Mart. & Nees	Canela amarela	4	26,7	2,4011	30,0	9,77	6,51
Nectandra megapotamica Mez	Canela preta	3	20,0	2,3253	30,0	9,05	5,79
Araucaria angustifolia O. Kuntze	Pinheiro do Paraná	4	26,7	1,5602	20,0	7,23	5,06
Acacia sp	Nhapindá	4	26,7	0,0206	30,0	5,66	2,40
Lauraceae 1		1	6,7	2,1648	10,0	5,41	4,33
Nicht identifiziertes Artenvorkommen 5		3	20,0	1,3795	10,0	5,24	4,16
Casearia lasiophylla Eichler	Guaçatunga (graúda) / Canjica*	3	20,0	0,0151	30,0	5,06	1,80
Nicht identifiziertes Artenvorkommen 1		2	13,3	0,8411	20,0	4,81	2,63
Lauraceae 7		1	6,7	1,3411	10,0	3,99	2,91
Ocotea corimbosa (Meisn.) Mez		1	6,7	1,3242	10,0	3,96	2,88
Totholz		2	13,3	0,3237	20,0	3,92	1,74
Nicht identifiziertes Artenvorkommen 4		1	6,7	1,2913	10,0	3,91	2,82
Matayba elaeagnoides Radlk.	Camboatá branco / Miguel pintado*	2	13,3	0,1822	20,0	3,67	1,50
Casearia sylvestris Sw.	Café de bugre	2	13,3	0,1095	20,0	3,55	1,37
Lauraceae 2		1	6,7	0,8559	10,0	3,16	2,07
Ocotea puberula (Rich.) Nees	Canela guiacá / sebo*	1	6,7	0,8559	10,0	3,16	2,07
Lauraceae 4		1	6,7	0,7895	10,0	3,04	1,95
Capsicodendron dinisii (Schwb.) Occh.	Pimenteira	1	6,7	0,7769	10,0	3,02	1,93
Lauraceae 6		1	6,7	0,7513	10,0	2,98	1,89
Lauraceae 3	Canela	1	6,7	0,6655	10,0	2,83	1,74
Myrciaria tenella (DC.) Berg	Camboizinho	1	6,7	0,4788	10,0	2,50	1,42
Inga vera Willd.	Inga (banana) / Ingá beira do rio*	1	6,7	0,4108	10,0	2,39	1,30
Ficus sp	Figueira	1	6,7	0,3922	10,0	2,36	1,27
Sebastiania brasiliensis Spr.	Branquilho Leiteiro / Tajuvinha*	2	13,3	0,0463	10,0	2,35	1,26
Machaerium stipitatum (DC.) Vogel	Canela de brejo / Sapuva*	1	6,7	0,3567	10,0	2,29	1,21
Coussarea contracta (Walp.) Muell.	Pimenteira / Jasmim do mato*	1	6,7	0,3064	10,0	2,21	1,21
Nicht identifiziertes Artenvorkommen 2		1	6,7	0,2983	10,0	2,19	1,11
Sapindaceae 1		1	6,7	0,2983	10,0	2,19	1,11
Myrcia sp	Guamirim*	1	6,7	0,2751	10,0	2,15	1,07
Strychnos brasiliensis (Spreng.) Mart.	Anzol de lontra	1	6,7	0,2599	10,0	2,13	1,04
Myrtaceae 2		1	6,7	0,2311	10,0	2,08	0,99
Ocotea odorifera (Vell.) Rohwer	Canela sassafrás	1	6,7	0,2241	10,0	2,07	0,98
Myrcia hatschbachii D. Legr.	Caingá	1	6,7	0,2105	10,0	2,04	0,95
Myrtaceae 1		1	6,7	0,1975	10,0	2,02	0,93
Eugenia leitonii Legr.	Araçá vermelha	1	6,7	0,1784	10,0	1,99	0,90
Cupania vernalis Camb.	Cuvantã / Camboatá vermelho*	1	6,7	0,1172	10,0	1,88	0,79
Lauraceae 5	Canela	1	6,7	0,0767	10,0	1,81	0,72
Allophylus edulis (A. St.-Hil.) Radlk.	Fruta de pombo / Vacum*	1	6,7	0,0767	10,0	1,81	0,72
Plinia sp	Jabuticaba	1	6,7	0,0679	10,0	1,80	0,71
Annonaceae 1	Ariticum	1	6,7	0,0650	10,0	1,79	0,70
Ocotea indecora (Schott) Mez	Canela cheirosa	1	6,7	0,0650	10,0	1,79	0,70
Dalbergia frutescens (Vell.) Britton	Rabo de bugio	1	6,7	0,0172	10,0	1,71	0,62
Actinostemon concolor (Spr.) Muell. Arg.	Laranjeira do mato	1	6,7	0,0092	10,0	1,69	0,61
Casearia obliqua Spr.	Guaçatunga preta / Cambroé*	1	6,7	0,0076	10,0	1,69	0,60
Cabralea canjerana (Vell.) Mart.	Canjerana	1	6,7	0,0053	10,0	1,69	0,60
Vernonia discolor (Spr.) Less.	Vassourão preto / Cuvitinga*	1	6,7	0,0053	10,0	1,69	0,60
Miconia sellowiana Naud.	Pixirica*	1	6,7	0,0022	10,0	1,69	0,60
Piptocarpha angustifolia Dusén	Vassourão branco	1	6,7	0,0022	10,0	1,69	0,60
Total		169	1127,8	57,9548	920,0	300	200

contracta, Strychnos brasiliensis, Ocotea odorifera, Myrcia hatschbachii, Eugenia leitonii, Cupania vernalis, Allophylus edulis, Ocotea indecora, Dalbergia frutescens, Actinostemon concolor, Casearia obliqua, Cabralea canjerana, Vernonia discolor, Miconia sellowiana und *Piptocarpha angustifolia*. Zu beachten bleiben fünf Taxone, die nicht näher bestimmt werden konnten, insbesondere das nicht identifizierte Artenvorkommen 3 mit elf Pflanzenvertretern und drittgrößtem Importanz- sowie viertgrößtem Deckungswert (Tab. 5.3).

5.3.12 Der Familienbestand des *Mata Densa*

Die Familie der Aquifoliaceae erreicht mit 57 *Ilex paraguariensis* Vertretern die höchste relative Dichte von 33,73 % (Abb. 5.21). Sie wird jedoch von Lauraceae (27 Individuen und 14 Spezies) und Myrtaceae (21 Einzelexemplare und acht Arten) bezüglich der relativen Dominanz sowie der relativen Frequenz übertroffen. Die Aquifoliaceae haben im Vergleich wesentlich dünnere Stammdurchmesser und ihr Bestand setzt sich aus nur einer Art zusammen. Entsprechend beträgt der Importanzwert für Lauraceae 71,3 % und für Myrtaceae 60,6 %, dann erst folgen Aquifoliaceae mit 49,6 %. Zusammen ergeben diese drei Hauptcharakterfamilien 181,5 % des Importanzwerts (maximal 300 %) bzw. 62,1 % aller erfassten Individuen. Auch hinsichtlich des Deckungswerts behält diese Reihenfolge ihre Gültigkeit. Lauraceae (48,5 %), Myrtaceae (44,3 %) und Aquifoliaceae (39,8 %) erreichen hierbei in ihrer Summe 132,6 % von möglichen 200 %.

Daneben treten als untergeordnete Familien in absteigender Reihenfolge ihrer Importanzwerte Sapotaceae, Flacourtiaceae, Sapindaceae, Mimosaceae, Araucariaceae, Euphorbiaceae, Fabaceae, Asteraceae, Canellaceae, Moraceae, Rubiaceae, Loganiaceae, Annonaceae, Melastomataceae und Meliaceae auf (Annex Tab. A3). Den nicht unerheblichen Bestand an nicht identifizierten Artenvertretern mit 35,7 % Importanzwert bzw. 23,8 % Deckungswert gilt es bei der sich anschließenden Ergebnisinterpretation zu beachten.

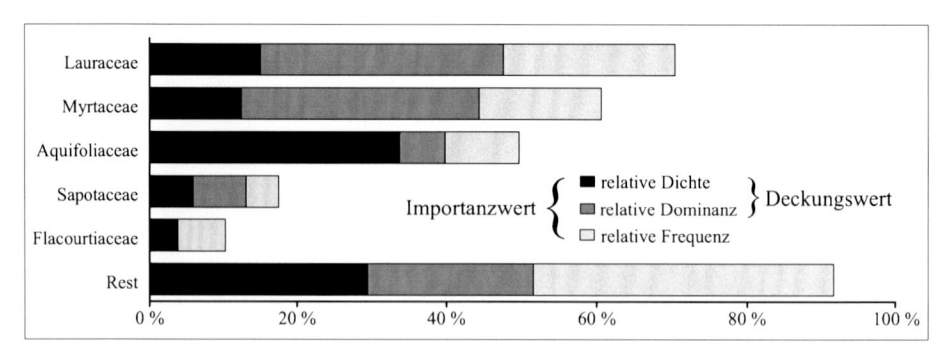

Abb. 5.21: Relativer Vergleich der Dichte, Dominanz und Deckung bzw. Importanz- und Deckungswert der fünf vorherrschenden Pflanzenfamilien des Faxinal Saudade Santa Anita. Quelle: Gemeinsame Erhebungen mit BITTENCOURT *2007, eigene Darstellung.*

5.3.13　Die Landnutzung im inneren Faxinal

Bis in die 1950er Jahre reichte die gemeinschaftlich genutzte Waldweidefläche des Faxinal in östliche Richtung an die Siedlung Turvo heran, zudem dehnte sie sich im Vergleich zu heute weiter nach Norden und Süden aus. Insgesamt umfasste es zur damaligen Zeit schätzungsweise 110 km^2 und wies eine Grenzlinie von über 50 km auf (nach mündlichen Berichten der Bewohner in SCHUSTER 2007). Es besaß keine eigenen Grenzbefestigungen, nur Wasserläufe und Zäune der umliegenden Latifundien gaben den Gemarkungsverlauf vor. Nach dem stückweisen Zerfall über die Jahre hinweg betrug die Größe des *Criadouro Comum* im Jahr 2006 noch 751,8 ha bei einer Grenzlänge von 15,7 km. Ein Großteil der Gemarkung ist von Stacheldrahtzäunen eingefasst, nur im Bereich der südlichen Grenzlinie existieren noch traditionelle Holzzäune aus Baumfarnstämmen der Spezie *Dicksonia sellowiana*.

Eine regionale Verkehrsstraße, auf der eine Buslinie nach Turvo verkehrt, verläuft entlang der Westseite des Faxinal. Das *Criadouro Comum* ist durch Tore zugänglich, die bei der Ein- und Ausfahrt geöffnet und wieder geschlossen werden müssen. Einzig der Hauptweg zum Siedlungskern der Gemeinde Santa Anita ist mit einem *Mata Burro*, ein Viehgitter, versehen und erlaubt eine schnelle unkomplizierte Passage mit einem Fahrzeug. In der Gesamterhebung zu den Faxinais in Paraná von MARQUES (2004) wurde die ökologische Situation des Faxinal als „gut" bis „zufriedenstellend" angegeben. Laut der vorherrschenden Ansicht der Bewohner haben sich die natürlichen Lebensbedingungen aber seit den 1990er Jahren erheblich verschlechtert (SCHUSTER 2007). Die *Faxinalenses* beschreiben weite Teile des *Criadouro Comum* als *Capoeira*, was einer Buschlandschaft mit Sekundärvegetation gleich kommt, in der insbesondere ausgewachsene, reife Gehölzpflanzen fehlen. Zudem hat ihrer Meinung nach die Wasserverfügbarkeit sowie die Wasserqualität abgenommen, seitdem die nah gelegene Quellregion des Rio Facão gerodet und ackerbaulich genutzt wird.

Aufgrund fehlender Grenzmarkierungen, neuer Grundstücksaufteilungen sowie unterschiedlicher Auffassungen über das Ausmaß der alten Gemeinschaftsweide beschränkt sich der Landnutzungsvergleich auf das Gebiet des aktuellen *Criadouro Comum* (Abb. 5.22). Durch die Klassifikation der Landschaftseinheiten konnte die Nutzungssituation der Jahre 1980 und 2006 miteinander verglichen werden. Wie auch an den beiden anderen Untersuchungsstandorten wurden die lokalen Landschaftsbezeichnungen übernommen. *Mata Densa* sind geschlossene Waldgebiete, die in ihrer Ausprägung dem natürlichen Vegetationscharakter am nächsten kommen. Typische Pflanzenvertreter im Faxinal sind Imbuia (*Ocotea porosa*), Canela (*Nectandra sp*), Pinheiro (*Araucaria angustifolia*), Guabiroba (*Campomanesia xanthocarpa*), Cedro (*Cedro fissilis*) und Erva Mate (*Ilex paraguariensis*). Unter *Mata Limpa* sind offene Waldgebiete aufzufassen, die starken Eingriffen durch Bewirtschaftung unterliegen. Hierbei ist insbesondere die Kultivierung von Matesträuchern gemeint, während sich diese Vegetationsassoziation neben *Ilex paraguariensis* v. a. durch Vorkommen von *Ocotea porosa*, *Nectandra sp* und *Campomanesia xanthocarpa* hervorhebt. Als *Campo* wurden Grasflächen ohne Baumbestand klassifiziert, die auf Rodungstätigkeiten zur Bereitstellung von Siedlungsbereichen oder Grasweiden zurückzuführen sind. Unter *Terra Cultivável* sind reine Acker- und Anbauflächen mit einheitlichem, räumlich gleichmäßig angeordnetem Artenbestand erfasst.

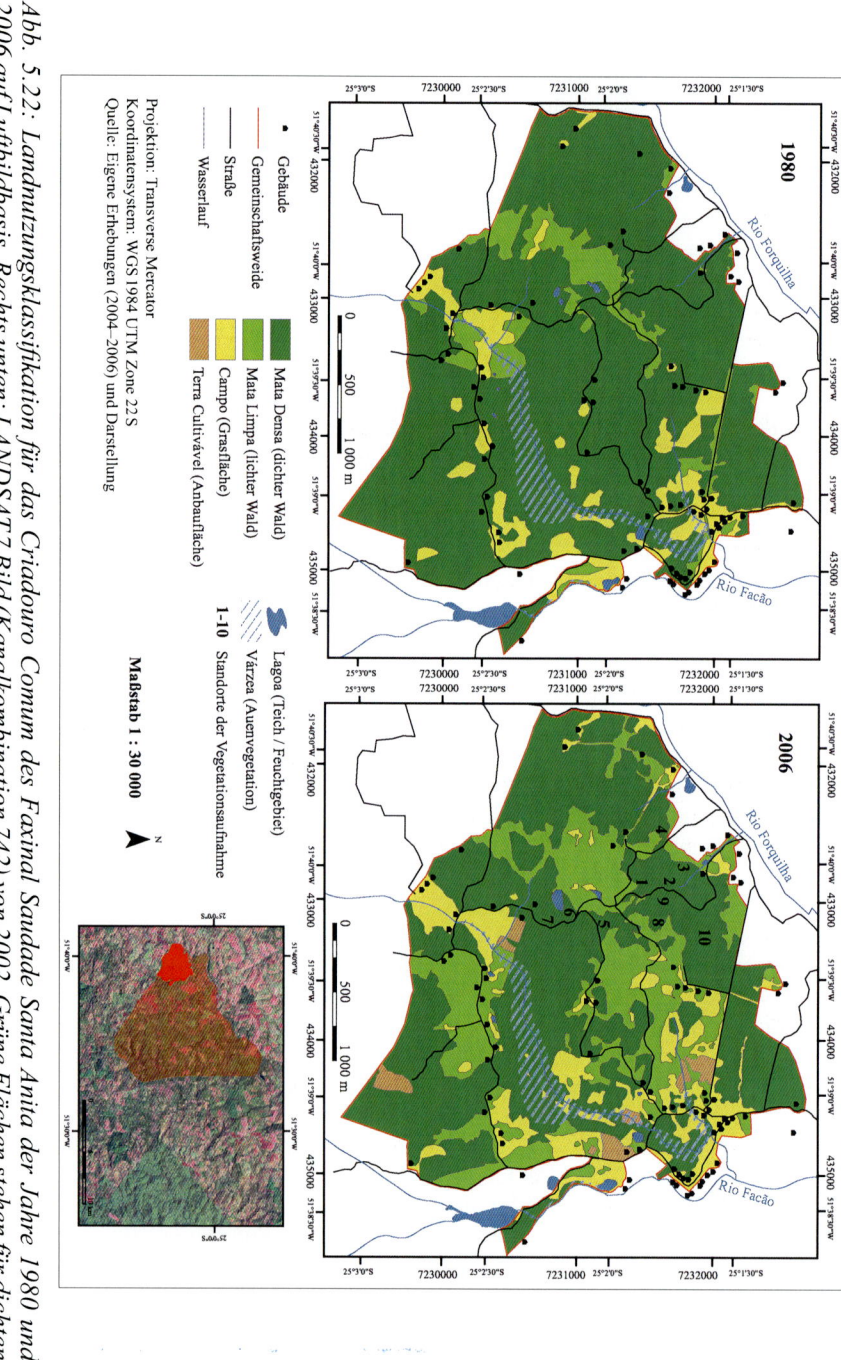

Abb. 5.22: Landnutzungsklassifikation für das Criadouro Comum des Faxinal Saudade Santa Anita der Jahre 1980 und 2006 auf Luftbildbasis. Rechts unten: LANDSAT 7 Bild (Kanalkombination 742) von 2002. Grüne Flächen stehen für dichten Vegetationsbestand, violette für vegetationsfreie Areale/Ackerflächen; kräftiges Rot: aktuelle Ausdehnung der Gemeinschaftsweidefläche, schwaches Rot: Ausdehnung vor 1950.

Quelle: Eigene Erhebungen (2004-2006) und Darstellung

In der Luftbildauswertung für das Jahr 1980 konnte innerhalb des *Criadouro Comum* kein entsprechendes Areal identifiziert werden. Schließlich bestätigen Angaben der Bewohner, dass es sich um eine jüngere Landnutzung handelt, die um das Jahre 2000 erstmalig auftrat. Die Bezeichnung *Lagoa* bezieht sich auf Feuchtgebiete oder stehende Gewässer, die im Faxinal Saudade Santa Anita häufig künstlich geschaffen oder erweitertet wurden. Sie dienen einerseits als Viehtränke und Suhlplatz für die Schweine, andererseits wurden in den letzten Jahren Teiche zur Fischaufzucht angelegt. Die charakteristische *Várzea* Auenvegetation in den Einflussbereichen der Wasserläufe ist anhand der dominierenden Artenvorkommen der Myrtaceae und Lauraceae im Gelände zu erkennen.

Die Auswertung der Landnutzung ergab für das Jahr 1980, dass 612,8 ha von *Mata Densa* eingenommen wurden, 74,8 ha den *Campo* Flächen entsprachen, 63,9 ha von offenen Wäldern bedeckt wurden und 2,2 ha Feuchtgebiete bzw. Wasserflächen existierten (Abb. 5.22). Der Auenvegetationsanteil am *Criadouro Comum* betrug 40,9 ha und erstreckte sich fast ausschließlich auf die Klasse der dichten Wälder. Für das Jahr 2006 wurden 449,3 ha *Mata Densa* ermittelt, *Mata Limpa* nahm als zweitgrößte Klasse 183,2 ha ein, gefolgt von 102,3 ha Grasfläche. Als neue Klasse treten die landwirtschaftlichen Anbauflächen, *Terra Cultivável*, mit 15 ha Flächenanteil innerhalb der Gemeinschaftsweide in Erscheinung. Die Feuchtgebiete bzw. Wasserflächen ergeben 3 ha, während die *Várzea* Vegetation unverändert 40,9 ha bedeckt.

Im Vergleich der Flächennutzungssituation des Jahres 1980 zu 2006 haben also folgende Veränderungen stattgefunden: Die *Mata Densa* Bestände nahmen 21,8 % ab und im Gegenzug wuchsen die offenen Waldbereiche um 15,9 % an. Ebenso dehnten sich die Grasflächen um 3,8 % aus, zusätzlich entstanden auf 2 % der Waldweide agrarwirtschaftliche Anbauflächen. Die als *Lagoa* klassifizierten Bereiche legten geringfügig um 0,8 % zu. Die *Várzeas* veränderten sich in ihrer räumlichen Erstreckung nicht, jedoch grenzen sie heute teils direkt an die neu geschaffenen Anbauflächen (Abb. 5.22). Im Rahmen dieser deutlichen Veränderung der Landnutzung sei ergänzend darauf hingewiesen, dass das *Criadouro Comum* in den letzten 60 Jahren schätzungsweise 70 % seiner ursprünglichen Flächenausdehnung einbüßte.

Betrachtet man das räumliche Wandlungsmuster der Nutzungsklassen, wird das Ausdehnungsmuster der 1980 bereits bestehenden Grasflächen und offenen Waldbereiche deutlich. Straßen und Wege sowie die Siedlungsbereiche sind als Ausgangspunkte dieser Vegetationsdegradation auszumachen und nur selten entstanden Freiflächen abseits jeglicher Infrastruktur. Folglich finden sich die dichten Wald-areale heute in genau diesen weniger erschlossen Bereichen des *Criadouro Comum*. Der geringe Flächenzuwachs der *Lagoa* Klasse ergibt sich aus der Vergrößerung einiger Formen, da zwischenzeitlich keine neuen Wasserflächen oder Feuchtgebiete entstanden. Die räumliche Lage der Anbauflächen innerhalb des Gemeinschafts-weidegebiets richtet sich hauptsächlich nach den individuellen Besitzverhältnissen und ist nur sekundär auf ökologisch günstige Voraussetzungen zurückzuführen.

5.3.14 Die gesellschaftlichen Hintergründe der Landnutzung

Im Jahre 2006 partizipierten 95 Familien am Faxinal-System, von denen 85 Familien Anteile am Weidegrund besitzen, während den zehn restlichen Familien lediglich die Nutzung der Weidefläche gestattet ist. Im Gegenzug arbeiten letztere für einige Grundeigentümer als Erntehelfer bei der Matelese oder auf den Feldern. Seit 1995 haben 30–40 Familien das Faxinal verlassen, die meisten von ihnen besaßen kein Grundeigentum und pachteten Land für den Ackerbau (MARQUES 2004). Das Faxinal Saudade Santa Anita weist einen vergleichsweisen hohen Organisationsgrad auf. U. a. entstand in der Gemeinschaft der Faxinalense eine genossenschaftliche Gruppe zur Vermarktung ökologischer Landbauprodukte (GAESSA). Darüber hinaus existieren mehrere Gemeinschaftseinrichtungen für die Weiterverarbeitung der lokalen landwirtschaftlichen Erzeugnisse. Es gibt Gewächshäuser zur Anzucht von Pflanzenablegern und Gemüse sowie ein Küchenzentrum mit Bäckerei. Dieses gehört der ASA, einer weiteren genossenschaftlichen Vereinigung, in der auch Mitglieder von außerhalb des Faxinal beteiligt sind. Mit mehreren künstlich angelegten Teichen wurde in den vergangenen Jahren der Aufbau einer Fischzucht versucht, bisher aber ohne ökonomische Erfolge. Das gesamte *Criadouro Comum* ist Teil der Gemeinde Santa Anita, deren Infrastrukturkern sich zum Großteil auf dem Weideterritorium befindet. Dazu gehören mehrere Kioske, ein kleiner Supermarkt, eine Grundschule, ein Gesundheitsposten, eine evangelische sowie eine katholische Kirche und sogar zwei Fußballplätze. Zudem stehen der Gemeinde zwei öffentliche Telefone zur Verfügung und sie ist mit einer Haltestelle im lokalen Busverkehr an die Region Turvo angeschlossen.

Die Gründungsgeschichte des Faxinal ist schriftlich dokumentiert (SOUZA 2001, SCHUSTER 2007): Zwischen 1850 und 1920 wurde die Region um Guarapuava in der Mehrzahl von polnischen und deutschen Migranten kolonisiert. Von 1920–1950 bestand eine in ihrer Ausdehnung wesentlich größere Waldweide, Faxinal Forquilha genannt, mit einer landwirtschaftlichen Großproduktion von Schweinefleisch und Matetee, die überregionale Absatzmärkte bediente. Ab 1950 begann die Auflösungsphase des großen Faxinal, verursacht und begleitet durch das Auftreten des „großen Waldbrandes" von 1965 und dem Ausbruch der Schweinepest 1972. Durch diese historischen Ereignisse kam es zum rapiden Preisverfall der regionalen Ländereien. Insbesondere Großgrundbesitzer aus dem Süden Brasiliens kauften weite Landstriche auf und führten gleichzeitig moderne Agrartechniken sowie das System der permanenten Grasweidewirtschaft ein. Insbesondere in letzterem sehen viele Faxinalense die Ursache für die heutige Konfliktsituation bezüglich der weiteren Existenz des traditionellen Faxinal-Systems.

Die Mehrzahl der am Faxinal-System partizipierenden Landwirte betreibt heute konventionellen Ackerbau unter Einsatz von Düngemitteln und Pestiziden. Der Anbau von Feldfrüchten erfolgt auf 90 % der Flächen in mechanisierter Form (MARQUES 2004). Die Besitzer größerer Ackerflächen bauen meist Soja an, welches von regionalen Zwischenhändlern aufgekauft und weiter gehandelt wird. Für Faxinalense mit wenigen Hektar Ackerland, aber Anteilen am *Criadouro Comum*, stellt die Mateproduktion die Haupteinkommensquelle dar. Im Jahresdurchschnitt werden rund 300 t

Matetee erzeugt, wobei 95% der Blätter *Ilex paraguariensis* natürlichen Ursprungs und 5% gepflanzten Zuchtsorten entstammt (MARQUES 2004). Zusätzlich werden aus dem Gemeinschaftsweidegebiet Bauholz, Feuerholz und Holzkohle bezogen. Einzelne Grundeigentümer grenzen ihren Anteil am *Criadouro Comum* mit weitständigen Drahtzäunen ab, so dass die Bewegungsfreiheit des Großviehs eingeschränkt wird. Häufig geschieht dieser Eingriff in die Beweidung zum Schutz des eigenen Grundstückanteils vor einer übermäßigen Vegetationsdegradation. Gleichzeitig erhöht sich jedoch der Weidedruck auf die verbleibenden Flächen und Konflikte um Nutzung und Aufteilung des Waldweideareals entstehen.

Des Weiteren werden in jüngerer Zeit vermehrt Ackerflächen und Aufforstungsparzellen mit *Pinus sp.* inmitten der Gemeinschaftsweide eingerichtet, die vor Beschädigungen durch Tierverbiss geschützt werden müssen. Da laut aktueller Rechtsprechung der Tiereigentümer für Schäden haftet, die sein Tier verursacht, sind die Faxinal-Mitglieder gezwungen die neu entstandenen Flächen zu sichern. Die besondere Tierhaltungssituation im Faxinal bleibt also unberücksichtigt, was die Gemeinschaft immer wieder vor organisatorische und finanzielle Probleme stellt. Entsprechend unsicher ist die weitere Existenz des *Criadouro Comum*, obwohl gegenwärtig eine Beantragung des Status als ARESUR von der Mehrheit der Bewohner befürwortet wird. Diesbezüglich ergeben sich zusätzliche Unwägbarkeiten durch das Fehlen von individuellen Nachweisen und objektiven Grenzlinien für das jeweilige Grundeigentum am Gemeinschaftswesen, welches sich in seiner Zuordnung durch seit Generationen praktizierte Realteilung als unübersichtlich gestaltet.

6 Vergleichende Diskussion

Im Rahmen der abschließenden Diskussion werden die Untersuchungsresultate der jeweiligen Faxinal-Standorte zusammengefasst aufbereitet und miteinander verglichen. Darüber hinaus werden diese mit dem aktuellen Kenntnisstand zum Naturraum des Faxinal-Nutzungssystems in Beziehung gesetzt. Ziel ist es, die anfangs aufgestellten Fragen nach den pedologischen Standortbedingungen, der Pflanzengesellschaft sowie der Nutzungsdynamik im Faxinal-System zu beantworten und das sich ergebende Situationsabbild bezüglich einer künftigen, ökologisch nachhaltigen Entwicklung zu bewerten.

6.1 Die Böden der Faxinais

Nach Auswertung der pedologischen Untersuchungsergebnisse lassen sich die Standorteigenschaften der Böden auf metamorphen Gesteinen, Schluffstein und Basalt miteinander vergleichen. In allen drei Untersuchungsgebieten ergeben sich Bodengesellschaften aus einem Mosaik unterschiedlicher Bodentypen. Die azonalen Bodentypen der Fluvisols und Gleysols sowie ihre Zwischenformen sind an jedem Faxinal-Standort vertreten. Sie nehmen für gewöhnlich tiefe Relieflagen in Gewässernähe ein. Die im jeweiligen *Criadouro Comum* großflächig anzutreffenden Hauptbodentypen unterscheiden sich jedoch im Vergleich der untersuchten Faxinais. Demzufolge kann bereits an dieser Stelle vorweggenommen werden, dass die anstehenden Gesteine einen bedeutenden Einfluss auf die Bodeneigenschaften vor Ort haben. Zur vergleichenden Übersicht ist im Weiteren auf die Gegenüberstellung von drei schematischen Catenen aus den jeweiligen Arbeitsgebieten mit ihren repräsentativen Bodenprofilen und wichtigsten Parametern hinzuweisen (Abb. 6.1, Tab. 6.1–3).

6.1.1 Die Bodentypen

Im Bereich des Faxinal Sete Saltos de Baixo kommen Acrisols auf silikatreichem Grundgestein migmatitischer Überprägung vor, die sich durch vergleichsweise „arme" Standorteigenschaften auszeichnen. Den analysierten Bodenprofilen fehlt meist ein für ihre Klassifikation bedeutender, ausgeprägter Iluvial- und Eluvialhorizont. Die hohe geomorphologische Dynamik in der Vergangenheit führte zu verstärktem allochthonen Eintrag, der eine deutliche Horizontausdifferenzierung verhinderte. In den Profilen zeigt sich die Dynamik anhand bis zu zwei Meter mächtigen, mehrschichtigen B-Horizonten sowie an vereinzelten Stellen durch fossile Bodenhorizonte.

Auf dem zweiten paranaensischen Hochland treten im Gebiet des Faxinal Anta Gorda (Paraná) über schluffreichen Sedimentiten Nitisols sowie Cambisols auf. Die im Allgemeinen flachgründig entwickelten Bodenprofile (< 100 cm) sind stellenweise als Leptosols anzusprechen. In den Böden dominieren die nitic Eigenschaften. Die Standortbedingungen für den Pflanzenbestand fallen geringfügig günstiger aus als am Standort Sete Saltos de Baixo, obwohl sie sich ebenfalls als sehr nährstoffarm erweisen.

Das Faxinal Saudade Santa Anita, auf den Basalten des dritten Planaltos, umfasst die Hauptbodentypen der Nitisols und Ferralsols. Diese Böden zeichnen sich durch enorm hohe Tonfraktionsanteile und mächtigere Profile als am Standort Anta Gorda (Paraná) aus. Zudem ergeben sich hier die höchsten Messwerte bezüglich der effektiven Kationenaustauschkapazität, so dass dieser Untersuchungsort die günstigsten Voraussetzungen für die Entwicklung einer Vegetationsgesellschaft mitbringt.

Trotz der festgestellten Unterschiede sind anhand der ergänzenden Klassifikation durch die Präfixe der Soil Reference Groups Gemeinsamkeiten in der pedologischen Entwicklung zu attestieren (WRB 2006). Die Attribute erster Ordnung deuten sowohl auf einen fließenden Übergang zwischen den Hauptbodentypen innerhalb der lokalen Bodengesellschaften als auch auf Ähnlichkeiten im regionalräumlichen Vergleich der Untersuchungsgebiete hin. Am eindeutigsten gestaltete sich die Bestimmung von semiterrestrischen Böden im Talgrund mit ihren fluvic und gleyic Eigenschaften. So dominieren aufgrund des Grundwassereinfluss die reduktiven Merkmalsausprägungen in den Unterbodenhorizonten. Es lassen sich auch Übergangstypen zu Auenböden mit geschichteter Horizonttextur finden. Diese Böden weisen einen an die höhere Bodenfeuchtigkeit angepassten Vegetationsbestand auf und fallen durch ihre abweichende Nutzung in der Landschaft auf. Zudem unterliegen die feuchten Standorte einer starken Beeinflussung durch die frei lebenden Tiere. Insbesondere die freilebenden Schweine bevorzugen die sehr feuchten bis nassen Bodenbedingungen als Suhl- und Ruheplätze, wobei sie den Auflagehorizont durchwühlen und umlagern. Die weiteren Bodenattribute nitic, acric und ferralic der Hauptbodengruppen ergeben sich aus der Auswertung von Feldansprache und Laboranalysen. Sie werden im Weiteren anhand der einzelnen Untersuchungsparameter mit ihren Konsequenzen für das Faxinal-Nutzungssystem diskutiert.

6.1.2 Das Korngrößenspektrum

Der Standort Sete Saltos de Baixo beinhaltet ein vergleichsweise durchmischtes Korngrößenspektrum, in dem die Bodenarten von Ton bis sandigem Lehm auftreten. Die jeweiligen Fraktionsanteile von Ton, Schluff und Sand erreichen deutliche Unterschiede zwischen den Profilstandorten, allerdings kann auch die Zusammensetzung der Anteile innerhalb der Horizonte eines Bodenprofils beträchtlich variieren. Die Unterschiede in der Verteilung der Korngrößenanteile zwischen granitischem Gneis und Quarzit erscheinen als insignifikant, wichtiger ist die Lage des Profils im lokalen Relief. Die Böden in Kuppenlage und am Oberhang besitzen eine geringere Mächtigkeit, während die untersuchten Bodenprofile in den unteren Hanglagen mit mehreren B-Horizonten, stellenweise sogar mit fossilen A-Horizonten, wesentlich mächtiger entwickelt sind. Die Schwankungen in der Zusammensetzung der Unterbodenhorizonte, die sich durch Veränderungen in den Sandfraktionsanteilen und U:T-Verhältnissen ausdrücken, lassen auf allochthonen Materialeintrag aus höheren Hangbereichen schließen. Hierbei muss es sich um das Resultat einer vergangenen, aktiveren geomorphologischen Prozessdynamik handeln, da in allen Reliefpositionen gut entwickelte Auflagehorizonte anzutreffen sind (siehe Kap. 6.1.8).

6.1 Die Böden der Faxinais

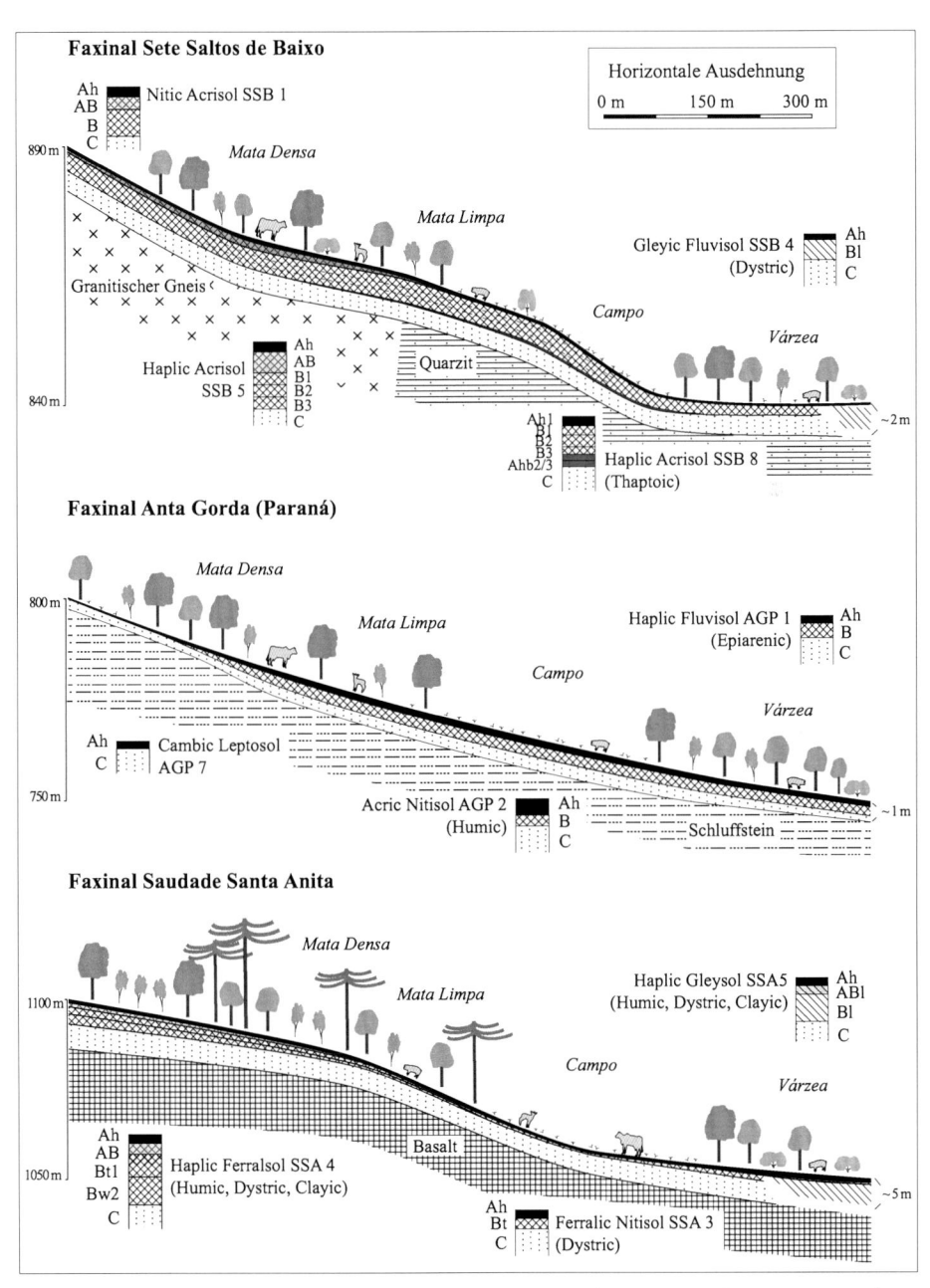

Abb. 6.1: Schematische Toposequenzen mit Hauptbodentypen und Vegetations- bzw. Landnutzungsklassen. Mata Densa = dichter Wald, Mata Limpa = lichter Wald, Campo = Grasfläche und Várzea = Auenbereich; für Horizontmächtigkeiten der Leitprofile siehe Annex B. Quelle: Eigene Erhebung und Darstellung.

In diesen Ah-Horizonten liegt das Schluff-Ton-Verhältnis auf einem niedrigeren Niveau und weißt somit auf eine ungestörte In-situ-Bodenbildung hin. Insbesondere an Profilstandorten unter dichter Vegetation werden die höchsten Tonfraktionsanteile im Oberboden mit nitic Eigenschaften erreicht. Hingegen sind die Böden unter offenerem Vegetationsbestand aufgrund ihrer geringeren Tonfraktionsanteile und ihrem größeren U:T-Verhältnis mit acric Eigenschaften zu beschreiben. Das heißt, auch rezent ist aufgrund der hohen Reliefenergie in der Region durchaus ein erhöhtes Erosionspotential gegeben. Greift die Vegetationsdegradation weiter um sich, besteht die Gefahr der Reaktivierung von flächenhafter Denudation und somit eines dauerhaften Bodenverlusts (SEMMEL 2001, BORK & HENSEL 2006).

Die Böden am Standort Faxinal Anta Gorda (Paraná) zeigen nicht solch eine geomorphologische Dynamik wie es sich aus der insgesamt einheitlicheren Korngrößenverteilung und den geringmächtiger entwickelten Profilen folgern lässt (Abb. 6.1). Die Sandfraktion spielt außer in den gewässernahen Bodenbereichen der Fluvisols eine untergeordnete Rolle. Es dominieren die Bodenarten von Ton bis schluffiger Lehm. Der im Vergleich zum Untersuchungsstandort Sete Saltos de Baixo höher ausfallende Schluffanteil in den Böden entstammt dem anstehenden Schluffstein bzw. dessen primären Verwitterungsprodukten. Als Konsequenz ist ein erhöhtes Angebot an pflanzenverfügbaren Wasser in den Nitisols zu vermuten, allerdings dürfte sich dies aufgrund der geringeren Profiltiefen im direkten standörtlichen Vergleich kaum bemerkbar machen. Die nur schwach ausdifferenzierten Profile mit diffusen Horizontübergängen und einheitlicher Korngrößenzusammensetzung zeugen von einer autochthonen Bodenentwicklung. Im Einklang mit der geringeren Reliefenergie in der Region finden sich kaum Hinweise auf das Wirken erosiver Prozesse, obwohl flachgründige Cambisol und Leptosol Profile unter lichter Vegetation in exponierten Geländepositionen durchaus Erosionsstandorte darstellen. Auf den flachen Hangbereichen sind Acric Nitisols mit niedrigem U:T-Verhältnis ausgebildet, die einen mächtigen, stellenweise mehr als einen halben Meter mächtigen Ah-Horizont aufweisen. Diese entwickeln sich unter dichter Vegetation bei stabilen geomorphologischen Bedingungen.

Am Standort Faxinal Saudade Santa Anita stellt sich das Korngrößenspektrum im Vergleich der Bodengesellschaften am einheitlichsten dar. Die Feinbodenzusammensetzung wird nahezu vollständig von der Tonfraktion dominiert, welche über 90% Anteil erreichen kann. Die Ursache liegt in der geringen Verwitterungsresistenz des anstehenden Basalts, dessen silikatische Mineralzusammensetzung aus Pyroxenen und Olivin sich gegenüber der Desilifizierung als vergleichsweise anfällig erweist (RÖMER 2002, GHIDIN et al. 2006a). Mit den sehr hohen Tonfraktionsanteilen geht auch ein äußerst geringes Schluff-Ton-Verhältnis einher, welches auf eine sehr fortgeschrittene Pedogenese schließen lässt. In flachen Relieflagen lassen sich in den Haplic Ferralsol Profilen Tonanreicherungen im Unterboden erkennen, zudem sind die Unterbodenhorizonte teils mehrere Meter mächtig ausgebildet. An den Hängen hingegen sind die Ferralic Nitisols, insbesondere unter offener Vegetation, deutlich geringmächtiger entwickelt. Diese Boden- bzw. Reliefstandorte unterliegen am stärksten der Erosion und sollten nur extensiv genutzt werden um eine dauerhafte Bodendegradation zu vermeiden (KRONEN 1986).

Tab. 6.1: Catena mit charakteristischen Bodentypen und ihren wichtigsten Standorteigenschaften im Faxinal Sete Saltos de Baixo. PH-Werte gemessen in 0,1 n KCl; $C_{org} = C_{tot}$; * fotometrisch bestimmt nach EMBRAPA (1999).

Bodentyp/Standort	Tiefe cm	Horizont	Farbe	S% (<2 mm)	U% (<63 μm)	T% (<2 μm)	U/T	pH	C_{org} %	KAK_{eff} cmol$_c$·kg^{-1}	AA_{eff} cmol$_c$·kg^{-1}	BS%
Nitic Acrisol SSB 1												
Granitischer Gneis: Oberhang mit frisch gerodeter Waldweide	0	Ah	10YR4/3	56,0	7,8	36,2	0,2	3,9	3,1	7,2	6,5	9,2
	30	AB	10YR3/3	56,1	8,2	35,7	0,2	4,0	1,8	4,3	4,1	3,6
	>65	B	2,5YR5/6	51,5	25,4	23,1	1,1	4,1	0,3	2,2	2,1	2,5
Haplic Acrisol SSB 5												
Granitischer Gneis: Mittelhang mit sekundärer Waldvegetation unter Weidenutzung	0	Ah	7,5YR5/6	24,5	19,2	56,3	0,3	3,9	2,9	3,0	2,7	9,6
	28	AB	7,5YR5/8	18,9	21,3	59,8	0,4	4,1	0,7	0,9	0,8	10,4
	83	B1	7,5YR5/6	13,1	38,9	48,0	0,8	4,3	0,3	2,4	2,3	6,7
	112	B2	2,5YR5/6	33,4	33,1	33,5	1,0	4,2	0,2	1,6	1,4	9,6
	139	B3	2,5YR5/8	19,2	35,4	45,4	0,8	4,2	0,2	2,4	2,2	6,9
	>161	C	10R5/8	8,6	35,5	55,9	0,6	4,2	0,2	2,2	2,1	5,6
Haplic Acrisol (Thaptoic) SSB8												
Quarzit: Unterhang mit Grasweide und offenem Baumbestand	0	Ah1	10YR3/6	38,6	15,3	46,1	0,3	4,2	1,4	4,7	3,8	18,9
	29	B1	7,5YR5/6	64,8	12,2	23,0	0,6	4,3	0,3	1,6	1,5	4,4
	56	B2	5YR5/6	41,6	29,9	28,5	1,1	4,2	0,2	3,7	3,6	2,2
	85	B3	7,5YR5/8	27,7	44,7	27,6	1,6	4,2	0,2	2,5	2,4	3,8
	102	Ahb2	10YR3/4	15,9	16,3	67,8	0,2	4,2	0,9	5,3	5,2	1,6
	126	Ahb3	10YR3/6	12,9	11,5	75,6	0,1	4,2	2,0	4,1	3,8	7,3
	>140	C	2,5YR6/6	10,8	44,0	45,2	1,0	4,2	0,4	5,2	5,1	1,3
Gleyic Fluvisol (Dystric) SSB4												
Quarzit: Sumpfiger Auenbereich im Talgrund	0	Ah	10YR4/2	16,7	38,1	45,2	0,8	4,2	3,6	11,1*	9,7*	12,6*
	>15	B1	G14N	24,2	34,7	40,1	0,9	4,1	1,3	9,5*	6,7*	29,5*

Quelle: Eigene Erhebung und Darstellung.

Im Vergleich der Faxinal-Standorte besitzen die Böden in Saudade Santa Anita aufgrund ihrer hohen Tonanteile die größten Wasserspeicherkapazitäten. Jedoch bleibt zu klären, ob diese durch das feiner ausgebildete Porensystem an die Pflanzen weitergegeben werden können. Auch ist von einem höheren Benetzungswiderstand auszugehen, der eine schnelle Wasseraufnahme bei den häufig auftretenden Starkregenereignissen verhindert und eine erosive Wirkung durch Oberflächenabspülung fördert. Zur Prävention von Bodenerosion erscheint es an allen drei Untersuchungsstandorten empfehlenswert die Nutzung der Hangbereiche zu überwachen und falls nötig einzuschränken.

6.1.3 Die Zusammensetzung der Tonmineralfraktion

Die Auswertung der röntgendiffraktometrischen Untersuchung zeigt, dass der Bestand der Tonmineralfraktion vom geologischen Ausgangsedukt in Form des anstehenden Gesteins abhängig ist. Lediglich am Standort Saudade Santa Anita wurden Quarzanteile identifiziert, die sich nicht aus der mineralischen Zusammensetzung des Basalts erklären lassen. Hierbei handelt es sich vermutlich um einen (paläo-)äolischen Materialeintrag, wie er im Pleistozän unter wesentlich trockeneren Klimabedingungen in der Region stattfand (KLAMMER 1981, 1982). Kaolinite und Gibbsit bilden die dominierenden Tonminerale, wobei die „rauschigen" Messkurven teils schwer zu interpretieren sind. Als Ursache ist ein mögliches Vorkommen von Aluminiumsilikatverbindungen anzunehmen, zu denen sog. Allophane gehören. Diese amorphe Silikatverbindung würde wiederum die höheren Austauschkapazitäten der Böden im standörtlichen Vergleich erklären (SANTOS FILHO 1977, KRONEN 1986, JASMUND & LAGALY 1993). Wie sich in der weiteren Diskussion der Untersuchungsergebnisse zeigt, ist in den Faxinais Sete Saltos de Baixo und Anta Gorda (Paraná) das Vorherrschen der zweischichtigen Kaolinite der Grund für die durchweg ärmeren Kationenkonzentrationen. Die Acrisols am Standort Sete Saltos de Baixo bringen die schlechtesten Bedingungen als Vegetationsstandorte mit sich, da das vorhandene Gibbsit eine nur äußerst geringe Austauschkapazität besitzt (GOMES et al. 2004, GHIDIN et al. 2006b). Weniger Gibbsit und größere Vorkommen an mehrschichtigen Tonmineralen (Illit, sekundäres Chlorit und Chlorit/Vermiculit Wechsellagerungsminerale) beinhalten die Böden in Anta Gorda (Paraná), die großteils direkt der Verwitterung des oberflächennah anstehenden Schluffsteins entstammen.

Generell bleibt festzuhalten, dass allein aufgrund des Tonmineralspektrums unter der Dominanz der Kaolinite eine intensive Nutzung der Böden an allen drei Standorten eine hohe Zufuhr an externen Nährstoffen bedarf (CHODUR & SANTOS FILHO 1993). Folglich erscheint das extensive Faxinal-System durchaus als eine ökologisch angepasste, nachhaltige Nutzungsform für die regionalen Bodengesellschaften.

Tab. 6.2: *Catena mit charakteristischen Bodentypen und ihren wichtigsten Standorteigenschaften im Faxinal Anta Gorda (Paraná). PH-Werte gemessen in 0,1 n KCl; $C_{org} = C_{tot}$; n. b. = nicht bestimmt.*

Bodentyp/Standort	Tiefe cm	Hori-zont	Farbe	S% (<2 mm)	U% (<63 μm)	T% (<2 μm)	U/T	pH	C_{org} %	KAK_{eff} cmol$_c$kg^{-1}	AA_{eff} cmol$_c$kg^{-1}	BS%
Cambic Leptosol AGP7												
Schluffstein: Oberhang mit baumloser Grasweide	0	Ah	10YR4/4	11,5	44,9	43,6	1,0	3,9	2,3	9,5	6,7	29,6
	>18	C	10YR3/6	10,8	40,5	48,7	0,8	3,8	1,4	9,5	6,2	11,1
Acric Nitisol (Humic) AGP 2												
Schluffstein: Unterhang mit dichtem Sekundärwald	0	Ah	10YR3/4	31,0	21,8	47,2	0,5	3,9	3,0	7,9	7,4	5,8
	52	B	10YR3/6	23,4	23,3	50,3	0,5	4,0	1,8	5,9	5,4	8,8
	>75	C	n. b.	n. b.	n. b.	n. b.	n. b.	n. b.	n. b.	n. b.	n. b.	n. b.
Haplic Fluvisol (Epiarenic) AGP 1												
Schluffstein: Flussaue mit offener Waldvegetation	0	A	10YR3/4	57,8	26,4	15,8	1,7	3,9	1,7	7,0	2,0	71,5
	>22	B	10YR3/6	60,9	24,0	15,1	1,6	3,7	0,8	8,2	7,9	3,5

Quelle: Eigene Erhebung und Darstellung.

6.1.4 Das (mikro-)morphologische Erscheinungsbild

Als ein bereits im Gelände einfach zu bestimmendes phänologisches Merkmal kann die Farbgebung der Bodenhorizonte herangezogen und im Labor unter einheitlichen Umweltbedingungen überprüft werden. So ergeben sich nach der Munsell Soil Color Chart Farbwerte von 10 YR für die Nitisols und von 7,5 YR für die Acrisols. Die Ferralsols bzw. Böden mit ferralic Attributen fallen mit Farbwerten um 5 YR wesentlich röter aus. Ihre charakteristische rote Färbung kommt durch den höheren Eisen- und Aluminiumoxidanteile im Solum zustande. Dieser Umstand drückt sich u. a. im vermehrten Auftreten opaker Aggregate aus, die sich vorwiegend aus Mineralkörnern mit Oxidüberzügen oder aus sekundären Eisen- oder Aluminiumkonglomerationen zusammensetzen. Des Weiteren bestätigt die Dünnschliffanalyse den Eindruck eines sehr hohen Tonfraktionsanteils verbunden mit der Ausbildung eines feineren Porensystems. Vergleichsweise gröber gestalten sich die Bodenhohlräume an Acrisols Standorten (Sete Saltos de Baixo) und in Böden mit nitic Eigenschaften (Anta Gorda (Paraná)) aufgrund der geringeren Tonanteile. Beide Bodentypen zeigen Merkmale einer Tonanreicherung im Unterboden wie sie charakteristisch für den Prozess der Lessivierung, also der Verlagerung von Tonpartikeln mit dem Bodenwasser, sind (FITZPATRICK 1993). Ebenso finden sich sekundäre Eisen- und Aluminiumoxidanlagerungen, wenn auch in geringerem Umfang wie in den ferralic Böden.

In den Acrisols und Nitisols stellen Quarze die vorherrschenden Leichtminerale. Ebenso konnten keine unterschiedlichen Schwermineralbestände zwischen den Standorten auf dem ersten und zweiten Planalto identifiziert werden. Dieser Sachverhalt deckt sich gut mit den Erkenntnissen zur geologischen Entwicklungsgeschichte des Paraná Beckens (CLAPPERTON 1993, GOMES et al. 2004). Jedoch bleibt anzumerken, dass die Resultate der Schwermineralanalyse keine statistisch gesicherte Aussage liefern, sondern lediglich eine qualitative Übersicht bieten. Durch den geringen Schwermineralgehalt sowie den schlechten Erhaltungsgrad der Körner in der Feinsandfraktion gestaltete sich die Identifizierung als sehr schwierig. Am Standort Faxinal Saudade Santa Anita bestand eine noch schlechtere Situation bezüglich einer optischen Auswertung des Mineralbestands, da nur äußerst vereinzelt Mineralkörner der Sandfraktion in der sehr dichten, homogenen Tonmatrix vorkommen. Alle Körner weisen ausnahmslos starke Korrosionsspuren und / oder Eisenoxidkrusten auf, die eine Identifizierung im Rahmen der angewandten Methoden nicht ermöglichte. Abschließend ist hinsichtlich der ökologischen Konsequenz aus den gewonnen Erkenntnissen zusammenzufassen, dass die Böden auf Basalt einen „reiferen" Eindruck bezüglich ihrer pedologischen Entwicklung erwecken. Hingegen unterscheiden sich die Böden auf Schluffstein lediglich durch ihre etwas höheren Tongehalte und geringere Ausdifferenzierung von den Acrisols auf metamorphem Grundgestein.

6.1 Die Böden der Faxinais

*Tab. 6.3: Catena mit charakteristischen Bodentypen und wichtigsten Standorteigenschaften im Faxinal Saudade Santa Anita. PH-Werte gemessen in 0,1 n KCl; $C_{org} = C_{tot}$; n. b. = nicht bestimmt; *fotometrisch bestimmt nach EMBRAPA (1999).*

Bodentyp/Standort	Tiefe cm	Horizont	Farbe	S % (<2mm)	U % (<63 µm)	T % (<2 µm)	U/T	pH	C_{org} %	KAK_{eff} cmol$_c$kg^{-1}	AA_{eff} cmol$_c$kg^{-1}	BS %
Haplic Ferralsol (Humic, Dystric, Clayic) SSA4												
Basalt: Oberhang mit offener	0	Ah	2,5 YR 2,5/3	4,6	19,0	76,4	0,2	3,8	5,1	10,7	10,3	3,0
Waldvegetation und	22	AB	5 YR 3/4	3,3	21,8	74,9	0,3	4,1	3,3	5,1	4,8	6,4
Mateteekulturen	46	Bt1	5 YR 3/5	1,8	17,4	80,8	0,2	4,1	1,7	4,0	4,0	0,9
	>80	Bw2	n. b.	n. b.	n. b.	n. b.	n. b.	n. b.	n. b.	n. b.	n. b.	n. b.
Ferralic Nitisol (Dystric) SSA3												
Basalt: Unterhang mit lichter	0	Ah	10 YR 3/4	10,8	21,6	67,6	0,3	4,1	3,2	15,4*	11,7*	24,0*
Waldvegetation unter	20	Bt	10 YR 3/6	2,9	20,8	76,3	0,3	4,2	1,0	10,6*	6,4*	39,6*
Weidenutzung	>41	C	10 YR 3/1	n. b.	n. b.	n. b.	n. b.	n. b.	n. b.	n. b.	n. b.	n. b.
Haplic Gleysol (Humic, Dystric, Clayic) SSA5												
Basalt: Talgrund mit Auen-	0	Ah	10 YR 2/1	4,9	7,7	87,4	0,1	3,7	5,7	15,9	15,5	2,4
waldvegetation unter	17	ABl	G2 2,5/5GB	2,2	4,5	93,3	0,05	3,7	4,1	14,0	13,6	2,9
Weidenutzung	>38	Bl	G2 6/10G	6,3	5,3	88,4	0,1	3,8	3,2	13,4	11,7	13,1

Quelle: Eigene Erhebung und Darstellung.

6.1.5 Der pedogene Kohlenstoffgehalt

Der pedogene Kohlenstoffgesamtgehalt ist in den untersuchten Bodengesellschaften mit den Kohlenstoffanteilen aus organischer Substanz gleichzusetzen, sofern mineralischer Eintrag für den jeweiligen Standort ausgeschlossen werden kann (siehe Kap. 4.4.2). Das organische Material dient als Phosphat- und Stickstoffquelle der Pflanzen. Darüber hinaus verbessern organo-mineralische Verbindungen die Wasserspeichereigenschaften und erhöhen die Austauschkapazität für wichtige Kationenvorkommen (TIESSEN, CUEVAS & SALCEDO 1998). Insbesondere in den tropischen Böden mit einer äußerst geringeren (Zwischen-)Speicherkapazität erfolgt die Remineralisierung des organischen Materials sehr schnell, so dass sich bei Unterbrechung des Nährstoffkreislaufs innerhalb von ein bis zwei Jahren ärmere Bodenbedingungen einstellen (DÜMIG 2005, SCHROMM 2006). Es gilt dementsprechend für das extensive Bewirtschaftungssystem der Faxinais starke Eingriffe in die natürliche Vegetationsbedeckung zu vermeiden, wie beispielsweise durch Überweidung und großflächige Rodungen. Als bedenklich ist in diesem Zusammenhang die Ausbreitung der Grasflächen zu betrachten, deren sukzessive Regeneration und Wiederinwertsetzung als natürliches Waldökosystem zumindest auf kurzfristige Sicht fraglich erscheint. Abgesehen von Schwankungen des C_{org}-Gehalts in Verbindung mit unterschiedlich dichter Vegetationsbedeckung, zeigte die Untersuchung auch Abweichungen zwischen den Faxinal-Standorten auf. So ist die durchschnittliche C_{org}-Konzentration in den A-Horizonten von Saudade Santa Anita mit 3,2% am höchsten. Ebenso wurde dort mit 14,8 das höchste durchschnittliche C:N-Verhältnis ermittelt. Eine Ursachenkombination aus zwei Faktoren kommt hierfür in Frage: Zum einen handelt es sich um sehr tonreiche, das heißt schlechter belüftete Böden, wodurch die Remineralisierung durch Destruenten der Bodenfauna vergleichsweise langsamer abläuft (PANSU & GAUTHEYROU 2006). Zum anderen befindet sich das Faxinal aufgrund seiner Höhenlage unter Einfluss von geringfügig kühlerem und feuchterem Klima, weshalb die Zersetzung der organischen Substanz ebenfalls verlangsamt ablaufen dürfte (siehe Kap. 2.3). Die Bodengesellschaften der beiden Untersuchungsorte Sete Saltos de Baixo und Anta Gorda (Paraná) unterscheiden sich kaum in der C_{org}-Konzentration sowie im Kohlenstoff-Stickstoff-Verhältnis. Jedenfalls erreichen sie mit 2,5% bzw. 2,1% sowie 12,4 bzw. 11,3 niedrigere Durchschnittswerte als die Böden mit ferralic Eigenschaften. Diese Abweichung lässt sich wiederum durch die niedrigeren Tonanteile an der Korngrößenverteilung und die niedrigere Höhenlage verbunden mit wärmeren und niederschlagsärmeren Klimabedingungen erklären.

Hinsichtlich einer ökologischen Bewertung ist der Standort des Faxinal Saudade Santa Anita gegenüber einer Reduktion der Vegetationsbedeckung als vergleichsweise weniger empfindlich einzuschätzen. Die organische Substanz verweilt dort länger im Boden und kann somit die Vegetation über einen längeren Zeitraum mit Nährstoffen versorgen. Das organische Material im Oberboden besitzt eine zentrale Bedeutung in allen drei Bodengesellschaften, da von seiner Konzentration alle anderen Parameter bezüglich der Vegetationsausbildung essentiell abhängen. Dementsprechend sollte dem Schutz des Oberbodens absolute Priorität beigemessen werden.

6.1.6 Die Kationenaustauschkapazität und der pH-Wert

Im Vergleich der pH-Werte und Kationenaustauschkapazitäten geben die untersuchten Bodengesellschaften ein ähnliches, für subtropische Regionen charakteristisches Bild ab. Die KAK_{eff} liegt unter 16 cmol$_c$ kg^{-1} und die zugehörige Basensättigung überschreitet nur an einzelnen Sonderstandorten 50 %, so dass die Standortbedingungen generell als dystroph zu bezeichnen sind (WRB 2006). Der pH-Wert pendelt je nach Untersuchungsort meist um pH 4, wobei die H$^+$-Konzentration von den Auflage- zu den Unterbodenhorizonten abnimmt. Mit den basischeren Verhältnissen in größerer Profiltiefe und dem Rückgang der organischen Substanz nimmt auch die Kationenaustauschkapazität im Bodenprofil ab. Ursache ist das geringere Vorkommen an negativ geladenen Ton-Humus-Verbindungen und metallorganischen Komplexen in den Unterböden, die im Auflagehorizont zu einer höheren Austauschkapazität beitragen (SCHEFFER & SCHACHTSCHABEL 2002). Lediglich an Standorten von Fluvisols und/oder Gleysols kann die Tiefenfunktion der KAK_{eff} und des pH-Werts stagnieren oder eine leicht inverse Richtung annehmen. Durch konstanten Eintrag von frischem Sedimentmaterial wird an diesen Lokalitäten der hydrolytisch bedingte Basenverlust ausgeglichen oder zumindest gemindert (BORTOLUZZI et al. 2006). Dort treten folglich die höchsten Basensättigungen auf. Die KAK_{eff} wird jedoch in der großen Mehrzahl der Bodenstandorte von Al^{3+} und H$^+$ dominiert, was sich durch eine hohe effektive Austauschazidität ausdrückt. Ist eine intensive Nutzung der regionalen Böden beabsichtigt, müssen demnach in hohem Maße Nährstoffkationen in kurzen, regelmäßigen Abständen ausgebracht werden. Des Weiteren gilt es zu bedenken, dass nicht alle Kulturpflanzen die sauren und aluminiumreichen Standortbedingungen vertragen. Besonders attraktiv erscheinen vor diesem Hintergrund die Böden der Auen und Feuchtgebiete mit ihren, gerade beschriebenen, von Natur aus günstigeren Voraussetzungen für eine landwirtschaftlichen Nutzung. Allerdings handelt es sich bei diesen Bereichen um wichtige Retentionsflächen des lokalen Wasserhaushalts. Viele Negativbeispiele außerhalb der Faxinal-Waldweidegebiete weisen jedoch gerade auf den besonderen Schutz hin, den diese Landschaftseinheiten verdienen. So mehren sich in letzter Zeit die Klagen aus der Bevölkerung über zunehmende Wasserknappheit und mangelnde Wasserqualität, die häufig Folgen der Ausweitung landwirtschaftlicher Tätigkeiten sind. Diesbezüglich könnte für das Faxinal-System eine künftige Erhaltungsmöglichkeit in der Funktion als Wasserschutzgebiet liegen.

Trotz der meist ähnlichen Bodeneigenschaften lassen sich Abstufungen in der Ausprägung an den Untersuchungsorten zwischen den jeweiligen Hauptbodentypen unterscheiden. Die ferralic Oberböden auf dem Basalt des dritten Planaltos weisen die basischsten Bedingungen bei pH 4,2 und der höchsten KAK_{eff}-Durchschnittswerte von 13,9 cmol$_c$ kg^{-1} auf. Die in Kapitel 6.1.5 aufgestellte Hypothese einer erhöhten C_{org}-Konzentration aufgrund abweichende Klimabedingungen muss demnach widerrufen werden, da sich sonst ein signifikant saureres Milieu im standörtlichen Vergleich einstellen sollte (NEUFELDT 1999). Vielmehr ist von vermehrten Vorkommen an Ton-Humus-Verbindungen und metallorganischen Komplexen auszugehen, deren indirekter Nachweis auch im „rauschigen" Erscheinungsbild der röntgendiffraktometrischen Messkurven zu sehen ist (siehe Kap. 5.3.3). Ebenso erklärt sich die geringfügig höher ausfallende KAK_{eff} der Böden am Standort Anta Gorda (Paraná) gegenüber den Acrisols im Faxinal Sete Saltos de Baixo durch größere Vorkommen an dreischichtigen Tonmineralen. Generell gilt für alle drei Untersuchungsgebiete, dass erhöhte Basensättigungen immer auf allochthonen Baseneintrag zurückzuführen sind und zumeist auf anthropogenem Wirken beruhen.

Aus ökologischer Sicht lässt sich den obigen Erkenntnissen zufolge für die ferralic Bodengesellschaft auf Basalt eine geringfügig höhere Resilienz gegenüber eines Eingriffs in den natürlichen Nährstoffkreislauf zuschreiben. Ausgehend von der Kationenaustauschkapazität ist den Böden bzw. dem Ökosystem auf metamorphen Grundgestein die geringste Widerstandsfähigkeit gegenüber äußeren Störungen zu attestieren. Allerdings sollte bedacht werden, dass sich die festgestellten Werte auf einem insgesamt niedrigen Niveau bewegen, nach ihrer Höhe an allen Standorten als dystroph zu bewerten sind und kleinräumig innerhalb der jeweiligen Verbreitungsgebiete sehr variabel ausfallen können.

6.1.7 Die Ionengehalte im Bodenwasser

Alle drei Bodenstandorte zeigen sich hinsichtlich ihrer Ionengehalte im Bodenwasser als extrem arm und unterstreichen wiederholt den dystrophen Charakter, der sich in der vorangegangenen Untersuchungsdiskussion bereits abzeichnete. Bedeutendere Konzentrationen finden sich nur in den Oberböden vereinzelter Bodenprofile, vorzugsweise an Sedimentationsstandorten, und stehen immer in Verbindung mit direkten oder indirekten Bewirtschaftungsmaßnahmen im Faxinal. Im Wertevergleich der Faxinais treten insbesondere erhöhte Kalium-, Nitrit- und Nitratwerte auf, die für gewöhnlich auf Düngemaßnahmen hindeuten. Das anstehende Gestein ist somit als Ionenquelle weitestgehend auszuschließen.

Aus den Resultaten des Königswasseraufschluss ergeben sich deutliche Aluminium- und Eisenvorkommen, wobei Konzentrationsunterschiede sowohl zwischen den Faxinais als auch innerhalb der jeweiligen Bodengesellschaft festgestellt werden konnten. Während an allen drei Faxinal-Standorten Al^{3+} im Bereich von 15–60 mg/g vorhanden ist, zeigen sich erhebliche Unterschiede im Fe^{2+}-Konzentrationsspektrum. Die Haplic Ferralsols in Saudade Santa Anita erreichen mit gemessenen Maximalwerten von 160 mg/g die doppelte bis dreifache Eisenmenge gegenüber den anderen Faxinal-Standorten und bestätigen somit den in der mikromorphologischen Auswertung gewonnen Eindruck eines erhöhten Eisenoxidgehalts (siehe Kap. 5.3.4). Das Verhältnis von Al^{3+} zu Fe^{2+} korreliert in den Horizonten miteinander und weist ähnliche Werteniveaus über die jeweiligen Profilverläufe hinweg auf. Demzufolge resultieren die Aluminium- und Eisenkonzentrationen aus dem Angebot im anstehenden Gestein.

Aus ökologischer Sicht besitzen alle drei Bodengesellschaften von Natur aus dystrophe Standortbedingungen, die jedoch in tiefen Relieflagen durch umgelagertes Erosionsmaterial Anreicherungen spezifischer Ionen beinhalten können. Insbesondere die Auenböden unterliegen diesem Akkumulationsprozess, der sie zu vergleichsweise fruchtbaren, aber auch belasteten Pflanzenhabitaten macht. Diese Bereiche sollten konsequenter Weise geschützt werden, da sie neben ihrer Funktion als Wasserspeicher auch als Filter für den Oberflächenabfluss und Interflow dienen. So sind viele Faxinal-Bewohner direkt von der steigenden Belastung des Trinkwasser durch die intensiven Landwirtschaftspraktiken in der Region betroffen. Des Weiteren lassen sich aufgrund des teils höheren Eisengehalts für die Haplic Ferralsols in Saudade Santa Anita vergleichsweise schwierigere Voraussetzungen für eine ökologische Wiederinwertsetzung von extremen Degradationsstandorten ableiten. Ist der an organischer Substanz reiche Oberboden erst einmal vollständig verloren, unterliegen die Böden einer Intensivierung der Oxidationsverwitterung (KRONEN 1986). In der Folge können sich Eisenkrusten an der Oberfläche oder tiefer im Solum ausbilden, die nicht nur ein extrem saures, für manche Pflanzen toxisches Milieu entstehen lassen, sondern auch physische Barrieren für das Wurzelwachstum darstellen.

6.1.8 Ein Exkurs zur Landschaftsgeschichte des ersten Planaltos

Zur abschließenden Ergänzung der bodenkundlichen Ergebnisdiskussion sei an dieser Stelle ein kleiner landschaftsgeschichtlicher Exkurs anhand des Haplic Acrisol (Thaptoic) Profil SSB 8 erlaubt. In der Auswertung heben sich die Bodenparameter der untersten Horizonte gegenüber den Aufliegenden deutlich ab (Tab. 6.1). U. a. deuten erhöhte Tonfraktionsanteile, größere CNS-Totalgehalte sowie eine Abnahme des Kohlenstoff-Stickstoff-Verhältnis darauf hin, dass es sich hierbei um zwei übereinander liegende fossile Bodenhorizonte handelt. Zur Bestätigung wurde eine ^{14}C-Isotopendatierung des Ahb3-Horizonts am Institut für Umweltphysik der Universität Heidelberg, Forschungsstelle Radiometrie der Heidelberger Akademie der Wissenschaften von Dr. Bernd KROMER durchgeführt. Das ermittelte Alter beträgt 22 023–21 570 cal. a BP bei 1 σ Standardabweichung gemäß INTCAL04 und CALIB5 (REIMER et al. 2004).

Daraus lässt sich folgende paläoklimatische Interpretation für den Untersuchungsstandort nach dem sog. Rohdenburg'schen Konzept aufstellen (ROHDENBURG 1971): Im ausgehenden Pleistozän herrschten den rezenten ähnliche Umweltbedingungen, die eine dichte Vegetationsbedeckung der Landoberfläche hervorbrachte und eine intensive, ungestörte Bodenentwicklung ermöglichte. Im Zeitraum bis heute muss es wenigstens zu einer Klimafluktuation gekommen sein, in deren Zuge der Pflanzenbestand aufgrund von Temperatur- und Niederschlagsveränderungen geringer ausfiel. In der Konsequenz stellte sich eine vielfach stärkere geomorphologische Aktivität ein, die zu einer erosionsbedingten Überlagerung der Bodenhorizonte und Unterbrechung der Pedogenese im Bereich des Bodenprofils führte. Mit dem Übergang zu heutigen Umweltbedingungen in jüngerer Vergangenheit schloss sich die Vegetation wieder, das Relief stabilisierte sich und bodenbildende Prozesse konnten erneut einsetzen. Hierfür lässt sich der genaue Zeitpunkt am untersuchten Profil nicht eingrenzen, da die aufliegenden Horizontgrenzen nur als diffuse Übergänge auftreten. Für eine genauere Übersicht zur paläoklimatischen Entwicklung Südbrasiliens sei u. a. auf die Studien von SEMMEL & ROHDENBURG (1979), BORK & ROHDENBURG (1983), BEHLING et al. (1998, 2000, 2001a, 2001b, 2007), LEDRU, SALGADO-LABOURIAU & LORSCHEITTER (1998) und DÜMIG et al. (2005, 2007) verwiesen. Inwieweit sich die

Klimaveränderungen auf die Sediment- bzw. Bodendecke in allen drei Vergleichsgebieten auswirkten, konnte im Rahmen dieser Arbeit nicht geklärt werden. Doch ist es unwahrscheinlich, dass die pleistozänen Klimafluktuationen ausschließlich den östlichen Untersuchungsstandort betrafen ohne die Relief- und Bodenentwicklung in den Gebieten weiter westlich beeinflusst zu haben.

6.2 Die Vegetation der Faxinais

Neben den pedologischen Standorteigenschaften steht die ökologische Bewertung der Faxinal-Vegetationsgesellschaft im Fokus des Interesses. Für den Abgleich der aktuellen Situation mit einem potentiell natürlichen Vegetationsbestand konzentrierten sich die Erhebungen auf die *Mata Densa* Bereiche. Eine Ausweitung der botanischen Aufnahmen auf alle Nutzungsklassen hätte sicherlich differenziertere Resultate erbracht, doch war dies innerhalb des veranschlagten Arbeits- und Zeitplans nicht möglich. Zudem stellen die *Mata Densa* Bereiche die größten Klassenanteile dar, auch wenn die jeweiligen Waldweidegebiete in ihrer absoluten Flächenausdehnung variieren. Da es sich um die am extensivsten bewirtschafteten Areale handelt, können so natürliche Unterschiede zwischen den Vegetationsgesellschaften in die Auswertung miteinbezogen werden.

Insgesamt wurden lediglich fünf von 63 inventarisierten Arten an allen drei Untersuchungsorten angetroffen: *Casearia sylvestris* (Flacourtiaceae), *Matayba elaeagnoides* (Sapindaceae), *Ocotea puberula* (Lauraceae), *Campomanesia xanthocarpa* (Myrtaceae) und *Casearia obliqua* (Flacourtiaceae). Von diesen kommt nur *Campomanesia xanthocarpa* zweimal unter den fünf lokalen, ökologisch bedeutendsten Artenvertretern vor. Im direkten Vergleich des gesamten Vegetationsbestands aller Faxinais decken sich nur fünf bis sieben Artenvertreter (vergl. Tab. 5.1–3). Aufgrund der hohen Variationsmöglichkeiten innerhalb der Vegetationsgesellschaft der Araukarienwälder, man geht gegenwärtig allein von 350 Gehölzpflanzenarten innerhalb des Floresta Ombrófila Mista Südbrasiliens aus (LEITE & KLEIN 1990), erscheint ein Abgleich der Untersuchungsstandorte anhand ihrer Familienzusammensetzung praktikabler und aussagekräftiger (CASTELLA & BRITEZ 2004).

Die Gruppe der wichtigsten Familien setzt sich aus sieben von insgesamt 29 an den drei Untersuchungsorten erfassten Familien zusammen. Davon sind Myrtaceae (Myrtengewächse), Flacourtiaceae und Lauraceae (Lorbeergewächse) überall vertreten, hingegen kommen Sapindaceae (Seifenbaumgewächse), Aquifoliaceae (Stechpalmengewächse), Canellaceae (Zimtbaumgewächse) sowie Sapotaceae (Breiapfelgewächse) als bedeutende Familienbestände lediglich in einzelnen Faxinais vor (Abb. 6.2).

6.2.1 Die Familienassoziation

Für das Faxinal Sete Saltos de Baixo stellt sich die Vorherrschaft der fünf wichtigsten Familien weniger eindeutig dar als an den beiden anderen Standorten (Abb. 6.2). So erreichen die übrigen Pflanzenfamilien in ihrer Gesamtheit beinahe 60 % der relativen Dominanz. Hierbei ist ein beachtlicher Individuenanteil mit relativ hoher basaler Grundfläche enthalten, der aber keiner Art bzw. Familie zugeordnet werden konnte (Annex Tab. A1). Mit der Hälfte des Deckungswerts (99,4 %) und 132,4 % des Importanzwerts ist somit auf eine hohe räumliche wie quantitative Diversität an Gehölzpflanzen zu schließen. Das ökologisch bedeutendste Familienvorkommen bilden Myrtaceae vor Flacourtiaceae, Lauraceae, Canellaceae und Sapindaceae. Die Myrtengewächse weisen auch das größte Artenspektrum auf, wiederum gefolgt von Flacourtiaceae und den Lorbeergewächsen.

Am Faxinal Standort Anta Gorda (Paraná) kommt der Gruppe der weniger dominanten Familien mit knapp einem Drittel des Deckungswerts (62,8 %) und etwas mehr als einem Drittel des Importanzwerts (110,1 %) gegenüber Sete Saltos de Baixo eine geringere ökologische Bedeutung zu (Abb. 6.2). Die Flacourtiaceae stellen als bedeutendste Familie auch die meisten Individuen innerhalb der gesamten Vegetationsgesellschaft (Annex Tab. A2). Ihre räumliche Dominanz fällt aufgrund der kleinen Individuen mit geringer basaler Grundfläche wesentlich schwächer aus. Im Gegensatz dazu sind die Sapindaceae und die Myrtaceae dominanter ausgeprägt, weisen aber vergleichsweise kleinere, räumlich konzentriertere Vorkommen auf. Hinsichtlich der ökologischen Importanz folgen den Flacourtiaceae die Myrte-, Seifenbaum-, Stechpalmen- und Lorbeergewächse.

Im Faxinal Saudade Santa Anita stellt die zusammengefasste Gruppe der weniger bedeutenden Familien lediglich 50,6 % und 90,8 % des Deckungs- bzw. Importanzwerts. Die nach dem Importanzwert fünf bedeutensten Familien haben entsprechend größere Anteile, so dass dieses Waldweideareal die vergleichsweise geringste Biodiversität bietet (Abb. 6.2). Die Aquifoliaceae kommen mit Abstand am häufigsten vor, allerdings besteht dieser Familienbestand ausschließlich aus *Ilex paraguariensis*, der durch Kultivierungsmaßnahmen in seiner Ausbreitung gefördert wird. Die Pflanzen besitzen eine äußerst geringe räumliche Dominanz und ihr Auftreten konzentriert sich auf wenige Standorte. Folglich werden sie von anderen Familien bezüglich der relativen Dominanz und der relativen Frequenz teils deutlich übertroffen. V. a. die Lorbeer- und die Myrtengewächse zeichnen sich durch eine hohe basale Grundfläche und eine weit gestreute Verbreitung aus. Sie führen, nach der zusammengefassten Restgruppe, die Importanz- und Deckungswerte an, gefolgt von den Aquifoliaceae, Sapotaceae und Flacourtaceae. Zudem umfassen sie die beiden größten Artenspektren mit 14 bzw. acht Spezies (Annex Tab. A3).

Abschließend lässt sich festhalten, dass Myrtaceae (14 Taxone) und Lauraceae (10 Taxone) die insgesamt größten Artenvorkommen besitzen. Mit fünf bzw. vier Spezies folgen Flacourtiaceae und Aquifoliaceae vor den restlichen Familien mit drei oder weniger Vertretern. Anhand des Importanzwerts ergibt sich für das Faxinal Sete Saltos de Baixo der höchste und für Saudade Santa Anita der niedrigste Biodiversitätsgrad aufgrund des geringeren Anteils der fünf wichtigsten Familien (Abb. 6.2). Inwieweit die Ausprägung des gegenwärtigen Vegetationsbestands durch Bewirtschaftung beeinflusst wurde oder einem quasi-natürlichen Abbild der regionalen Araukarienwälder gleich kommt, bleibt im Folgenden zu klären.

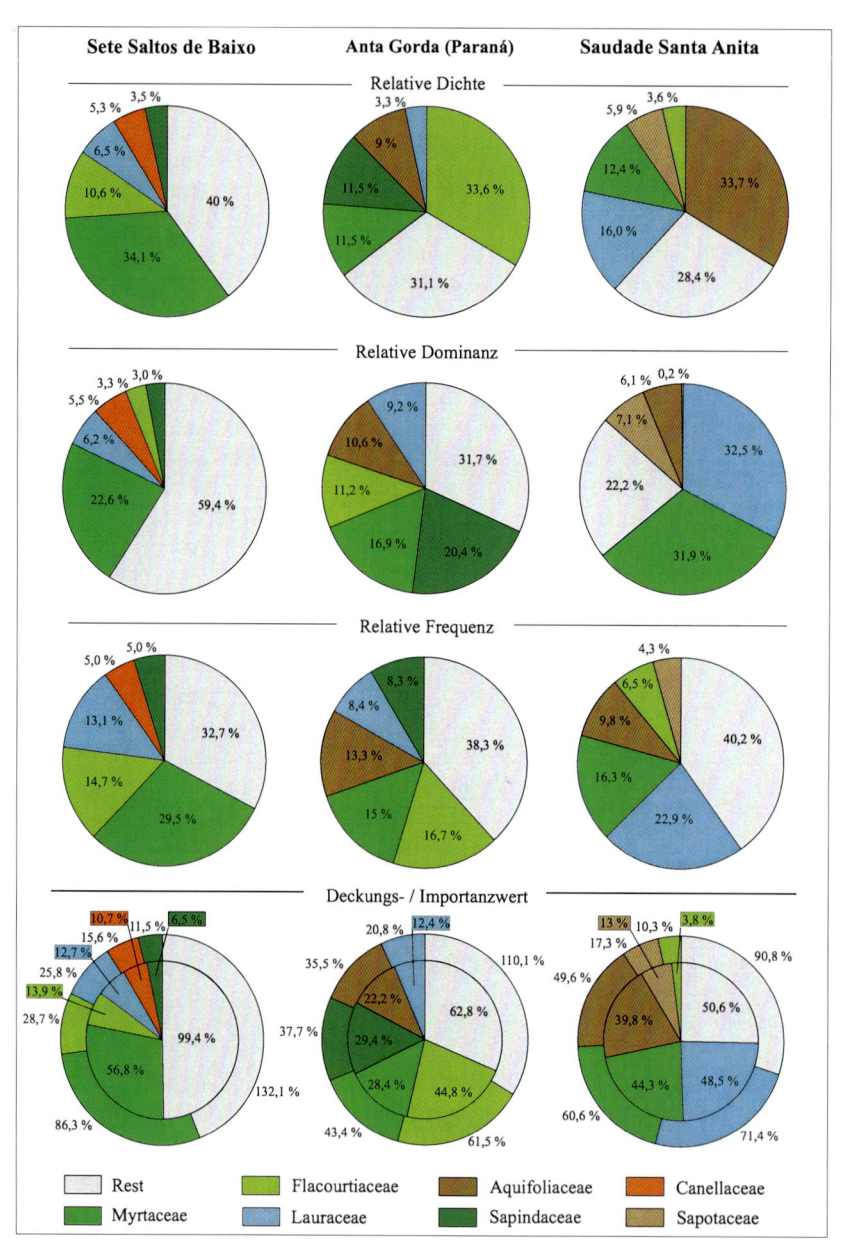

Abb. 6.2: Die Mata Densa Vegetationsgesellschaft bezüglich der fünf ökologisch bedeutendsten Familien. Deckungswert = rel. Dichte + Dominanz = 200 %; Importanzwert = Deckungswert + Frequenz = 300 %; abweichende Dezimalwerte durch Runden möglich. Quelle: Eigene Zusammenstellung nach gemeinsamer Erhebung mit BITTENCOURT 2007, DYKSTRA 2007 und NIEDZIELSKI 2007.

6.2.2 Die ökologische Bewertung

Die Weidefläche von Sete Saltos de Baixo erfährt eine verhältnismäßig hohe Intensität der Bewirtschaftung, die sich hauptsächlich durch ein weitläufiges Fehlen des unteren Aststockwerks darstellt. Ursache ist die regelmäßige Beschneidung, auch als Schneiteln bekannt, aus der das physiognomische Charakteristikum eines Wirtschaftswalds resultiert. Die Auswertung der Vegetationsaufnahme bekräftigt diesen Eindruck anhand der hohen Individuenanzahl, die keiner Bestimmung unterzogen werden konnte, da sich keine Äste und Blätter in Reichweite gängiger Sammelpraxis befanden. Außerdem wurde nur ein abgestorbenes Pflanzenindividuum registriert, wohingegen in einem Naturwald mehr tote Gehölze zu erwarten sind (SCHAAF et al. 2002). Im Pflanzenbestand fehlt mit *Araucaria angustifolia* die namengebende Charakterart, die innerhalb des *Criadouro Comum* nur noch an einzelnen Standorten außerhalb der dichten Waldbereiche anzutreffen ist. Des Weiteren wurde an ausgewiesenen Nutzarten lediglich ein Exemplar *Ocotea puberula* registriert. Es ist also von einer weitgehenden, bereits stattgefundenen Exploitierung der Waldbereiche auszugehen (WACHTEL 1990). Nach RODERJAN et al. (2002) sind die untersuchten Areale als Sekundärvegetation des Floresta Ombrófila Mista Montana einzustufen, in dem die Familienassoziation aus Myrtaceae, Flacourtiaceae und Lauraceae dominiert. Die lokalen Hauptcharakterarten *Eugenia pluriflora, Capsicodendron dinisii, Myrcia hatschbachii, Casearia inaequilatera, Cedrella fissilis, Casearia sylvestris, Mosiera prismatica, Matayba elaeagnoides* und *Myrsine umbellata* sind nach CASTELLA & BRITEZ (2004) einer Waldgesellschaft mit mittlerem Regenerationsstatus zuzuordnen. Die vielen Individuen mit einem Stammdurchmesser kleiner 15 cm (73,9 %) deuten ebenfalls auf eine junge Pflanzengesellschaft hin, weshalb in den letzten Jahren eine mäßig extensive, aber ökologisch weitgehend nachhaltige Bewirtschaftung zu unterstellen ist (Abb. 6.4).

Die *Mata Densa* Bereiche im Faxinal Anta Gorda (Paraná) beinhalten ebenfalls keine *Araucaria angustifolia* Vertreter. Zudem mangelt es an Baumvorkommen mit Wuchshöhen über 15 m, die bevorzugt für die Gewinnung von Bauholz geschlagen werden (Abb. 6.3). Dementsprechend ist davon auszugehen, dass das Weideareal ebenso wie das Faxinal Sete Saltos de Baixo eine holzwirtschaftliche Ausbeutung erfuhr. Im Gegensatz dazu finden sich aber auf allen Untersuchungsparzellen viele abgestorbene Gehölze, weshalb eine äußerst extensive oder vernachlässigte Bewirtschaftung in jüngerer Vergangenheit zu vermuten ist. Hierfür spricht auch ein reicher, nicht ausgebeuteter Bestand an Nutzarten: So dienen beispielsweise die Früchte von *Hovenia dulcis* (Kreuzdorngewächs) und *Campomanesia xanthocarpa* (Myrtengewächs) der Nahrungsergänzung, aus den Blättern von *Ilex paraguariensis, Ilex dumosa* und *Ilex theezans* (alles Stechpalmengewächse) werden Teeaufgüsse erzeugt und *Clethra Scabra, Myrsine umbellata* (beide gehören zur Ordnung der Heidekrautartigen), *Casearia decandra* und *Casearia obliqua* (beide Flacourtiaceae) finden bevorzugt als Feuerholz Verwendung. Gemäß RODERJAN et al. (2002) handelt es sich um eine Sekundärgesellschaft des Floresta Ombrófila Mista Montana, die sich hauptsächlich aus den Familien der Flacourtiaceae, Myrtaceae, Sapindaceae und Aquifoliaceae zusammensetzt. Der Artenbestand des *Mata Densa* entspricht einem mittleren Regenerationsstadium mit den Charakterarten *Casearia decandra,*

Casearia obliqua, Matayba elaeagnoides, Campomanesia xanthocarpa und *Casearia sylvestris* (CASTELLA & BRITEZ 2004). Unter dem Gesichtspunkt der rezent stattfindenden Regeneration der Vegetationsgesellschaft scheint sich der geltende Status eines landschaftlichen Schutzgebietes mit reglementierter Bewirtschaftung (ARESUR) positiv auszuwirken (siehe Kap. 3.5).

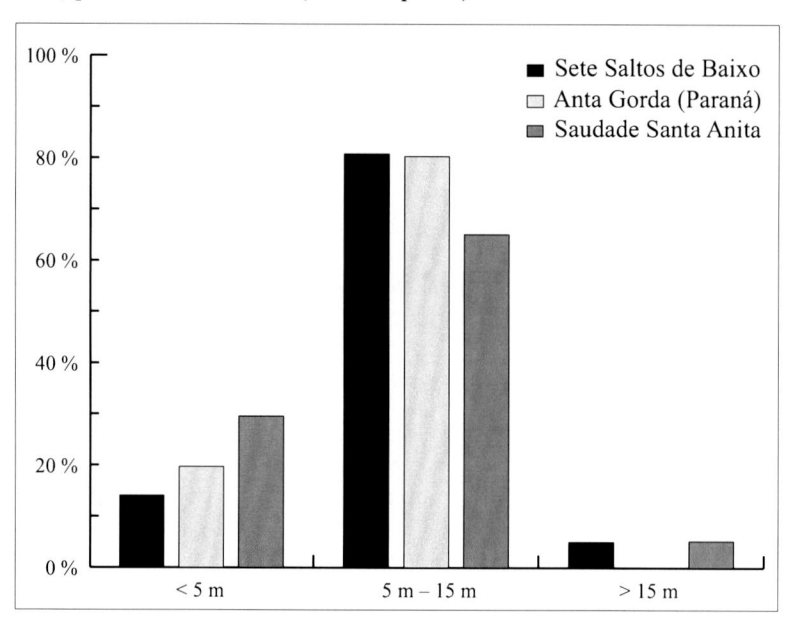

Abb. 6.3: Die Wuchshöhen der inventarisierten Individuen innerhalb der Mata Densa Bereiche. Quelle: Eigene Zusammenstellung nach gemeinsamer Erhebung mit BITTENCOURT 2007, DYKSTRA 2007 und NIEDZIELSKI 2007.

Innerhalb der *Mata Densa* Bereiche des Faxinal Saudade Santa Anita tritt mit der Araukarienkiefer der zentrale Artenvertreter einer potentiell natürlichen Vegetation auf. Die Präsenz reifer Werthölzer beschränkt sich nicht nur auf *Araucaria angustifolia*, sondern umfasst auch *Ocotea porosa, Ocotea puberula* (beide Lorbeergewächse) und *Sebastiania brasiliensis* (Wolfsmilchgewächs). Ebenfalls zum Floresta Ombrófila Mista Montana gehörig, handelt es sich um eine primäre, wenn auch deutlich degradierte Vegetationsassoziation mit dominanten Arten der Lauraceae und Myrtaceae (RODERJAN et al. 2002). Die vergleichsweise ausgeglichene Klassenverteilung der Stammholzdurchmesser lässt auf einen schlechteren Regenerationsstatus als in den anderen Faxinais schließen (Abb. 6.4). Jedoch zeigen Arten wie *Piptocarpha angustifolia* und *Vernonia discolor* sowie gut ausgebildete Individuen von *Campomanesia xanthocarpa, Casearia sylvestris, Capsidendron dinsii, Ocotea puberula* und *Myrciaria tenella* eine reife, dem Klimaxstadium der Araukarienwaldgesellschaft ähnliche, Zusammensetzung an (CASTELLA & BRITEZ 2004). Die Beeinflussung durch anthropogene Bewirtschaftung ist am reduzierten Bestand von *Araucaria angusti-*

6.2 Die Vegetation der Faxinais

folia und den lokal konzentrierten Vorkommen von *Ilex paraguariensis* zu erkennen (SCHAAF et al. 2006). Außerdem unterstreicht das Auftreten von insgesamt nur zwei abgestorbenen Individuen den Eindruck eines gepflegten Waldes.

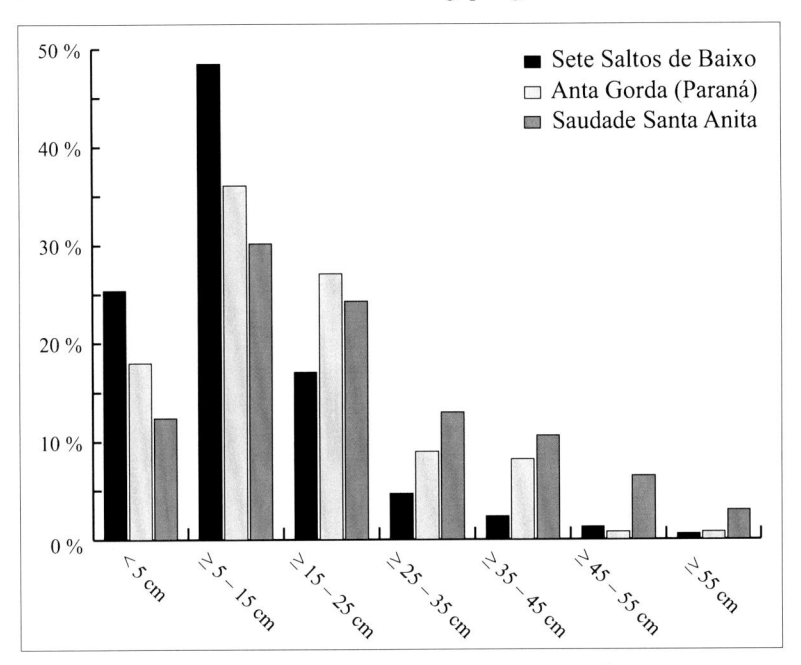

Abb. 6.4: Die Stammholzdurchmesser der inventarisierten Individuen innerhalb der Mata Densa Bereiche. Quelle: Eigene Zusammenstellung nach gemeinsamer Erhebung mit BITTENCOURT 2007, DYKSTRA 2007 und NIEDZIELSKI 2007.

Das Faxinal Anta Gorda (Paraná) weist die am stärksten degradierte Waldvegetation auf, die jedoch in jüngerer Vergangenheit aufgrund sehr extensiver Bewirtschaftung ein hohes Regenerationsstadium erreicht hat. Die anderen beiden Faxinal-Standorte unterliegen hingegen einer intensiveren Nutzung, wobei Sete Saltos de Baixo in der Vergangenheit eine stärkere Degradation erfuhr. Aber mit Blick auf den höheren Anteil kleinerer Stammholzdurchmesser, gleichbedeutend mit einem jüngeren Gehölzbestand, ist diesem Untersuchungsort ein höheres ökologisches Regenerationspotential beizumessen als dem Untersuchungsort Saudade Santa Anita (Abb. 6.4). Generell bleibt festzustellen, dass die Faxinal-Nutzungsform die untersuchten Naturräume deutlich überprägt und sich somit die Unterschiede in den pedologischen Vorraussetzungen nicht direkt mit denen der Vegetationsassoziationen in Beziehung setzen lassen.

6.3 Die Landnutzungsdynamik innerhalb der Faxinais

Nach Untersuchung der *Mata Densa* Vegetationsassoziationen interessiert nun die aktuelle Nutzung des jeweiligen, gesamten Weideareals. Im Allgemeinen ist davon auszugehen, dass eine Intensivierung der (land-)wirtschaftlichen Aktivitäten eine Vermehrung bzw. Ausdehnung naturferner Bereiche nach sich zieht, was aus ökologischer Sicht negativ zu bewerten ist. Wie bereits in Kapitel 3.6 geschildert, stehen die Faxinais gegenwärtig in einem teils dramatischen Transformationsprozess. Mit der Beschreibung der ökonomischen sowie sozialen Ursachen befassen sich zahlreiche Studien, aus deren Menge MARQUES (2004) und MARQUES & SANTOS (2008) mit einer Zusammenfassung des aktuellen Kenntnisstands zu den Faxinais in Paraná hervorzuheben sind. Durch den Vergleich der Flächennutzungssituation der Jahre 1980 und 2006 wird in dieser Arbeit erstmals ein quantitativer Beleg für die Transformation der Waldweidegebiete erbracht. Neben Änderungen im Anteilsverhältnis der Nutzungsklassen ließen sich für die Faxinais Sete Saltos de Baixo und Saudade Santa Anita sogar größere, über die heute bekannten Territoriumsgrenzen hinausgehende, Flächenausdehnungen rekonstruieren und abschätzen. So büßte das innere Faxinal von Sete Saltos de Baixo rund 60% seiner Gesamtfläche ein, in Saudade Santa Anita erwies sich der Rückgang mit knapp 70% als noch dramatischer. Für das *Criadouro Comum* des Faxinal Anta Gorda (Paraná) konnte hingegen keine Flächenreduktion ermittelt werden.

Als wichtigstes Ergebnis des Landnutzungsvergleichs der Jahre 1980 und 2006 sticht die Abnahme der dichten Waldvegetationsbereiche hervor (Abb. 6.5). Gehen in Sete Saltos de Baixo mit *Mata Densa* (-16%) und *Mata Limpa* (-3,5%) beide Klassen der Waldbedeckung zu Gunsten freier Grasflächen (+19,3%) zurück, betrifft der Rückgang an den anderen Standorten ausschließlich die *Mata Densa* Bereiche (Anta Gorda (Paraná) -30,6% bzw. Saudade Santa Anita -21,8%). Die Flächen unter einer höheren Bewirtschaftungsintensität haben also an allen drei Untersuchungsstandorten deutlich zugenommen. Des Weiteren vergrößerten sich die *Campo* Flächenanteile mit reinem Grasbestand sowohl in Anta Gorda (Paraná) als auch in Saudade Santa Anita geringfügig (+1,7% bzw. +3,8%). In der Auswertung für 2006 kommen neue landwirtschaftliche Nutzflächen (+0,9% bzw. +2%) hinzu, die einer Beweidung durch die Tiere aus der Gemeinschaft nicht mehr zur Verfügung stehen. Die gesamte dargestellte Dynamik, auch die geringfügige Flächenanteilzunahme der *Lagoas* in Saudade Santa Anita, ist eindeutig auf eine Intensivierung der Landnutzung zurückzuführen. Ihren räumlichen Ursprung nimmt die, mit der Nutzung einhergehende, Vegetationsdegradation meist in unmittelbarer Nähe von Siedlungsplätzen und Straßenverläufen.

Neben den im Landschaftsbild direkt feststellbaren Folgen ergeben sich viele Auswirkungen indirekter Art und Weise. Zwar konnten keine Erosionsformen innerhalb der Weideareale identifiziert werden, jedoch weisen die Böden unter lichter Waldvegetation und insbesondere unter Grasvegetation geringere Gehalte an organischer Substanz auf. Sie sind somit nährstoffärmer und bieten schlechtere Voraussetzungen für die Regeneration einer potentiell natürlichen Vegetation (siehe Kap. 6.1.1–7). Mit zunehmender Zahl der Tiere und/oder kleiner werdender

Weidefläche steigt der Weidedruck auf die verbleibenden Bereiche und eine stärkere Degradation von Vegetation und Boden ist die Konsequenz. Insbesondere für das Faxinal Sete Saltos de Baixo mit dem kleinsten *Criadouro Comum* bietet sich die Kombination aus lokal konzentrierter Beweidung und vergleichsweise armen Bodeneigenschaften als Ursache für die deutliche Zunahme des Grasflächenanteils an. In Anta Gorda (Paraná) fallen die Vegetationsveränderungen flächenanteilig am größten aus. Fast der gesamte zurückgegangene *Mata Densa* Anteil wurde durch *Mata Limpa* ersetzt, so dass weniger eine Überweidung als eine verstärkte Ausbeutung der natürlichen Ressourcen ursächlich für die beobachtete Entwicklung ist. Im Kontext der regionalen, stark kommerziell ausgerichteten Landwirtschaftsstruktur diente das Waldweideareal des Faxinal hauptsächlich als Rohstoffreserve, dessen Nutzung unter dem seit wenigen Jahren gültigen ARESUR Status nun nicht mehr möglich ist. In Saudade Santa Anita verteilen sich die Anteilsänderungen mehr auf alle Nutzungsklassen. Das *Criadouro Comum* weist die größte Fläche aus und unterliegt in seiner Bewirtschaftung einer Mitgliedergemeinschaft mit sehr unterschiedlichen Nutzungsabsichten. Da der Großteil des *Mata Densa* in Besitz der organisierten und einflussreichen Faxinal-Befürworter ist, darf davon ausgegangen werden, dass ein stärkeres Ausmaß der Degradation bisher verhindert wurde.

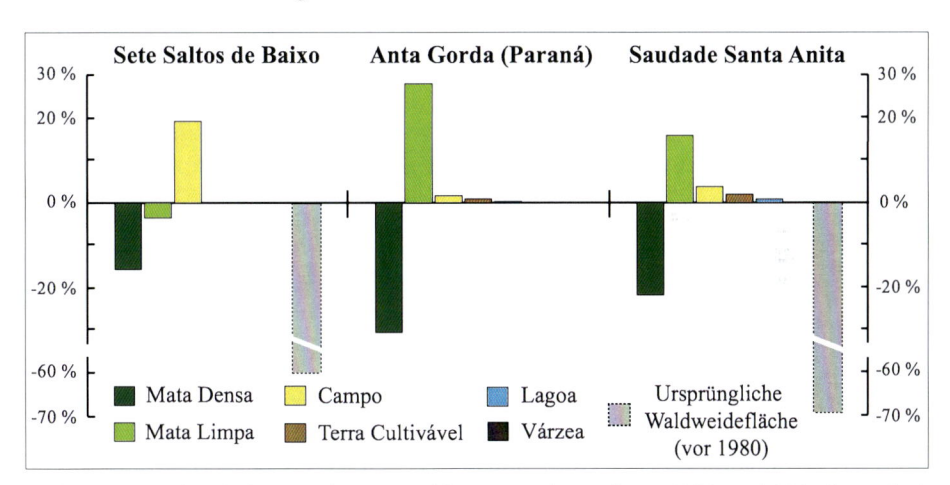

Abb. 6.5: Vergleich der Landnutzungsklassen in den Jahren 1980 und 2006 bezüglich der Faxinal-Waldweideareale. Mata Densa = dichter Waldbestand; Mata Limpa = offener Waldbestand; Campo = Grasfläche; Terra Cultivável = landwirtschaftliche Nutzfläche; Lagoa = Teich/Feuchtgebiet; Várzea = Auenbereich. Quelle: Eigene Erhebung und Darstellung.

6.4 Fazit

Aus geoökologischer Sicht lassen sich für die untersuchten Faxinal-Waldweidegebiete unterschiedliche Standorteigenschaften feststellen. So spiegelt sich die Klimavarianz des anstehenden Gesteins und somit der lithologische Aufbau der Hochländer Paranás in den Bodenmerkmalen der drei Untersuchungsstandorte wider. Demzufolge sind die Böden mit ferralic Eigenschaften im Faxinal Saudade Santa Anita am tonreichsten wegen des hydrolytischen Verwitterungsverhaltens der Basalte. Aufgrund dessen bilden sich bessere Standortbedingungen bezüglich Kationenaustauschkapazität, pH-Wert und der Bindung von organischer Substanz im Oberboden aus. Insofern ist dem Faxinal Saudade Santa Anita die höchste Resilienz gegenüber kurzfristigen Eingriffen in den Naturraum zuzuschreiben, da die Bodengesellschaft, wenn auch nur geringfügig, größere Nährstoffreserven und somit eine höhere Regenerationsfähigkeit besitzt. Nimmt das Störungausmaß jedoch größere Dimensionen an, beispielsweise durch eine radikale Beseitigung der Vegetationsbedeckung, besteht eine vergleichsweise höhere Erosionsgefahr für den Oberboden. Eine irreversible Bodendegradation bis hin zur Ausbildung von Eisenoxidkrusten kann die Folge sein (KRONEN 1989). Am geringsten widerständig gegenüber Eingriffen in das Ökosystem zeigt sich die Bodengesellschaft mit acric Eigenschaften des Faxinal Sete Saltos de Baixo. Neben ihrer Nährstoffarmut unterliegen die meist polygenetisch geprägten Bodenstandorte einem höheren Erosionsrisiko aufgrund der hohen Reliefenergie in der Region. Die Bodengesellschaft des Faxinal Anta Gorda (Paraná) weist ähnlich nährstoffarme Bodeneigenschaften auf, jedoch tragen die oberflächennah anstehenden Verwitterungsprodukte des Schluffsteins zu einer geringen Aufbesserung der Kationenaustauschbedingungen und des Vorrats an Pflanzennährstoffen bei.

Grundsätzlich weisen alle untersuchten Böden unter extensiver Bewirtschaftung dystrophe Standorteigenschaften auf, da die unter den gegebenen Verwitterungsbedingungen vorwiegend entstehenden Kaolinit-Tonminerale nur äußerst wenig Kationen an sich binden können. Die Pflanzennährstoffe entstammen direkt dem Abbau organischer Substanz, das heißt der Nährstoffvorrat im Boden ist von einer ständigen Zufuhr abgestorbener Biomasse abhängig (SEITZ 1986, BURGERT et al. 2002). Ebenso wies bereits HOOGH (1981) darauf hin, dass der größte Limitierungsfaktor für das Pflanzenwachstum innerhalb einer Araukarienwaldgesellschaft im Mangel an Stickstoff und Phosphor besteht. Bei einer Reduktion der organischen Auflage droht eine dauerhafte Verarmung der Böden mit gravierenden Folgen für den Vegetationsbestand. Die Bodenfruchtbarkeit kann unter extensiver Nutzung ohne künstliche Meliorationsmaßnahmen also nur bewahrt werden, indem der Oberboden geschützt und stetiger Eintrag von organischem Material gewährleistet wird. Dies ist nur durch den Erhalt einer zumindest offenen Waldgesellschaft möglich. Je steiler das Relief, desto dringlicher ist der potentiellen Oberbodendenudation durch Schutz des Vegetationsbestands vorzubeugen.

Der Vergleich der Arten- und Familienbestände in den Arbeitsgebieten mit einer potentiell natürlichen Waldgesellschaft des Floresta Ombrófila Mista Montana erlaubt eine ökologische Bewertung der Waldweideareale. In den Vegetationsbereichen des *Mata Densa* wurden nur fünf von insgesamt 63 Gehölzarten gleichermaßen identifiziert, was als wichtiges Indiz für einen hohen Grad an floristischer Diversität zu werten ist. Für die Familienassoziationen auf den jeweiligen Untersuchungsparzellen konnten aus insgesamt 29 identifizierten Familien sieben als bestandsbildend für alle Faxinais ausgewiesen werden. Sie prägen die Vegetationsgesellschaft an den Untersuchungsstandorten in unterschiedlichem Maße, wobei die Myrtaceae als dominanteste sowie artenreichste Familie vor den Flacourticeae und Lauraceae auftritt. Anhand der physiognomischen Ausbildung sind die *Mata Densa* Bereiche des *Criadouro Comum* in Sete Saltos de Baixo und Anta Gorda (Paraná) als sekundäre Vegetationsformen mit mäßigem bis hohem Regenerationspotential einzustufen. Das Faxinal Anta Gorda (Paraná) beinhaltet noch immer Spuren einer vergangen Exploitation, wohingegen das Faxinal Sete Saltos de Baixo nachhaltiger, durch die Zeit aber vergleichsweise intensiver, genutzt wurde. Das Faxinal Saudade Santa Anita steht für eine deutlich schonendere Nutzungshistorie, dessen *Mata Densa* Areale v. a. aufgrund der *Araucaria angustifolia* Vorkommen als degradierte Primärvegetation einzustufen sind. Allerdings besteht ein geringeres Regenerationspotential der Vegetation, da es dem reifen Baumbestand an Jungpflanzen fehlt und der Unterwuchs zu Gunsten von *Ilex paraguariensis* Kulturen zurückgedrängt wurde.

Ein deutlicher Zusammenhang ergibt sich zwischen der Vegetationsbedeckung und der Ausprägung des Oberbodens. Unter dichter Waldbedeckung weisen die Ah-Horizonte eine größere Mächtigkeit mit höheren Anteilen an organischer Substanz auf. Unter offener Vegetation nimmt die Horizontmächtigkeit und der Gehalt an organischem Material ab, wodurch sich gleichfalls die pflanzenökologischen Bedingungen verschlechtern. Rückschlüsse auf Unterschiede im Vegetationsbestand der Faxinal-Untersuchungsorte anhand der abweichenden Bodeneigenschaften sind nicht möglich, da die Bewirtschaftungsmaßnahmen gravierenden Einfluss auf das Pflanzenvorkommen haben und dieses somit anthropogen überprägt ist.

Im Jahr 2006 gab es in allen drei Waldweidearealen 10–30 % weniger *Mata Densa* Bereiche zu verzeichnen als vor 26 Jahren. Im Gegenzug wuchsen die Grasflächen und offene, stärker bewirtschaftete Waldareale deutlich an. Im Faxinal Sete Saltos de Baixo dehnten sich die Grasflächen fast ausschließlich auf Kosten der Waldflächen aus. Diese Entwicklung erklärt sich hauptsächlich als Folge der Verkleinerung der Waldweide mit einhergehendem Anstieg des Weidedrucks auf das aktuelle Areal. Im *Criadouro Comum* sollte dementsprechend in Zukunft die Anzahl der Tiere reguliert werden, da es sich um ein kleines, auf Eingriffe besonders sensibel reagierendes Gebiet handelt. Im Faxinal Anta Gorda (Paraná) ersetzte *Mata Limpa* hauptsächlich *Mata Densa* Bereiche. Jedoch wird einer weiteren Ausbeutung des Gehölzbestandes durch die Ausweisung als Landschaftsschutzgebiet (ARESUR) seit wenigen Jahren Einhalt geboten. Durch diese Maßnahme konnte bereits eine leichte Erholung der Vegetationsgesellschaft bewirkt werden. Das Faxinal Saudade Santa Anita erfuhr ebenfalls eine Intensivierung seiner Nutzung, die sich in der Ausdehnung der offenen Waldbereiche ausdrückt. Neben der verstärkten Kultivierung von *Ilex paraguariensis* entstanden zusätzliche Flächen mit Ackerbau, permanenter Grasweidewirtschaft und Aufforstungen exotischer Baumarten. Diese zeugen von einer Tendenz zur Individualisierung der Landbewirtschaftung des *Criadouro Comum* der Faxinais Anta Gorda (Paraná) und Saudade Santa Anita. Da diese Bereiche strikt von der Beweidung durch die Tiere der Faxinal-Mitglieder ausgenommen sind, verkörpern sie einen konträren agrarwirtschaftlichen Ansatz zum Faxinal-System und stellen das Kernproblem in der Diskussion um die zukünftige Entwicklung dar.

Bei einem Faxinal, unter dem im Rahmen dieser Arbeit explizit die silvopastorale Bewirtschaftung der Araukarienwälder gemeint ist, handelt es sich um eine ökologisch nachhaltige Landwirtschaftsform. Als essentiell ist die Wahrung des extensiven Nutzungscharakters, verbunden mit dem Erhalt einer quasi-natürlichen Biodiversität, in weiten Teilen des Waldweideareals anzusehen. Auf Grundlage der erbrachten Arbeitsresultate ist demnach dem Schutz des Oberbodens bzw. der ihn bedeckenden Vegetation eine zentrale Stellung beizumessen. Hierfür ist die Umsetzung folgender Maßnahmen innerhalb der jeweiligen Faxinais zu empfehlen:

- Einführung eines ganzheitlichen Rotationssystems mit Ausweisung periodisch wechselnder Weide- und Brachbereiche zur Gewährleistung einer ausreichenden Regeneration des Waldbestandes (betrifft alle untersuchten Faxinais zu gleichen Maßen);
- Minderung bzw. strikte Kontrolle des Holzeinschlags sowie Schutz seltener Gehölzarten (betrifft insbesondere die Faxinais Sete Saltos de Baixo und Anta Gorda (Paraná) mit ihren geringen und/oder jungen Nutzholzbeständen);
- Kultivierung von *Ilex paraguariensis* nur in kleinräumigen Dimensionen und in gemischten Gehölzbeständen (betrifft hauptsächlich das Faxinal Saudade Santa Anita mit lokal dominierenden *Erva Mate* Vorkommen);
- Verhinderung einer weiteren Verkleinerung und/oder Aufteilung des allgemein zugänglichen Weideareals bzw. nur unter Anpassung des Tierbestandes (betrifft insbesondere das Faxinal Sete Saltos de Baixo, welches aufgrund seiner Größe diesbezüglich nur über eine geringe Resilienz verfügt);
- Vermeidung und Auslagerung von Sonderstandorten innerhalb des *Criadouro Comum* wie Ackerflächen, Grasweiden oder aufgeforstete Monokulturen, da diese einer Beweidung entgegenstehen (betrifft v. a. die Faxinais Anta Gorda (Paraná) und Saudade Santa Anita, weil in beiden Waldweidearealen entsprechende Sonderstandorte bereits vorhanden sind und zu anhaltenden Nutzungskonflikten führen).

Die erfolgreiche Implementierung der aufgezählten Maßnahmen ist durch ein gemeinschaftliches Weidemanagement unter Integration aller Faxinal-Mitglieder zu erreichen. Die Managementform müsste über die traditionelle Organisationsstruktur hinaus gehen und für alle Beteiligten wirtschaftliche Anreize bieten. Wie die Neuorganisation erfolgen soll, wird für jedes Faxinal im Einzelnen zu klären sein. Die Dringlichkeit des Handlungsbedarfs steht jedoch außer Frage, da unter den momentanen sozial-ökonomischen Umständen von einem ansteigenden Nutzungsdruck auf die verbleibenden Waldweidebereiche auszugehen ist.

Zusammenfassung

Das Faxinal stellt ein agrosilvopastorales Landwirtschaftssystem dar, das sich vor rund 100 Jahren in den Araukarienwäldern der Hochländer Paranás etablierte. Diese Untersuchung bedient sich der natürlichen Standortanordnung dreier Arbeitsgebiete mit unterschiedlicher Geologie, um die ökologische Nachhaltigkeit des Faxinal-Systems vergleichend zu bewerten. Die Erhebungen umfassen geoökologische Parameter, die Aufschluss über die pedologischen Bedingungen, die ökologische Situation des rezenten Vegetationsbestands und die anthropogene Nutzungsintensität geben.

Die Unterschiede in den pflanzenökologischen Bodenmerkmalen haben ihre Ursache in der Varianz der anstehenden Gesteine gegenüber den rezenten Verwitterungsbedingungen. So weisen die Böden auf Basalt mit ferralic Eigenschaften (Faxinal Saudade Santa Anita) einen hohen Tonmineralanteil auf, der vergleichsweise bessere Standortparameter bezüglich der Kationenaustauschkapazität, des pH-Werts und der Bindung organischer Substanz mit sich bringt. Die Bodengesellschaft mit acric Eigenschaften auf metamorphen Gestein (Faxinal Sete Saltos de Baixo) besitzt als Vegetationsstandort die schlechtesten Bedingungen. Neben der Nährstoffarmut weisen viele Bodenprofile eine deutlich allochthone Überprägung auf, weshalb von einem hohen Erosionsrisiko in der Region auszugehen ist. Die auf Schluffstein ausgebildete Bodengesellschaft (Faxinal Anta Gorda (Paraná)) beinhaltet ähnlich arme Bedingungen, jedoch heben oberflächennahe Verwitterungsprodukte die Austauschkapazität stellenweise an. Grundsätzlich besitzen alle untersuchten Faxinal-Böden dystrophe Standorteigenschaften, da austauschschwache Kaolinite die Tonmineralfraktion dominieren. Die geringen Nährstoffvorkommen erschließen sich direkt aus dem Abbau organischer Substanz.

Die ökologische Beurteilung des Arten- bzw. Familienspektrums erfolgte anhand naturnaher Vegetationsbereiche innerhalb der Waldweidegebiete. Im Vergleich der Faxinais ergibt sich eine hohe Diversität der Gehölzpflanzen, indem nur fünf von 63 Arten in allen Arbeitsgebieten zugegen sind. Von insgesamt 29 Familien heben sich sieben als bestandsbildend hervor. Insbesondere die Arten der Myrtaceae, Flacourtiaceae und Lauraceae erlangen große ökologische Bedeutung innerhalb der Vegetationsgesellschaften. Das Faxinal Saudade Santa Anita entspricht einer degradierten Primärwaldgesellschaft, da *Araucaria angustifolia* sowie weitere seltene Nutzholzarten registriert wurden. Hingegen sind die Faxinais Sete Saltos de Baixo und Anta Gorda (Paraná) als sekundäre Gesellschaften einzustufen.

Eine eindeutige Nutzungsdynamik ergibt sich aus dem Flächenvergleich der Jahre 1980 und 2006. In allen Arbeitsgebieten kam es zu einer Anteilsverschiebung zu Ungunsten der naturnahen Waldbestände. In Sete Saltos de Baixo drückte sich die Intensivierung der Landnutzung in einer äußerst deutlichen Ausdehnung der Grasflächen aus. Neben diesen Degradationsmerkmalen treten in den Faxinais Anta Gorda (Paraná) und Saudade Santa Anita im Jahr 2006 Sonderstandorte innerhalb der Waldweide auf, die zugleich eine Beweidung durch die Tiere der Faxinal-Gemeinschaft ausschließen.

Aufgrund der Nutzungsintensivierung ist der Schutz der Waldvegetation bzw. des Oberbodens Voraussetzung für die ökologische Nachhaltigkeit. Abgesehen vom Verlust der regionalen Biodiversität durch eine übermäßige Vegetationsdegradation droht eine dauerhafte Nährstoffverarmung der Böden. Um der Zerstörung des Araukarienwald-Ökosystems vorzubeugen, wird die Einführung eines modernen Weidemanagements unter Beteiligung aller Gemeinschaftsmitglieder empfohlen.

Summary

The agro-silvo-pastoral land use system Faxinal was established in the Araucaria forests on the highlands of Paraná about 100 years ago. This study uses the natural arrangement of different geological situations in order to assess the ecological sustainability of the Faxinal System. Three representative working sites are compared using geoecologic parameters concerning the pedological conditions, the environmental state of the vegetation and the intensity of the land use.

The differences in the plant-ecologic site conditions are caused by the variance of the rocks in place to current weathering processes. Ferralic soils on basalt (Faxinal Saudade Santa Anita) are rich in clay, and hence, bear better site parameters relative to cation exchange capacity, pH-value and fixation of organic substance. The acric soil society on metamorphic rock (Faxinal Sete Saltos de Baixo) holds the poorest plant nutrient conditions. Additionally, many of these soils underlie allochthonous impact attesting a relatively high erosion risk within the region. Soils on siltstone (Faxinal Anta Gorda (Paraná)) include similar properties, but weathering products close to the surface affect a partly increased exchange capacity. All analysed Faxinal soils have dystrophic properties as kaolinites dominate the clay mineral fraction. The nutrient deposits are directly provided by the decomposition of organic material.

The ecological evaluation of the species and family occurrence was carried out by surveying the vegetation within the forest pasture which has been left closest to its natural state. The species composition indicates a high diversity when comparing the Faxinais, as only five out of 63 species were found in all three working areas. 29 families occur, of which seven are considered dominant in the examined populations. In particular, Myrtaceae, Flacourtiaceae and Lauraceae are of great ecological significance at all research sites. The Faxinal Saudade Santa Anita complies with a degraded primary forest society, because *Araucaria angustifolia* and other rare timber species have been preserved. In consequence, the Faxinais Sete Saltos de Baixo and Anta Gorda (Paraná) have to be classified as secondary vegetation societies.

A distinct land use dynamic was derived from the comparison of the wood pasture areas in the years 1980 and 2006. At all three research sites shifting rates of land use can be detected. All changes resulted from a reduction of the dense, most extensively used forest parts called *Mata Densa*. In Sete Saltos de Baixo the decreased part of wood area was completely replaced by grass vegetation. For the year 2006, extra sites in the wood pasture were displayed next to degradation marks as shown by the increased occurrence of open forests parts in the Faxinais Anta Gorda (Paraná) and Saudade Santa Anita. These areas represent new, intensive land use forms like agriculture plots, grass pasture and plantation-like afforestations which exclude grazing of livestock belonging to the Faxinal members.

Considering the intensification of land use, the preservation of the forest vegetation together with the upper soil layer is a precondition for ecological sustainability. Besides the impending loss of the regional biodiversity, continuing vegetation degradation bears the risk of permanent soil depletion, and thus, the devastation of the Araucaria forest ecosystem. Therefore, the installation of a modern pasture management system which integrates all community members is recommended to secure the Faxinal's future existence.

Resumo

O Faxinal representa um sistema agro-silvo-pastoral na floresta de Araucária nos planaltos do Paraná, que foi fundado há 100 anos atrás. Esta pesquisa utiliza a disposição da natureza para avaliar a sustentabilidade ecológica do Sistema Faxinal fazendo uma comparação com três lugares da geologia diferente. O principal objetivo da pesquisa é levantar os parâmetros geoecológicos, os quais fornecem informações sobre as propriedades pedológicas, em relação à situação ambiental da vegetação na atualidade e sobre a intensidade do uso de terra.

As consequências da variância das rochas no local sob os processos de decomposição atuais são as características distintas dos solos, as quais influem nas condições de localização fitoecológicas. Os solos ferralic sobre basalto (Faxinal Saudade Santa Anita) são os mais ricos em minerais de argila. Por isso, eles mostram condições de localização melhores concernente à capacidade de troca catiónica, ao valor de pH e á ligação de matéria orgânica. A sociedade dos solos acric sobre o baseamento metamórfico (Faxinal Sete Saltos de Baixo) contém as condições de substâncias fitonutritivas mais pobres. Além disso, muitos destes solos obtêm uma influência alóctone, e assim, eles comprovam um risco de erosão mais alto na região. Os solos sobre folhelos (Faxinal Anta Gorda (Paraná)) contém propriedades similares, mas fragmentos das rochas decompostas podem causar um aumento da capacidade de troca em perfís pouco profundos. As propriedades distróficas dominam todos os solos analisados em virtude do predomíno de caulinite na fração dos minerais de argila. A oferta das substâncias nutrivas depende diretamente do conteúdo da matéria orgânica e da sua decomposição.

A avaliação ecológica da ocorrência das espécies e famílias é realizada pelo levantamento da vegetação nas partes do potreiro florestal, daquelas que encontram-se em estado quase-natural. A composição das espécies arbóreas constatou uma diversidade alta baseando-se na comparação entre os Faxinais, visto que apenas cinco das 63 espécies encontram-se juntas em todos os três campos da pesquisa. Das 29 famílias analisadas, pode-se dizer que são sete as que predominam. Especialmente, as Myrtaceae, as Flacourtiaceae e as Lauraceae têm grande importância ecológica em todas as localidades. O Faxinal Saudade Santa Anita está conforme a uma sociedade de vegetação primeira degrada, porque a *Araucária angustifolia* e outras espécies de lenhas raras foram conservadas. Portanto, os Faxinais Sete Saltos de Baixo e Anta Gorda (Paraná) são classificados como uma sociedade de vegetação secundária.

Uma dinâmica manifesta do uso dos solos foi deduzida pelos potreiros florestais, tendo como base a comparação dos anos de 1980 e 2006. Nos três territórios, as alterações resultaram de um decrescimento da *Mata Densa*, que são as áreas florestais de utilização mais extensiva. Em Sete Saltos de Baixo a intensificação do uso mostra-se pelo aumento da vegetação de grama. No ano 2006, novas formas do uso dos solos surgem junto com a degradação crescente nos Faxinais Anta Gorda (Paraná) e Saudade Santa Anita. Estes terras cultiváveis, pastos e reflorestamentos monoculturais excluem o pasto dos animais dos Faxinalenses.

Considerando a intensificação do uso de terra, a preservação da vegetação florestal junto com o solo superficial é uma precondição para a sustentabilidade ecológica. Apesar da perda iminente da biodiversidade regional, a degradação da vegetação inclue o risco de esgotamento permanente do solo, e assim, a destruição do ecosistema da floresta de Araucária. Por este motivo recomenda-se a instalação de um sistema administrativo moderno de pastagem, o qual integra todos os Faxinalenses afiliados.

Abkürzungsverzeichnis

AGAECO	Associação dos Grupos de Agricultura Ecológia (Turvo)
ARESUR	Área Especiail de Uso Regulamentado
ASA	Associação de Agricultores da Saudade Santa Anita
CPRM	Seviço Geológico do Brasil
CPTEC	Centro de Previsão do Tempo e Estudos Climáticos
EMBRAPA	Empresa Brasileira de Pesquisa Agropecuária
GAESSA	Grupo de Agricultores Ecológicos Saudade Santa Anita
FUPEF	Fundação de Pesquisas Florestais do Paraná
IAF	Instituto Agroflorestal Bernado Hakvoort (Turvo)
IAP	Instituto Ambiental do Paraná
IAPAR	Instituto Agronômico do Paraná
IBGE	Instituto Brasileiro de Geografia e Estatística
IBAMA	Instituto Brasileiro de Meio Ambiente e Recursos Naturais
ICMS	Imposto sobre Circulação de Mercadorias e Serviços
IEEP	Instituto Equipe de Educação Popular (Iratí)
ING	Instituto os Gardões da Natureza
INMET	Instituto Nacional de Meteorologia
MINEROPAR	Seviço Geológico do Paraná
SEMA	Secretatria de Estado do Meio Ambiente e Recursos Hídricos
SIMEPAR	Sistema Meteorológico do Paraná
SRTM	Shuttle Radar Topography Mission (NASA)
WRB	World Reference Base for soil resources
XRD	Röntgendiffraktometrie oder -beugungsanalyse

Literaturverzeichnis

AHNERT, F., ROHDENBURG, H & SEMMEL, A. (1982). Geomorphologisch-bodenstratigraphischer Vergleich zwischen dem Nordostbrasilianischen Trockengebiet und immerfeucht-tropischen Gebieten Südbrasiliens. *Catena*, Suppl. **2**: 75–122.

ALBUQUERQUE, J. M. D. (2005): Análise fitossociológia da vegetação do faxinal do Marmeleiro de Cima de Rebouças – PR. Tesis de Pos-graduação especialista, FAFIUVA, União da Vitoria, 64 p.

BAASKE, R., NOACK, W., RUGE, S. & SEITZ, R. A. (2002): Pflanzensoziologische Untersuchungen im Pró-Mata-Gebiet. *AFZ – Der Wald* **57** (22): 1163–1165.

BECKER, B. (1997): Sustainability assessment: a review of values, concepts, and methodological approaches. *Issues in Agriculture* **10**. World Bank, Washington, 63 p.

BEHLING, H. (1993): Untersuchungen zur spätpleistozänen und holozänen Vegetations- und Klimageschichte der tropischen Küstenwälder und der Araukarienwälder in Santa Catarina (Südbrasilien). *Dissertationes Botanicae* **206**: 149 S.

BEHLING, H. (1998): Late Quaternary vegetational & climatic changes in Brazil. *Review of Palaeobotany and Palynology* **99**: 143–156.

BEHLING, H. (2000): Araukarienwälder Südbrasiliens im Spätquartär. *Natur und Museum* **130** (5): 155–161.

BEHLING, H., DUPONT, L., DEFOREST SAFFORD, H. & WEFER, G. (2007): Late Quaternary vegetation and climate dynamics in the Serra de Bocaina, southeastern Brazil. *Quaternary International* **161**: 22–31.

BEHLING, H., GIRARDI BAUERMANN, S. & PEREIRA NEVES, P. C. (2001): Holocene environmental changes in the São Francisco de Paula region, southern Brazil. *Journal of South American Earth Sciences* **14**: 631–639.

BEHLING, H. & NEGRELLE, R. R. B. (2001): Tropical rain forest and climate dynamics of the atlantic lowland, southern Brazil, during the Late Quaternary. *Quaternary Research* **56**: 383–389.

BERNARDES LADEIRA, F. S. & SANTOS, M. DE (2006): Tectonics and Cenozoic paleosols in Itaqueri's Hill (São Paulo-Brazil). Implications for the long-term geomorphological evolution. *Zeitschrift für Geomorphologie N.F.,* Suppl. **145**: 37–62.

BEURLEN, K., (1970): Geologie von Brasilien. *Beiträge zur regionalen Geologie der Erde* **9**. Borntraeger, Berlin, 444 S.

BIBUS, E. (1983): Die klimamorphologische Bedeutung von stone-lines und Decksedimenten in mehrgliedrigen Bodenprofilen Brasiliens. *Zeitschrift für Geomorphologie N.F.*, Suppl. **48**: 79–98.

BIGARELLA, J. J. (1964): Variações climáticas no quaternárioe suas implicações no revestimento florístico do Paraná. *Boletim Paranaense de Geografia* **10–15**: 211–231.

BIGARELLA, J. J. & AB'SÁBER, A. N. (1964): Paläogeographische und paläoklimatische Aspekte des Känozoikums in Südbrasilien. *Zeitschrift für Geomorphologie* **8**: 286–313.

BIGARELLA, J. J. & MOUSINHO, M. M. (1965): Considerações a respeito dos terraços fluviais, rampas de colúvio e várzeas. *Boletim Paranaense de Geografia* **16–17**: 153–198.

BIGARELLA, J. J. & MOUSINHO, M. M. (1966): Slope development in southeastern and southern Brasil. *Zeitschrift für Geomorphologie* **10**: 150–159.

BITTENCOURT, A. (2007): Caracterização da vegetação arbórea do Faxinal Saudade Santa Anita, Turvo, PR. Tese de especialista Universidade Estadual de Ponta Grossa, 55 p.

BITTENCOURT, A. L. V. & KRAUSPENHAR, P. M. (2006): Possible prehistoric anthropogenic effect on *Araucaria angustifolia* (Bert.) O. Kuntze. Expansion during the late Holocene. *Revista Brasileira de Paleontologia* **9** (1): 109–116.

BITTENCOURT, J. V. M., HIGA, A. R., MAZZA, M. C., RUAS, P. M., RUAS, C. F., CACCAVARI, M. & FASSOLA, H. (2004): Conservación, ordenación y uso sostenible de los recursos genéticos de Araucaria angustifolia en Brasil. In: VINCETI, B., AMARAL, W. & MEILLEUER, B. (eds.): Desafíos de la ordenación de los recursos genéticos silvícolos para contribuir a la subsistencia: ejemplos de Argentina y Brasil. Instituto Internacional de Recoursos Fitogenéticos, Roma: 145–161.

BIZZI, L. A. & VIDOTTI, R. M. (2003): Condicionamento do magmatismo pós-Gondwana. In: BIZZI, L. A., SCHOBBENHAUS, C., VIDOTTI, R. M. & GONÇALVES, J. H. (eds.): Geologia, tectônica e recursos minerais do Brasil – texto, mapas & SIG. CPRM, Brasília: 335–361.

BOENIGK, W. (1983): Schwermineralanalyse. Enke, Stuttgart, 158 S.

BORK, H.-R. & HENSEL, H. (2006): Blätter in der Tiefe am Rio Ribeira. In: BORK, H.-R. (Hg.): Landschaften unter dem Einfluss des Menschen. Primus, Darmstadt: 63–65.

BORK, H.-R. & ROHDENBURG, H. (1983): Untersuchungen zur jungquartären Relief- und Bodenentwicklung in immerfeuchten tropischen und subtropischen Gebieten Südbrasiliens. *Zeitschrift für Geomorphologie N.F., Suppl.* **48**: 155–178.

BORTOLUZZI, E. C., TESSIER, D., RHEINHEIMER, D. S. & JULIEN, J. L. (2006): The cation exchange capacity of a sandy soil in southern Brazil. An estimation of permanent and pH-dependent charges. *European Journal of Soil Science* **57**: 356–364.

BURGERT, E., GRIESHABER, M., IRSLINGER, R. PECHO, A., REMMELE, S., RÜHL, W. & VALDIR SCHUMACHER, M. (2002): Entwicklung einer ökologischen Standortsinventur in Pró-Mata. *AFZ – Der Wald* **57** (22): 1158–1161.

CASTELLA, P. R. & BRITEZ, R. M. (2004): A Floresta com araucária no Paraná. Conservação e diagnóstico dos remanescentes florestais. Projeto de Conservação e Utilisação Sustentável de Diversidade Biológica Brasileira PROBIO. Ministerio de Meio Ambiente Paraná e Fundação de Pesquisa Florestais do Paraná FUPEF, Curitiba, 236 p.

CHANG, M. Y. (1988a): Faxinais no Paraná. *Informe da Pesquisa* **80**, IAPAR, Londrina, 20 p.

CHANG, M. Y. (1988b): Sistema Faxinal. Uma forma de organização camponesa em desagregação no centro-sul do Paraná. *Boletím técnico* **22**, IAPAR, Londrina. 124 p.

CHODUR, N. L. & SANTOS FILHO, A. (1993): Mineralogia de solos na região de Araucária-Contenda (PR). *Boletim Paranaense de Geociências* **41**: 82–90.

CLAPPERTON, C. M. (1993): Quaternary geology and geomorphology of South America. Elsevier, Amsterdam, 779 p.

COZZO, D. (1995): Interpretación forestal del Sistema Fachinal de la Argentina y Faxinal del Brasil. *Quebracho* **3**, Santiago del Estero, Argentina: 5–12.

DORANTI, C. (2006): Estrutura da paisagem no leste de São Paulo e sudoeste de Minas Gerais. Relações entre superfícies de erosão e termocronologia por traços de fissão. Tese de mestrado Universidade Estadual Paulista, Rio Claro, 106 p.

DÜMIG, A., BEYERLEIN, P., SCHAD, P., KNICKER, H. & KÖGEL-KNABER, I. (2005): Böden mit unterschiedlicher Nutzungsgeschichte im Grasland-Wald-Vegetationsmosaik der brasilianischen Araukarienwälder. *Mitteilungen der deutschen Bodenkundlichen Gesellschaft* **107**: 311–312.

DÜMIG, A., SCHAD, P., RUMPEL, C., DIGNAC, M.-F. & KÖGEL-KNABER, I. (2007): Böden dokumentieren die Waldausbreitung im Grasland-Araukarienwald-Mosaik des südbrasilianischen Hochlandes. *Mitteilungen der deutschen Bodenkundlichen Gesellschaft* **110**: 415–416.

DYKSTRA, C. (2007): Levantamento florístico e fitossociológico do Faxinal Paraná Anta Gorda, Município de Prudentópolis, PR. Tese de especialista, Univesidade Estadual de Ponta Grossa, 46 p.

EITEL, B. (2001): Bodengeographie. Das Geographische Seminar. Westermann, Braunschweig, 244 S.

EMBRAPA (1999): Sistema Brasileiro de classificação de solos. Centro Nacional de Pesquisa de Solos, Brasília, 412 p.

EMBRAPA & IAPAR (1984): Levantamento de reconhecimento dos solos do estado do Paraná. Governo do Estado do Paraná, Londrina, 94 p.

EMMERICH, K. (1997): Decksedimente in den Tropen. *Geographische Rundschau* **49** (1): 18–23.

ENGELS, W. (2003): Araukarienwald. In: KOHLHEPP, G. (Hg.): Brasilien. Entwicklungsland oder tropische Großmacht des 21. Jahrhunderts? Attempto, Tübingen: 239–262.

FÄHSER, L. (1981): Die Bewirtschaftung der letzten Brasilkiefer-Naturwälder. *Forstarchiv* **52**: 22–26.

FERREIRA, E. S. (2006): Evolução do uso da terra na bacia hidrográfica do rio Sete Saltos, Ponta Grossa (PR) 1980–2006. Tese de bacharel, Universidade Estadual do Paraná, Ponta Grossa, 68 p.

FITZPATRICK, E. (1993): Soil microscopy and micromorphology. Chichester, Wiley, 304 p.

FUPEF (2001): O Pinheiro do Paraná. *Cartilha Educativa*, Curitiba, 30 p.

GHIDIN, A. A., FREITAS MELO, DE V., COSTA LIMA, V. & COSTA LIMA J. M. J. (2006a): Toposseqüências de latossolos originados de rochas basálticas no Paraná. I – Mineralogia da fração argila. *Revista Brasileira de Ciência do Solo* **30**: 293–306.

GHIDIN, A. A., FREITAS MELO, DE V., COSTA LIMA, V. & COSTA LIMA J. M. J. (2006b): Toposseqüências de latossolos originados de rochas basálticas no Paraná. II – Relação entre mineralogia da fração argila e propriedades físicas dos solos. *Revista Brasileira de Cciência do Solo* **30**: 307–319.

GOLTE, W. (1978): Die südhemispärischen Coniferen und die Ursachen ihrer Verbreitung außerhalb und innerhalb der Tropen. In: TROLL, C. & LAUER, W. (Hg.): Geoökologische Beziehungen zwischen der temperierten Zone der Südhalbkugel und der Tropengebirge. *Erdwissenschaftliche Forschung* **11**: 93–123.

GOLTE, W. (1993): Araucaria – Verbreitung und Standortansprüche einer Coniferengattung in vergleichender Sicht. *Erdwissenschaftliche Forschung* **27**. Steiner, Stuttgart, 167 S.

GOMES, J. B. V., CURI, N., SCHULZE, D. G., MARQUES, J. J. G. S. M., KER, J. C. & MOTTA, P. E. F. (2004): Mineralogia, morfologia e análise microscópia de solos do bioma cerrado. *Revista Brasileira de Ciência do Solo* **28**: 679–694.

GREINERT, U. & HERDT, H. (1987): Das Relief als geoökologischer Faktor. *Geowissenschaften in unserer Zeit* **5** (5): 174–182.

GUTBERLET, J. (2002): Auflösung kleinbäuerlicher Landwirtschaft in Mato Grosso (Brasilien). *Geographische Rundschau* **54** (11): 22–26.

HEIM, D. (1990): Tone und Tonminerale – Grundlagen der Sedimentologie und Mineralogie. Enke, Stuttgart, 157 S.

HOFFMANN DOMINGUEZ, Z. (1999): Hieraquização dos faxinais inscrito no cadastro estadual de unidades de conservação e uso especial, visando ao ICMS Ecológico. Tese de mestre Universidade Federal do Paraná, Curitiba, 143 p.

HOOGH, R. J. DE (1981): Site-nutrition-growth relationship of *Araucaria angustifolia* (Bert.) O. Kuntze in southern Brazil. Dissertation Universität Freiburg, 161 S.

HUECK, K. (1966): Die Wälder Südamerikas. In: WALTER, H. (Hg.): *Vegetationsmonographien der einzelnen Großräume* **2**, Fischer, Stuttgart, 414 S.

IBGE (1977): Geografia do Brasil – região sul. Rio de Janeiro, 534 p.

IBGE (2000): Anuário estatístico do Brasil, vol 60. Rio de Janeiro, 852 p.

IBGE (2001): Mapa de solos do Brasil 1:5 Mio. Rio de Janeiro.

IBGE (2005): Produto interno bruto dos municípios 1999–2003. *Contas Nacionais* **16**, Rio de Janeiro, 235 p.

IBGE (2004): Anuário estatístico do Brasil, vol. 64. Rio de Janeiro, 409 p.

IBGE (2006): Censo agropecuário – resultados preliminares. Rio de Janeiro, 146 p.

IBGE (2008a): Contagem da população 2007. 2ª ed., Rio de Janeiro, 312 p.

IBGE (2008b): Produção agrícola municipal – cereals, leguminosas e oleaginosas 2007. Rio de Janeiro, 56 p.

IBGE, DGC & CCAR (2003): Base cartográfica integrada do Brasil ao milionésimo digital CIMd. <http://www.ibge.gov.br> [accessed: 15-08-2008]

ING (2005): Perfil das famílias do Faxinal Paraná Anta Gorda. Instituto os Guardiões da Natureza, Prudentópolis, 52 p.

JASMUND, K. & LAGALY, G. (1993): Tonminerale und Tone. Struktur, Eigenschaften, Anwendungen und Einsatz in Industrie und Umwelt. Steinkopf, Darmstadt, 490 S.

KLAMMER, G. (1981): Landforms, cyclic erosion and deposition, and late Cenozoic changes in climate in southern Brazil. *Zeitschrift für Geomorphologie*, Suppl. **25** (2): 146–165.

KLEIN, R. M. (1984): Aspectos dinâmicos da vegetação do sul do Brasil. *Sellowia* **36**: 5–54.

KOTTEK, M., GRIESER, J., BECK, C., RUDOLF, B. & RUBEL, F. (2006): World map of the Köppen-Geiger climate classification updated. *Meteorologische Zeitschrift* **15**: 259–263.

KREEB, K.-H. (1983): Vegetationskunde – Methoden und Vegetationsformen unter Berücksichtigung ökosystemischer Aspekte. Ulmer, Stuttgart, 331 S.

KRETSCHMAR, R. (1996): Kulturtechnisch-bodenkundliches Praktikum. Ausgewählte Labor- und Feldmethoden Bd. 2, Kiel, 532 S.

KRONEN, M. (1989): Bodenerosion in Paraná, Brasilien. *Trierer Geographische Studien* **7**, 222 S.

LEDRU, M.-P., SALGADO-LABOURIAU, M. L. & LORSCHEITTER, M. L. (1998): Vegetation dynamics in southern and central Brazil during the last 10,000 yr B.P. *Review of Palaeobotany and Palynology* **99**: 131–142.

LEITE, P. F. & KLEIN, R. M. (1990): Vegetação. In: IBGE (ed.): Geografia do Brasil - região sul, Rio de Janeiro: 113–150.

LICHTE, M. & BEHLING, H. (1999): Dry and cold climatic conditions in the formation of the present landscape in southeastern Brazil. *Zeitschrift für Geomorphologie* **43** (3): 341–358.

LÖWEN SAHR, C. L. & IEGELSKI, F. (2003): O Sistema Faxinal no Município de Ponta Grossa. Diretrizes para a presevação do ecosistema, do modo de vida, da cultura e das identidades das comunidades e dos espaços faxinalenses. Relatório técnico, Prefeitura Municipal de Ponta Grossa, 108 p.

LÖWEN SAHR, C. L. & IEGELSKI, F. (2004): A dissolução de um „Recanto Feliz". O Sistema Faxinal no Município de Ponta Grossa – PR. Congresso Brasil de pesquisas ambienteis e saude. 5 p.

MAACK, R. (1968): Geografia física do Estado do Paraná. Brasil diferente. 3ª ed., Governo do Paraná, Curitiba, 440 p.

MARQUES, C. L. G. (2004): Levantamento preliminar sobre o Sistema Faxinal no Estado do Paraná. IAP, Guarapuava, 192 p.

MARQUES, C. L. G. & SANTOS, L. G. DOS (2008): Comissão técnica sobre os faxinais. Relatório final. Ministério do Desenvolvimento Agrário & INCRA, Guarapuava, 86 p.

MINEROPAR (2001): Atlas geológico de Estado do Paraná. Governo do Paraná, Curitiba, 116 p.

MOORE, D. M. & REYNOLDS, R. C. (1997): X-Ray diffraction and the identification and analysis of clay minerals. Oxford, 378 p.

MUELLER-DOMPBOIS, D. & ELLENBERG, H. (1974): Aims and methods of vegetation ecology. Wiley, New York, 547 p.

MÜLLER, G. (1964): Methoden der Sedimentuntersuchung Teil 1. In: ENGELHARDT, W., FÜCHTBAUER, H. & MÜLLER, G. (Hg.): Sediment-Petrologie. Schweizerbart, Stuttgart: 198–219.

NERONE, M. M. (2000): Terras de plantar, terras de criar. Sistema Faxinal – Rebouças 1950–1997. Tese de dotorado, Universidade Estadual Paulista (UESP), Assis, SP, 286 p.

NEUFELDT, H. (1999): Physical and chemical properties of selected Oxisols in the Brazilian Cerrados. In: THOMAS, R. & AYARZA, M. A. (eds.): Sustainable land management for the Oxisols of the Latin American savannas – dynamics of soil organic matter as indicators of soil quality. Centro Internacional de Agricultura Tropical CIAT, Cali, Colombia: 37–50.

NIEDERBUDDE, E.-A., STANJEK, H. & EMMERICH, K. (2002): Tonminerale Methodik. In: BLUME, H.-P., FELIX-HENNINGSEN, P., FISCHER, W.-R., FREDE, H.-G., HORN, R. & STAHR, K. (Hg.): Handbuch der Bodenkunde. 14. Erg., Ecomed, Landsberg, 38 S.

NIEDZIELSKI, C. (2007): Caracterizção da vegetação arbórea do Faxinal Sete Saltos de Baixo, Ponta Grossa, PR. Tese de especialista Universidade Estadual de Ponta Grossa, 43 p.

NORTHFLEET, A. A., MEDEIROS, R. A. & MUHLMANN, H. (1969): Reavaliação dos dados geológicos da basia do Paraná. *Boletim técnico PETROBRÁS* **12** (3): 291–346.

PANSU, M. & GAUTHEYROU, J. (2006): Handbook of soil analysis. Mineralogical, organic and anorganic methods. Springer, Berlin, 993 S.

POTT, R. & HÜPPE, J. (2007): Spezielle Geobotanik. Pflanzen, Klima, Boden. Springer, Berlin, 330 S.

QUEIROZ NETO, J. J. (2001): O estudo de formações superficiais no Brasil. *Revista do Intituto Geológico São Paulo* **22** (1/2): 65–78.

ROCHA, H.O. DE (1981): Die Böden und geomorphologischen Einheiten der Region von Curititba (Paraná – Brasilien). *Freiburger Bodenkundliche Abhandlungen* **10**, 189 S.

RODERJAN, C. V., GALVÃO, F., KUNIYOSHI, Y. S. & HATSCHBACH, G. G. (2002): As unidades fitogeográficas do estado Paraná. *Ciência & Ambiente* **24**: 75–92.

ROHDENBURG, H. (1971). Einführung in die klimagenetische Geomorphologie. Catena Verlag, Reiskirchen, 350 S.

RÖMER, W. (2002): Die Entwicklung von Talanfängen auf tiefenverwitterten ultrabasischen Gestein. *Aachener Geographische Arbeiten* **36**: 145–171.

ROSS, J. L. S. (1995): Geografia do Brasil, São Paulo. EDUSP, Sao Paulo: 13–65.

SAHR, W.-D. & LÖWEN SAHR, C. L. (2006): Faxinal – ökologisch integrierte Landwirtschaft zwischen Mittelalter und Postmoderne in Südbrasilien. In: GLASER, R. & KREMB, K. (Hg.): Nord- und Südamerika. Planet Erde. WBG, Darmstadt: 207–218.

SANTOS FILHO, A. (1977): Genese und Eigenschaften repräsentativer Bodentypen in der Schichtstufenlandschaft des Staates Paraná, Brasilien. Dissertation Universität Freiburg, 192 S.

SCHAAF, L. B., FIGUEIREDO FILHO, A., GALVÃO, F., SANQUETTA, C. R. & LONGH, S. J. (2006): Modificações florístico-estruturais de um remanescente de floresta ombrófila mista montana no período entre 1979 e 2000. *Ciência Florestal* **16** (3): 271–291.

SCHEFFER, P. & SCHACHTSCHABEL, F. (2002): Lehrbuch der Bodenkunde. Springer, Heidelberg, 593 S.

SCHLICHTING, E., BLUME, H.-P. & STAHR, K. (1995): Bodenkundliches Praktikum. *Pereys Studientexte* **81**. Blackwell, Berlin, 295 S.

SCHOBBENHAUS, C. & BRITO NEVES, B. B. (2003): A geologia do Brasil no contexto da plataforma Sul-America. In: BIZZI, L. A., SCHOBBENHAUS, C., VIDOTTI, R. M. & GONÇALVES, J. H. (eds.): Geologia, tectônica e recursos minerais do Brasil – texto, mapas & SIG. CPRM, Brasília: 5–54.

SCHROMM, S. (2006): Vergleich der Streu-Dynamik in Araukarien- und Laubwäldern der Pró-Mata Forschungsstation. Dissertation Universität Tübingen, 100 S.

SCHUSTER, W. T. (2007): Articulações entre transformações no uso da terra e (des-) agregações no modo de vida. Reflexões sobre o Faxinal Saudade Santa Anita, Turvo – PR. Tese bacharel Universidade Estadual de Ponta Grossa, 66 S.

SEIBERT, P. (1996): Farbatlas Südamerika. Landschaften und Vegetation. Ulmer, Stuttgart, 288 S.

SEITZ, R. A. (1986): Erste Hinweise für die waldbauliche Behandlung von Araukarienplantagenwäldern. *Annals of Forest Science* **43** (3): 327–338.

SEMMEL, A. (2001): Examples of applied geomorphology in Brazil. *Zeitschrift für Geomorphologie N.F.*, Suppl. **124**: 89–99.

SEMMEL, A. & ROHDENBURG, H. (1979): Untersuchungen zur Boden- und Reliefentwicklung in Süd-Brasilien. *Catena* **6**: 203–217.

SILVA, M. DE (2005): A contribuição de florestas de Araucária para a sustentabilidade dos Sistemas Faxinais. Tese de mestre Universidade Federal do Paraná (UFP), 122 p.

SIMEPAR (2002): Almanaque climático. <http://www.simepar.br/> [accessed 20-08-2008]

SOUZA, R.M.D. (2001): Transformações economicas e socias e trajetória na agricultura familiar. Estudo de caso sobre a desconstrução da autonomia da agricultura familiar no Faxinal Saudade Santa Anita, Turvo – PR. Tese de mestrado Universidade Federal Santa Maria UFSM, Santa Maria, RS, 135 p.

STEINBRENNER, M. K. A. (2000): Überführung von südbrasilianischen Araukarien-Sekundärwäldern in naturnahe Wirtschaftswälder. Dissertation Universität Freiburg, 211 S.

TIESSEN, H., CUEVAS, E. & SALCEDO, I. H. (1998): Organic matter stability and nutrient availability under temperate and tropical conditions. In: BLUME, H.-P., EGER, H., FLEISCHHAUER, E., HEBEL, A., REIJ, C. & STEINER, K. G. (eds.): Towards sustainable land use. *Advances in Geoecology* **31** (1): 415–422.

USSAMI, N., KOLISNYK, A., RAPOSO, M. I. B., FERREIRA, F. J. F., MOLINA, E. C. & ERNESTO, M. (1991): Detectabilidade magnética de diques do Arco de Ponta Grossa: Um estudo integrado de magnetometria terrestre/aérea e magnetismo de rocha. *Revista Brasileira de Geociências* **21** (4): 317–327.

VEIT, H. & VEIT, H. (1985): Relief, Gestein und Boden im Gebiet von Conceição dos Correias (Südbrasilien). *Frankfurter Geowissenschaftliche Arbeiten* **5**, 98 S.

VELOSO, H. P. (1992): Sistema fitogeográfico. In: IBGE: Manual técnico da vegetação brasileira. *Manuais Técnicos em Geociências* **1**, Rio de Janeiro, 38p.

WACHTEL, G. (1990): Untersuchung zur Struktur und Dynamik eines Araukarien-Naturwaldes in Südbrasilien. Dissertation Universität Freiburg, Freiburg, 180 S.

WATZLAWICK, L. F., NUTTO, L., SPATHELF, P., REIF, A., CALDEIRA, M. V. W., SAQUETTA, C. R. (2003): Die Phytogeographischen Einheiten von Paraná, Brasilien. Freiburg, 92 S.

WEIBEL, L. (1979): Princípios da colonização européia no sul do Brasil. Capítulos de geografia tropical do Brasil. IBGE, Rio de Janeiro: 225–277.

WRB (1998): Bezugsgrundlage der Boden-Ressourcen der Erde (WRB). Dt. Übersetzung: BAILLY, F. MUELLER, K. NIEDER, R. & SCHÖN, H.-G. Braunschweig, 61 S.

WRB (2006): World reference base for soil resources 2006. *World Soil Resources Reports* **103**, FAO, Rome, 127 p.

ZALÁN, P. V. & BACH DE OLIVEIRA, J. A. (2005): Origin and structural evolution of the Cenozoic rift sytem of southeastern Brasil. *Boletim Geosiencias de Petrobras* **13** (2): 269–300.

ZEIL, W. (1986): Südamerika. Geologie der Erde, Bd. 1. Enke, Stuttgart, 160 S.

A Vegetationsaufnahme

Tab. A.1: Die Vegetationsgesellschaft des Mata Densa im Faxinal Sete Saltos de Baixo nach dem Importanzwert der Pflanzenfamilien geordnet. H = Höhe in cm; D = Durchmesser in cm; init. = initiale, mittel = mittlere und fort. = fortgeschrittene Sukzession; n. b. = nicht bekannt. Eventuelle Fehler im Dezimalbereich der Importanz- und Deckungswertsummen gehen aus dem Runden von Teilergebnissen hervor.

Familie (Σ Individuen)	rel. Dichte	rel. Dominanz	rel. Frequenz	Importanz	Deckungswert
Myrtaceae (58)	34,13 % aller Individ.	22,62 % basale Fläche	29,52 % Σ aller Freq.	86,27 %	56,75 %

Art	Anzahl	H min	H max	H Ø	D min	D max	D Ø	Nutzung	Sukzession
Calyptranthes sp	1	5,0	5,0	5,0	7,0	7,0	7,0	n. b.	fort.
Campomanesia xanthocarpa	1	13,0	13,0	13,0	12,7	12,7	12,7	n. b.	init.-fort.
Eugenia neoverrucosa	1	6,0	6,0	6,0	3,2	3,2	3,2	n. b.	n. b.
Eugenia pluriflora	28	4,0	35,0	10,4	3,8	21,0	9,9	n. b.	n. b.
Eugenia uniflora	2	7,0	13,0	10,0	4,8	10,5	7,6	n. b.	init.-fort.
Mosiera prismatica	3	3,0	5,0	3,7	4,5	10,2	6,8	n. b.	init.-fort.
Myrcia hatschbachii	10	3,0	10,0	6,2	3,2	13,0	5,5	n. b.	mittel
Myrcia rostrata	2	6,0	10,0	8,0	5,1	8,9	7,0	n. b.	init.-fort.
Myrceugenia myrcioides	1	5,0	5,0	5,0	7,0	7,0	7,0	n. b.	n. b.
Myrtaceae 1	1	9,0	9,0	9,0	10,6	10,6	10,6	n. b.	n. b.
Myrtaceae 2	2	4,0	8,0	6,0	4,5	4,8	4,6	n. b.	n. b.
Myrtaceae 3	5	5,0	11,0	8,0	7,0	20,8	12,3	n. b.	n. b.
Myrtaceae 4	1	8,0	8,0	8,0	6,7	6,7	6,7	n. b.	n. b.

Familie (Σ Individuen)	rel. Dichte	rel. Dominanz	rel. Frequenz	Importanz	Deckungswert
Flacourtiaceae (18)	10,61 % aller Individ.	3,33 % basale Fläche	14,76 % Σ aller Freq.	28,70 %	13,94 %

Art	Anzahl	H min	H max	H Ø	D min	D max	D Ø	Nutzung	Sukzession
Casearia decandra	1	8,0	8,0	8,0	11,3	11,3	11,3	n. b.	init.-fort.
Casearia inaequilatera	7	4,0	9,0	6,0	3,8	13,9	6,3	n. b.	init.-fort.
Casearia lasiophylla	4	3,0	6,0	4,3	3,2	4,5	3,8	n. b.	init.-fort.
Casearia obliqua	1	10,0	10,0	10,0	3,8	3,8	3,8	n. b.	init.-fort.
Casearia sylvestris	5	4,0	10,0	7,2	3,5	11,1	6,5	n. b.	init.-fort.

Familie (Σ Individuen)	rel. Dichte	rel. Dominanz	rel. Frequenz	Importanz	Deckungswert
Lauraceae (11)	6,48 % aller Individ.	6,19 % basale Fläche	13,12 % Σ aller Freq.	25,79 %	12,67 %

Art	Anzahl	H min	H max	H Ø	D min	D max	D Ø	Nutzung	Sukzession
Nectandra lanceolata	2	7,0	7,0	7,0	5,1	5,4	5,3	n. b.	init.-fort.
Nectandra grandiflora	2	3,0	5,0	4,0	3,2	3,5	3,3	n. b.	init.-fort.
Cryptocarya aschersoniana	2	4,0	6,0	5,0	3,8	5,7	4,8	n. b.	init.-fort.
Ocotea odorifera	3	12,0	23,0	15,7	12,7	26,4	18,3	n. b.	mittel-fort.
Ocotea puberula	1	15,0	15,0	15,0	15,0	15,0	15,0	Bauholz	init.-fort.
Lauraceae 1	1	12,0	12,0	12,0	7,3	7,3	7,3	n. b.	n. b.

Familie (Σ Individuen)	rel. Dichte	rel. Dominanz	rel. Frequenz	Importanz	Deckungswert
Canellaceae (9)	5,29 % aller Individ.	5,44 % basale Fläche	4,92 % Σ aller Freq.	15,66 %	10,74 %

Art	Anzahl	H min	H max	H Ø	D min	D max	D Ø	Nutzung	Sukzession
Capsicodendron dinsii	9	2,5	20,0	8,2	3,5	29,8	9,1	n. b.	init.-fort.

Familie (Σ Individuen)	rel. Dichte	rel. Dominanz	rel. Frequenz	Importanz	Deckungswert
Sapindaceae (6)	3,53 % aller Individ.	3,01 % basale Fläche	4,92 % Σ aller Freq.	11,46 %	6,54 %

Art	Anzahl	H min	H max	H Ø	D min	D max	D Ø	Nutzung	Sukzession
Matayba elaeagnoides	4	2,0	12,0	8,0	5,1	9,9	8,6	n. b.	init.-fort.
Sapindaceae 1	2	10,0	13,0	11,5	3,2	20,4	5,4	n. b.	n. b.

Familie (Σ Individuen)	rel. Dichte	rel. Dominanz	rel. Frequenz	Importanz	Deckungswert
Meliaceae (1)	0,59 % aller Individ.	7,77 % basale Fläche	1,64 % Σ aller Freq.	10,00 %	8,36 %

Art	Anzahl	H min	H max	H Ø	D min	D max	D Ø	Nutzung	Sukzession
Cedrella fissilis	1	22,0	22,0	22,0	43,6	43,6	43,6	n. b.	init.-fort.

Familie (Σ Individuen)	rel. Dichte	rel. Dominanz	rel. Frequenz	Importanz	Deckungswert
Monimiaceae (1)	0,59 % aller Individ.	4,65 % basale Fläche	1,64 % Σ aller Freq.	6,88 %	5,24 %

Art	Anzahl	H min	H max	H Ø	D min	D max	D Ø	Nutzung	Sukzession
Hennecartia omphalandra	1	15,0	15,0	15,0	33,7	33,7	33,7	n. b.	n. b.

Familie (Σ Individuen)	rel. Dichte	rel. Dominanz	rel. Frequenz	Importanz	Deckungswert
Myrsinaceae (5)	2,94 % aller Individ.	1,82 % basale Fläche	1,64 % Σ aller Freq.	6,40 %	4,76 %

Art	Anzahl	H min	H max	H Ø	D min	D max	D Ø	Nutzung	Sukzession
Myrsine umbellata	5	4,0	9,0	6,0	3,8	14,0	8,6	n. b.	mittel

Familie (Σ Individuen)	rel. Dichte	rel. Dominanz	rel. Frequenz	Importanz	Deckungswert
Bignoniaceae (1)	1,18 % aller Individ.	2,74 % basale Fläche	1,64 % Σ aller Freq.	5,55 %	3,91 %

Art	Anzahl	H min	H max	H Ø	D min	D max	D Ø	Nutzung	Sukzession
Rollinia sericea	1	6,0	6,0	6,0	6,4	6,4	6,4	n. b.	mittel-fort.

Familie (Σ Individuen)	rel. Dichte	rel. Dominanz	rel. Frequenz	Importanz	Deckungswert
Rubiaceae (2)	1,18 % aller Individ.	0,42 % basale Fläche	3,28 % Σ aller Freq.	4,88 %	1,60 %

Art	Anzahl	H min	H max	H Ø	D min	D max	D Ø	Nutzung	Sukzession
Psychotria sp	2	3,0	9,0	6,0	6,4	8,0	7,2	n. b.	mittel-fort.

Familie (Σ Individuen)	rel. Dichte	rel. Dominanz	rel. Frequenz	Importanz	Deckungswert
Loranthaceae (2)	1,18 % aller Individ.	2,04 % basale Fläche	1,64 % Σ aller Freq.	4,85 %	3,21 %

Art	Anzahl	H min	H max	H Ø	D min	D max	D Ø	Nutzung	Sukzession
Lorantaceae 1	2	7,0	10,0	8,5	13,6	17,7	15,7	n. b.	n. b.

Familie (Σ Individuen)	rel. Dichte	rel. Dominanz	rel. Frequenz	Importanz	Deckungswert
Rosaceae (2)	1,18 % aller Individ.	0,20 % basale Fläche	3,28 % Σ aller Freq.	4,66 %	1,38 %

Art	Anzahl	H min	H max	H Ø	D min	D max	D Ø	Nutzung	Sukzession
Prunus brasiliensis	2	8,0	8,0	8,0	4,5	5,4	4,9	n. b.	mittel-fort.

Annex A: Vegetationsaufnahme

Familie (Σ Individuen)	rel. Dichte	rel. Dominanz	rel. Frequenz	Importanz	Deckungswert
Fabaceae (2)	1,18 % aller Individ.	0,65 % basale Fläche	3,47 % Σ aller Freq.	3,47 %	1,83 %

Art	Anzahl	H min	H max	H Ø	D min	D max	D Ø	Nutzung	Sukzession
Lonchocarpus muehlbergianus	2	5,0	9,0	7,0	4,5	11,8	8,2	n. b.	mittel-fort.

Familie (Σ Individuen)	rel. Dichte	rel. Dominanz	rel. Frequenz	Importanz	Deckungswert
Euphorbiaceae (1)	0,59 % aller Individ.	1,16 % basale Fläche	1,64 % Σ aller Freq.	3,36 %	1,75 %

Art	Anzahl	H min	H max	H Ø	D min	D max	D Ø	Nutzung	Sukzession
Sapium glandulatum	1	10,0	10,0	10,0	16,9	16,9	16,9	n. b.	init.-fort.

Familie (Σ Individuen)	rel. Dichte	rel. Dominanz	rel. Frequenz	Importanz	Deckungswert
Aquifoliaceae (1)	0,59 % aller Individ.	0,67 % basale Fläche	1,64 % Σ aller Freq.	2,90 %	1,26 %

Art	Anzahl	H min	H max	H Ø	D min	D max	D Ø	Nutzung	Sukzession
Ilex theezans	1	10,0	10,0	10,0	12,8	12,8	12,8	n. b.	init.-fort.

Familie (Σ Individuen)	rel. Dichte	rel. Dominanz	rel. Frequenz	Importanz	Deckungswert
Annonaceae (2)	0,59 % aller Individ.	0,17 % basale Fläche	1,64 % Σ aller Freq	2,39 %	0,75 %

Art	Anzahl	H min	H max	H Ø	D min	D max	D Ø	Nutzung	Sukzession
Jacaranda micrantha	2	7,0	10,0	8,5	18,1	18,5	18,3	n. b.	mittel

	rel. Dichte	rel. Dominanz	rel. Frequenz	Importanz	Deckungswert
Totholz (1)	0,59 % aller Individ.	0,14 % basale Fläche	1,64 % Σ aller Freq.	2,41 %	0,77 %

Art	Anzahl	H min	H max	H Ø	D min	D max	D Ø	Nutzung	Sukzession
Totholz	1	9,0	9,0	9,0	10,6	10,6	10,6	n. b.	n. b.

	rel. Dichte	rel. Dominanz	rel. Frequenz	Importanz	Deckungswert
nicht identifizierter Bestand (47)	27,65 % aller Individ.	36,91 % basale Fläche	9,84% Σ aller Freq.	74,4 %	64,56 %

Art	Anzahl	H min	H max	H Ø	D min	D max	D Ø	Nutzung	Sukzession
nicht beprobte / bestimmte Individuen	44	1,8	25,0	9,5	3,2	47,8	10,9	n. b.	n. b.
nicht identifiziert 1	2	4,0	7,0	5,5	4,5	9,4	6,9	n. b.	n. b.
nicht identifiziert 2	1	7,0	7,0	7,0	5,8	5,8	5,8	n. b.	n. b.

Quelle: Gemeinsame Erhebung mit NIEDZIELSKI 2007, eigene Darstellung.

Tab. A.2: Die Vegetationsgesellschaft des Mata Densa im Faxinal Anta Gorda (Paraná) nach dem Importanzwert der Pflanzenfamilien geordnet. H = Höhe in cm; D = Durchmesser in cm; init. = initiale, mittel = mittlere und fort. = fortgeschrittene Sukzession; n. b. = nicht bekannt. Eventuelle Fehler im Dezimalbereich der Importanz- und Deckungswertsummen gehen aus dem Runden von Teilergebnissen hervor.

Familie (Σ Individuen)	rel. Dichte	rel. Dominanz	rel. Frequenz	Importanz	Deckungswert
Flacourtiaceae (41)	33,61 % aller Individ.	11,18 % basale Fläche	16,67% Σ aller Freq.	61,46 %	44,80 %

Art	Anzahl	H min	H max	H Ø	D min	D max	D Ø	Nutzung	Sukzession
Casearia decandra	19	4,0	15,0	6,9	3,2	14,0	7,2	Feuerholz	init.-fort.
Casearia obliqua	11	6,0	10,0	7,5	4,8	25,9	11,1	Feuerholz	init.-fort.
Casearia sylvestris	11	3,0	10,0	5,5	3,2	16,6	7,3	n. b.	init.-fort.

Familie (Σ Individuen)	rel. Dichte	rel. Dominanz	rel. Frequenz	Importanz	Deckungswert
Myrtaceae (14)	11,48 % aller Individ.	16,92 % basale Fläche	15,02 % Σ aller Freq.	43,42 %	28,40 %

Art	Anzahl	H min	H max	H Ø	D min	D max	D Ø	Nutzung	Sukzession
Campomanesia xanthocarpa	7	6,0	13,0	8,6	9,9	28,5	20,0	Früchte	init.-fort.
Eugenia sp	1	7,0	7,0	7,0	11,7	11,7	11,7	n. b.	n. b.
Myrcia breviramis	2	10,0	14,0	12,0	20,4	33,7	27,1	n. b.	n. b.
Myrcia lageana	1	6,0	6,0	6,0	10,5	10,5	10,5	n. b.	n. b.
Myrcia sp	1	8,0	8,0	8,0	15,2	15,2	15,2	n. b.	n. b.
Myrtaceae 1	1	8,0	8,0	8,0	19,9	19,9	19,9	n. b.	n. b.
Myrtaceae 2	1	6,0	6,0	6,0	11,8	11,8	11,8	n. b.	n. b.

Familie (Σ Individuen)	rel. Dichte	rel. Dominanz	rel. Frequenz	Importanz	Deckungswert
Sapindaceae (11)	9,02 % aller Individ.	20,38 % basale Fläche	8,34 % Σ aller Freq.	37,72 %	29,40 %

Art	Anzahl	H min	H max	H Ø	D min	D max	D Ø	Nutzung	Sukzession
Allophylus edulis	2	6,0	8,0	7,0	7,3	7,6	7,5	n. b.	mittel-fort.
Matayba elaeagnoides	5	7,0	15,0	12,0	15,3	43,0	27,8	n. b.	init.-fort.
Sapindaceae 1	2	10,0	12,0	11,0	9,6	11,1	10,3	n. b.	n. b.
Sapindaceae 2	2	13,0	15,0	14,0	27,7	36,3	32,0	n. b.	n. b.

Familie (Σ Individuen)	rel. Dichte	rel. Dominanz	rel. Frequenz	Importanz	Deckungswert
Aquifoliaceae (14)	11,48 % aller Individ.	10,56 % basale Fläche	13,34 % Σ aller Freq.	35,36 %	22,03 %

Art	Anzahl	H min	H max	H Ø	D min	D max	D Ø	Nutzung	Sukzession
Ilex brevicuspis	2	7,0	9,0	8,0	6,7	13,4	10,0	n. b.	mittel-fort.
Ilex dumosa	1	13,0	13,0	13,0	35,3	35,3	35,3	Tee	n. b.
Ilex paraguariensis	8	2,0	6,0	3,4	3,2	15,3	9,3	Tee	n. b.
Ilex theezans	3	6,0	9,0	7,3	16,9	23,5	19,4	Tee	init.-fort.

Annex A: Vegetationsaufnahme

Familie (Σ Individuen)	rel. Dichte	rel. Dominanz	rel. Frequenz	Importanz	Deckungswert
Lauraceae (4)	3,28 % aller Individ.	9,26 % basale Fläche	8,35 % Σ aller Freq.	19,19 %	12,54 %

Art	Anzahl	H min	H max	H Ø	D min	D max	D Ø	Nutzung	Sukzession
Cinnamomum vesiculosum	1	6,0	6,0	6,0	42,6	42,6	42,6	n. b.	n. b.
Cryptocarya aschersoniana	1	12,0	12,0	12,0	4,8	4,8	4,8	Bauholz	init.-fort.
Ocotea porosa	1	8,0	8,0	8,0	31,0	31,0	31,0	Bauholz	init.-fort.
Ocotea puberula	1	10,0	10,0	10,0	16,9	16,9	16,9	Bauholz	init.-fort.

Familie (Σ Individuen)	rel. Dichte	rel. Dominanz	rel. Frequenz	Importanz	Deckungswert
Meliaceae (2)	1,64 % aller Individ.	6,18 % basale Fläche	3,34 % Σ aller Freq.	11,64 %	7,82 %

Art	Anzahl	H min	H max	H Ø	D min	D max	D Ø	Nutzung	Sukzession
Cabralea canjerana	1	12,0	12,0	12,0	22,9	22,9	22,9	Bauholz	n. b.
Cedrela fissilis	1	12,0	12,0	12,0	39,2	39,2	39,2	Bauholz	init.-fort.

Familie (Σ Individuen)	rel. Dichte	rel. Dominanz	rel. Frequenz	Importanz	Deckungswert
Loranthaceae (4)	3,28 % aller Individ.	4,48 % basale Fläche	3,33 % Σ aller Freq.	11,09 %	7,76 %

Art	Anzahl	H min	H max	H Ø	D min	D max	D Ø	Nutzung	Sukzession
Loranthaceae 1	4	9,0	11,0	9,8	16,4	22,0	19,2	n. b.	n. b.

Familie (Σ Individuen)	rel. Dichte	rel. Dominanz	rel. Frequenz	Importanz	Deckungswert
Ramnaceae (3)	2,46 % aller Individ.	1,44 % basale Fläche	5,00 % Σ aller Freq.	8,90 %	3,90 %

Art	Anzahl	H min	H max	H Ø	D min	D max	D Ø	Nutzung	Sukzession
Hovenia dulcis	3	8,0	12,0	10,0	5,7	15,9	11,9	Früchte	n. b.

Familie (Σ Individuen)	rel. Dichte	rel. Dominanz	rel. Frequenz	Importanz	Deckungswert
Fabaceae (4)	3,28 % aller Individ.	1,55 % basale Fläche	3,33 % Σ aller Freq.	8,16 %	4,83 %

Art	Anzahl	H min	H max	H Ø	D min	D max	D Ø	Nutzung	Sukzession
Fabaceae 1	4	3,0	6,0	4,0	3,2	15,6	9,9	n. b.	n. b.

Familie (Σ Individuen)	rel. Dichte	rel. Dominanz	rel. Frequenz	Importanz	Deckungswert
Simaroubaceae (2)	1,64 % aller Individ.	0,09 % basale Fläche	3,33 % Σ aller Freq.	5,06 %	1,73 %

Art	Anzahl	H min	H max	H Ø	D min	D max	D Ø	Nutzung	Sukzession
Picramnia parvifolia	2	3,0	4,0	3,5	2,6	4,8	3,7	n. b.	n. b.

Familie (Σ Individuen)	rel. Dichte	rel. Dominanz	rel. Frequenz	Importanz	Deckungswert
Malvaceae (1)	0,82 % aller Individ.	1,36 % basale Fläche	1,67 % Σ aller Freq.	3,85 %	2,18 %

Art	Anzahl	H min	H max	H Ø	D min	D max	D Ø	Nutzung	Sukzession
Guazuma ulmifolia	1	10,0	10,0	10,0	21,3	21,3	21,3	n. b.	n. b.

Familie (Σ Individuen)	rel. Dichte	rel. Dominanz	rel. Frequenz	Importanz	Deckungswert
Clethraceae (1)	0,82 % aller Individ.	1,06 % basale Fläche	1,67 % Σ aller Freq.	3,54 %	1,88 %

Art	Anzahl	H min	H max	H Ø	D min	D max	D Ø	Nutzung	Sukzession
Clethra scabra	1	11,0	11,0	11,0	18,8	18,8	18,8	Feuerholz	n. b.

Familie (Σ Individuen)	rel. Dichte	rel. Dominanz	rel. Frequenz	Importanz	Deckungswert
Myrsinaceae (1)	0,82 % aller Individ.	0,59 % basale Fläche	1,67 % Σ aller Freq.	3,08 %	1,41 %
Art	Anzahl	H min	H max	H Ø	D min	D max	D Ø	Nutzung	Sukzession
Myrsine umbellata	1	12,0	12,0	12,0	14,0	14,0	14,0	Feuerholz	mittel

Familie (Σ Individuen)	rel. Dichte	rel. Dominanz	rel. Frequenz	Importanz	Deckungswert
Rutaceae (1)	0,82 % aller Individ.	0,11 % basale Fläche	1,67 % Σ aller Freq.	2,60 %	0,93 %
Art	Anzahl	H min	H max	H Ø	D min	D max	D Ø	Nutzung	Sukzession
Zanthoxyllum rhoifolium	1	5,0	5,0	5,0	6,1	6,1	6,1	n. b.	init.

Familie (Σ Individuen)	rel. Dichte	rel. Dominanz	rel. Frequenz	Importanz	Deckungswert
Celastraceae (1)	0,82 % aller Individ.	0,06 % basale Fläche	1,67 % Σ aller Freq.	2,55 %	0,88 %
Art	Anzahl	H min	H max	H Ø	D min	D max	D Ø	Nutzung	Sukzession
Maytenus ilicifolia	1	4,0	4,0	4,0	4,5	4,5	4,5	n. b.	n. b.

Familie (Σ Individuen)	rel. Dichte	rel. Dominanz	rel. Frequenz	Importanz	Deckungswert
Bignoniaceae (1)	0,82 % aller Individ.	0,04 % basale Fläche	1,67 % Σ aller Freq.	2,53 %	0,86 %
Art	Anzahl	H min	H max	H Ø	D min	D max	D Ø	Nutzung	Sukzession
Arrabidea selloi	1	3,0	3,0	3,0	3,8	3,8	3,8	n. b.	n. b.

Familie (Σ Individuen)	rel. Dichte	rel. Dominanz	rel. Frequenz	Importanz	Deckungswert
Melastomataceae (1)	0,82 % aller Individ.	0,04 % basale Fläche	1,67 % Σ aller Freq.	2,52 %	0,86 %
Art	Anzahl	H min	H max	H Ø	D min	D max	D Ø	Nutzung	Sukzession
Miconia hiemalis	1	4,0	4,0	4,0	3,5	3,5	3,5	n. b.	n. b.

	rel. Dichte	rel. Dominanz	rel. Frequenz	Importanz	Deckungswert
Totholz (14)	11,48 % aller Individ.	11,34 % basale Fläche	6,67 % Σ aller Freq.	29,48 %	22,82 %
Art	Anzahl	H min	H max	H Ø	D min	D max	D Ø	Nutzung	Sukzession
Totholz	14	3,0	17,0	8,8	4,2	35,0	13,6	n. b.	n. b.

nicht identifizierter Bestand (2)	rel. Dichte	rel. Dominanz	rel. Frequenz	Importanz	Deckungswert
	1,64 % aller Individ.	3,38 % basale Fläche	3,34 % Σ aller Freq.	8,35 %	5,02 %
Art	Anzahl	H min	H max	H Ø	D min	D max	D Ø	Nutzung	Sukzession
nicht identifiziert 1	1	8,0	8,0	8,0	24,5	24,5	24,5	n. b.	n. b.
nicht identifiziert 2	1	12,0	12,0	12,0	22,9	22,9	22,9	n. b.	n. b.

Quelle: Gemeinsame Erhebung mit DYKSTRA *2007, eigene Darstellung.*

Annex A: Vegetationsaufnahme

Tab. A.3: Die Vegetationsgesellschaft des Mata Densa im Faxinal Saudade Santa Anita nach dem Importanzwert der Pflanzenfamilien geordnet. H = Höhe in cm; D = Durchmesser in cm; init. = initiale, mittel = mittlere und fort. = fortgeschrittene Sukzession; n. b. = nicht bekannt. Eventuelle Fehler im Dezimalbereich der Importanz- und Deckungswertsummen gehen aus dem Runden von Teilergebnissen hervor.

Familie (Σ Individuen)	rel. Dichte		rel. Dominanz		rel. Frequenz		Importanz	Deckungswert
Lauraceae (27)	15,97 % aller Individ.		32,51 % basale Fläche		22,86 % Σ aller Freq.		71,34 %	48,48 %
Art	Anzahl	H min	H max	H Ø	D min	D max	D Ø	Nutzung	Sukzession
Nectandra lanceolata	4	10,0	20,0	16,5	16,9	41,4	32,5	n. b.	init.-fort.
Nectandra megapotamica	3	10,0	18,0	14,3	29,6	44,6	38,0	n. b.	init.-fort.
Ocotea corimbosa	1	15,0	15,0	15,0	50,3	50,3	50,3	n. b.	init.-fort.
Ocotea indecora	1	6,0	6,0	6,0	11,1	11,1	11,1	n. b.	init.-fort.
Ocotea porosa	9	8,0	20,0	10,4	24,8	29,5	32,2	Bauholz	init.-fort.
Ocotea odorifera	1	15,0	15,0	15,0	20,7	20,7	20,7	n. b.	mittel-fort.
Ocotea puberula	1	15,0	15,0	15,0	40,4	40,4	40,4	Bauholz	init.-fort.
Lauraceae 1	1	16,0	16,0	16,0	64,3	64,3	64,3	n. b.	n. b.
Lauraceae 2	1	15,0	15,0	15,0	40,4	40,4	40,4	n. b.	n. b.
Lauraceae 3	1	15,0	15,0	15,0	35,7	35,7	35,7	n. b.	n. b.
Lauraceae 4	1	15,0	15,0	15,0	38,8	38,8	38,8	n. b.	n. b.
Lauraceae 5	1	20,0	20,0	20,0	12,1	12,1	12,1	n. b.	n. b.
Lauraceae 6	1	18,0	18,0	18,0	37,9	37,9	37,9	n. b.	n. b.
Lauraceae 7	1	20,0	20,0	20,0	50,6	50,6	50,6	n. b.	n. b.

Familie (Σ Individuen)	rel. Dichte		rel. Dominanz		rel. Frequenz		Importanz	Deckungswert
Myrtaceae (21)	12,41 % aller Individ.		31,88 % basale Fläche		16,33 % Σ aller Freq.		60,62 %	44,29 %
Art	Anzahl	H min	H max	H Ø	D min	D max	D Ø	Nutzung	Sukzession
Campomanesia xanthocarpa	14	8,0	25,0	12,6	12,7	80,2	42,7	Früchte	init.-fort.
Eugenia leitonii	1	15,0	15,0	15,0	18,5	18,5	18,5	Früchte, Bauholz	n. b.
Myrcia hatschbachii	1	8,0	8,0	8,0	20,0	20,0	20,0	n. b.	mittel
Myrcia sp	1	8,0	8,0	8,0	23,9	23,9	23,9	n. b.	n. b.
Myrciaria tenella	1	12,0	12,0	12,0	30,2	30,2	30,2	n. b.	mittel
Plinia sp	1	5,0	5,0	5,0	11,4	11,4	11,4	n. b.	n. b.
Myrtaceae 1	1	10,0	10,0	10,0	19,4	19,4	19,4	n. b.	n. b.
Myrtaceae 2	1	15,0	15,0	15,0	21,0	21,0	21,0	n. b.	n. b.

Familie (Σ Individuen)	rel. Dichte		rel. Dominanz		rel. Frequenz		Importanz	Deckungswert
Aquifoliaceae (57)	33,73 % aller Individ.		6,06 % basale Fläche		9,78 % Σ aller Freq.		49,57%	39,78 %
Art	Anzahl	H min	H max	H Ø	D min	D max	D Ø	Nutzung	Sukzession
Ilex paraguariensis	57	3,0	8,0	4,6	2,3	27,7	9,5	Tee	n. b.

Familie (Σ Individuen)	rel. Dichte	rel. Dominanz	rel. Frequenz	Importanz	Deckungswert
Sapotaceae (10)	5,92 % aller Individ.	7,15% basale Fläche	4,35 % Σ aller Freq.	17,42 %	13,07 %

Art	Anzahl	H min	H max	H Ø	D min	D max	D Ø	Nutzung	Sukzession
Pouteria gardneriana	10	6,0	15,0	10,3	9,2	44,9	26,2	n. b.	n. b.

Familie (Σ Individuen)	rel. Dichte	rel. Dominanz	rel. Frequenz	Importanz	Deckungswert
Flacourtiaceae (6)	3,55 % aller Individ.	0,23 % basale Fläche	6,52 % Σ aller Freq.	10,30 %	3,78 %

Art	Anzahl	H min	H max	H Ø	D min	D max	D Ø	Nutzung	Sukzession
Casearia lasiophylla	3	2,0	5,0	3,3	2,5	3,5	3,2	n. b.	init.-fort.
Casearia obliqua	1	4,0	4,0	4,0	3,8	3,8	3,8	n. b.	init.-fort.
Casearia sylvestris	2	3,0	8,0	5,5	4,7	13,7	9,2	n. b.	init.-fort.

Familie (Σ Individuen)	rel. Dichte	rel. Dominanz	rel. Frequenz	Importanz	Deckungswert
Sapindaceae (5)	2,95 % aller Individ.	1,15 % basale Fläche	5,44 % Σ aller Freq.	9,54 %	4,10 %

Art	Anzahl	H min	H max	H Ø	D min	D max	D Ø	Nutzung	Sukzession
Allophylus edulis	1	8,0	8,0	8,0	12,1	12,1	12,1	n. b.	mittel-fort.
Cupania vernalis	1	10,0	10,0	10,0	15,0	15,0	15,0	n. b.	init.-fort.
Matayba elaeagnoides	2	10,0	15,0	12,5	11,1	15,0	13,1	n. b.	init.-fort.
Sapindaceae 1	1	8,0	8,0	8,0	23,9	23,9	23,9	n. b.	n. b.

Familie (Σ Individuen)	rel. Dichte	rel. Dominanz	rel. Frequenz	Importanz	Deckungswert
Mimosaceae (5)	2,96 % aller Individ.	0,75 % basale Fläche	4,35 % Σ aller Freq.	8,06 %	3,71 %

Art	Anzahl	H min	H max	H Ø	D min	D max	D Ø	Nutzung	Sukzession
Acacia sp	4	2,0	4,0	3,0	2,6	3,5	3,1	n. b.	n. b.
Inga vera	1	10,0	10,0	10,0	28,0	28,0	28,0	Früchte	n. b.

Familie (Σ Individuen)	rel. Dichte	rel. Dominanz	rel. Frequenz	Importanz	Deckungswert
Araucariaceae (4)	2,37 % aller Individ.	2,69 % basale Fläche	2,17 % Σ aller Freq.	7,23 %	5,06 %

Art	Anzahl	H min	H max	H Ø	D min	D max	D Ø	Nutzung	Sukzession
Araucaria angustifolia	4	4,0	15,0	10,3	3,5	45,2	21,7	Bauholz	init.-fort.

Familie (Σ Individuen)	rel. Dichte	rel. Dominanz	rel. Frequenz	Importanz	Deckungswert
Euphorbiaceae (3)	1,77 % aller Individ.	0,10 % basale Fläche	2,18 % Σ aller Freq.	4,05 %	1,87 %

Art	Anzahl	H min	H max	H Ø	D min	D max	D Ø	Nutzung	Sukzession
Sebastiania brasiliensis	2	4,0	4,0	4,0	5,6	7,6	6,6	Bauholz	mittel
Actinostemon concolor	1	8,0	8,0	8,0	4,2	4,2	4,2	n. b.	n. b.

Familie (Σ Individuen)	rel. Dichte	rel. Dominanz	rel. Frequenz	Importanz	Deckungswert
Fabaceae (2)	1,18 % aller Individ.	0,65 % basale Fläche	2,18 % Σ aller Freq.	4,01 %	1,83 %

Art	Anzahl	H min	H max	H Ø	D min	D max	D Ø	Nutzung	Sukzession
Dalbegia frutescens	1	6,0	6,0	6,0	5,7	5,7	5,7	n. b.	n. b.
Machaerium stipitatum	1	15,0	15,0	15,0	26,1	26,1	26,1	Bauholz	n. b.

Annex A: Vegetationsaufnahme

Familie (Σ Individuen)	rel. Dichte		rel. Dominanz		rel. Frequenz		Importanz	Deckungswert
Asteraceae (2)	1,18 % aller Individ.		0,01 % basale Fläche		2,18 % Σ aller Freq.		3,37 %	1,19 %
Art	Anzahl	H min	H max	H Ø	D min	D max	D Ø	Nutzung	Sukzession
Piptocarpha angustifolia	1	3,0	3,0	3,0	2,0	2,0	2,0	n. b.	fort.
Vernonia discolor	1	5,0	5,0	5,0	3,2	3,2	3,2	n. b.	fort.

Familie (Σ Individuen)	rel. Dichte		rel. Dominanz		rel. Frequenz		Importanz	Deckungswert
Canellaceae (1)	0,59 % aller Individ.		1,34 % basale Fläche		1,09 % Σ aller Freq.		3,02 %	1,93 %
Art	Anzahl	H min	H max	H Ø	D min	D max	D Ø	Nutzung	Sukzession
Capsicodendron dinsii	1	15,0	15,0	15,0	38,8	38,8	38,8	n. b.	init. -fort.

Familie (Σ Individuen)	rel. Dichte		rel. Dominanz		rel. Frequenz		Importanz	Deckungswert
Moraceae (1)	0,59 % aller Individ.		0,68 % basale Fläche		1,09 % Σ aller Freq.		2,36 %	1,27 %
Art	Anzahl	H min	H max	H Ø	D min	D max	D Ø	Nutzung	Sukzession
Ficus sp	1	8,0	8,0	8,0	27,4	27,4	27,4	n. b.	init.-fort.

Familie (Σ Individuen)	rel. Dichte		rel. Dominanz		rel. Frequenz		Importanz	Deckungswert
Rubiaceae (1)	0,59 % aller Individ.		0,53 % basale Fläche		1,09 % Σ aller Freq.		2,21 %	1,21 %
Art	Anzahl	H min	H max	H Ø	D min	D max	D Ø	Nutzung	Sukzession
Coussarea contracta	1	15,0	15,0	15,0	24,2	24,2	24,2	n. b.	fort.

Familie (Σ Individuen)	rel. Dichte		rel. Dominanz		rel. Frequenz		Importanz	Deckungswert
Loganiaceae (1)	0,59 % aller Individ.		0,45 % basale Fläche		1,09 % Σ aller Freq.		2,13%	1,04 %
Art	Anzahl	H min	H max	H Ø	D min	D max	D Ø	Nutzung	Sukzession
Strychnos brasiliensis	1	10,0	10,0	10,0	22,3	22,3	22,3	Futterfrucht	n. b.

Familie (Σ Individuen)	rel. Dichte		rel. Dominanz		rel. Frequenz		Importanz	Deckungswert
Annonaceae (1)	0,59 % aller Individ.		0,11 % basale Fläche		1,09 % Σ aller Freq.		1,79 %	0,70 %
Art	Anzahl	H min	H max	H Ø	D min	D max	D Ø	Nutzung	Sukzession
Annonaceae1	1	12,0	12,0	12,0	11,1	11,1	11,1	n. b.	n. b.

Familie (Σ Individuen)	rel. Dichte		rel. Dominanz		rel. Frequenz		Importanz	Deckungswert
Melastomataceae (1)	0,59 % aller Individ.		0,01 % basale Fläche		1,09 % Σ aller Freq.		1,69 %	0,60 %
Art	Anzahl	H min	H max	H Ø	D min	D max	D Ø	Nutzung	Sukzession
Miconia sellowiana	1	4,0	4,0	4,0	2,1	2,1	2,1	n. b.	n. b.

Familie (Σ Individuen)	rel. Dichte		rel. Dominanz		rel. Frequenz		Importanz	Deckungswert
Meliaceae (1)	0,59 % aller Individ.		0,01 % basale Fläche		1,09 % Σ aller Freq.		1,69 %	0,60 %
Art	Anzahl	H min	H max	H Ø	D min	D max	D Ø	Nutzung	Sukzession
Cabralea canjerana	1	3,0	3,0	3,0	3,2	3,2	3,2	n. b.	n. b.

	rel. Dichte		rel. Dominanz		rel. Frequenz		Importanz	Deckungswert
Totholz (2)	1.18 % aller Individ.		0,56 % basale Fläche		2,17 % Σ aller Freq.		3,92 %	1,74 %
Art	Anzahl	H min	H max	H Ø	D min	D max	D Ø	Nutzung	Sukzession
Totholz	2	4,0	6,0	5,0	15,9	19,1	17,5	n. b.	n. b.

	rel. Dichte	rel. Dominanz	rel. Frequenz	Importanz	Deckungswert
nicht identifizierter Bestand (17)	10,65 % aller Individ.	13,14 % basale Fläche	11,96 % Σ aller Freq.	35,74 %	23,79 %

Art	Anzahl	H min	H max	H Ø	D min	D max	D Ø	Nutzung	Sukzession
nicht identifiziert 1	2	12,0	12,0	12,0	27,4	29,3	28,3	n. b.	n. b.
nicht identifiziert 2	1	14,0	14,0	14,0	23,9	23,9	23,9	n. b.	n. b.
nicht identifiziert 3	11	3,0	13,0	8,7	6,1	50,6	21,4	n. b.	n. b.
nicht identifiziert 4	1	15,0	15,0	15,0	49,7	49,7	49,7	n. b.	n. b.
nicht identifiziert 5	3	13,0	15,0	14,0	14,3	40,1	27,7	n. b.	n. b.

Quelle: Gemeinsame Erhebung mit BITTENCOURT 2007, eigene Darstellung.

B Bodenprofile

Tab. B.1: Leitprofile im Faxinal Sete Saltos de Baixo. Angaben und Abkürzungen nach WRB (2006); n. b. = nicht bestimmt.

Profil SSB 1	Hochwert: 7212304	Witterung:	Oberflächenform: 1. Planalto, SM, RI
16.08.2005	Rechtswert: 0628950	PC 22°C, WC 2	Reliefposition: UP
9:10 Uhr	ü. NN: 880 m		Inklination und Exposition: 05 NW
			Hangform: SS
Landnutzung / Vegetation: HE3, FN1, BR / WS			Geologie: granit. Gneis MA2

Anmerkungen: Keine Humusauflage feststellbar; Probenentnahme mit „Trador hollandais" in 20, 60 und 100 cm Tiefe durchgeführt; zwischen 10–65 cm glänzende Scherflächen, dann abrupter Farbwechsel mit Auftreten von Quarz-Grus in 65 cm Tiefe; Entwicklungstiefe > 100 cm.

Pr.	Bez.	Horizont cm	Grenze	S %	U %	T %	Art	Farbe	pH-Wert KCl	pH-Wert $CaCl_2$	C_{org}	C_{tot}	N_{tot}	S_{tot}	Gefüge
Br 1	Ah	0-30	D	55,9	7,8	36,3	sT	10 YR 4/3	3,9	3,5	3,09	3,13	0,27	0,03	SA ME
Br 2	AB	30-65	C	56,1	8,2	35,7	stL	10 YR 3/3	4,0	3,9	1,65	1,85	0,13	0,02	SA ME
Br 3	B	65-100	n. b.	51,5	25,4	23,1	stL	2,5 YR 5/6	4,1	4,0	0,16	0,29	0,03	0,01	SA CO

Fortsetzung	KAK_{eff} cmol$_c$kg^{-1}	BS %	AA_{eff} cmol$_c$kg^{-1}	Ca in H_2O mg/kg	Mg in H_2O mg/kg	K in H_2O mg/kg	NO_3 in H_2O mg/kg	SO_4 in H_2O mg/kg	Al_{tot} mg/g	Fe_{tot} mg/g
...	7,2	9,2	6,5	10,6	7,8	12,5	252,6	27,2	32,7	29,0
...	4,3	3,6	4,1	1,3	2,2	4,8	76,3	6,0	32,2	27,7
...	2,2	2,5	2,1	7,4	0,3	2,3	38,3	3,9	33,7	33,1

Bodentyp WRB: Nitic Acrisol / Sistema Brasileiro: Argissolo Vermelho-Amarelo Distrófico

Die Messungen von Na, Al, Fe, Mn, NO_2, Cl, Br und H_2PO_4 in H_2O (< 6,0 mg/kg) sowie Ca_{tot}, Mg_{tot}, Na_{tot}, K_{tot} und Mn_{tot} (< 0,5 mg/g) erbrachten keine signifikanten Ergebnisse; C-Horizont nicht aufgeschlossen.

Profil SSB 2	Hochwert: 7212356	Witterung:	Oberflächenform: 1. Planalto, SM, RI
16.08.2005	Rechtswert: 0628711	SU 25°C, WC 2	Reliefposition: MS
10:30 Uhr	ü. NN: 866 m		Inklination und Exposition: 07 NW
			Hangform: SV
Landnutzung / Vegetation: HE3, FN1, VS / WS			Geologie: Quarzit MA1

Anmerkungen: Keine Humusauflage feststellbar; Probenentnahme mit „Trador hollandais" in 20 und 60 cm Tiefe durchgeführt; zwischen 10–75 cm glänzende Scherflächen, darunter Saprolit; Horizonte stellenweise durchsetzt mit Quarzgrus.

Pr.	Bez.	Horizont cm	Grenze	S %	U %	T %	Art	Farbe	pH-Wert KCl	pH-Wert $CaCl_2$	C_{org}	C_{tot}	N_{tot}	S_{tot}	Gefüge
Br 4	A	0-30	G	28,6	18,2	53,2	T	10 YR 4/6	3,8	3,7	1,91	3,28	0,28	0,04	AS ME
Br 5	AB	30-75	D	24,4	18,8	56,8	T	7,5 YR 5/6	4,0	4,0	0,78	1,35	0,09	0,02	AS ME
-	C	> 75	-	n. b.	n. b.	n. b.	n. b.		n. b.	n. b.	n. b.	n. b.	n. b.	n. b.	n. b.

Fortsetzung	KAK_{eff} cmol$_c$kg^{-1}	BS %	AA_{eff} cmol$_c$kg^{-1}
...	n. b.	n. b.	n. b.
...	n. b.	n. b.	n. b.
...	n. b.	n. b.	n. b.

Bodentyp WRB: Nitic Acrisol / Sistema Brasileiro: Argissolo Vermelho-Amarelo

Es wurden keine weiteren Messungen zur Bodenchemie an diesem Profil durchgeführt; C_{org} abgeleitet aus C_{tot}; C-Horizont nicht aufgeschlossen.

Profil SSB 3 16.08.2005 11:40 Uhr
Hochwert: 7212447 **Rechtswert:** 0628559 **ü. NN:** 850 m
Witterung: SU 25°C, WC 2
Oberflächenform: 1. Planalto, SM, RI
Reliefposition: LS
Inklination und Exposition: 06 W
Hangform: VS
Geologie: Quarzit MA1
Landnutzung / Vegetation: HE3, VE, CL / HS

Anmerkungen: Keine Humusauflage feststellbar; Probenentnahme mit „Trador hollandais" in 20, 40 und 75 cm Tiefe durchgeführt, ab ca. 20 cm glänzende Scherflächen, ab 40 cm vereinzeltes Auftreten von Quarzgrus; Entwicklungstiefe > 100 cm.

Pr.	Bez.	Horizont cm	Grenze	S %	U %	T %	Art	Farbe	pH-Wert KCl	CaCl$_2$	C_{org}	C_{tot}	N_{tot}	S_{tot}	Gefüge
Br 6	A	0-32	D	45,9	8,9	45,2	sT	10 YR 3/3	3,9	3,9	2,12	3,64	0,30	0,04	SB VM
Br 7	AB	32-56	C	40,8	8,8	50,4	T	7,5 YR 3/2	3,9	3,9	1,94	3,33	0,25	0,04	SA ME
Br 8	B	>100	n. b.	43,0	8,3	48,7	T	10 YR 3/4	4,0	4,0	0,80	1,37	0,08	0,02	AS ME

Fortsetzung	KAK_{eff} cmol$_c$ kg^{-1}	BS %	AA_{eff} cmol$_c$ kg^{-1}
...	n. b.	n. b.	n. b.
...	n. b.	n. b.	n. b.
...	n. b.	n. b.	n. b.

Bodentyp WRB: Nitic Acrisol / **Sistema Brasileiro:** Argissolo Amarelo

Es wurden keine weiteren Messungen zur Bodenchemie an diesem Profil durchgeführt; C_{org} abgeleitet aus C_{tot}, C-Horizont nicht aufgeschlossen.

Profil SSB 4 16.08.2005 15:20 Uhr
Hochwert: 7212471 **Rechtswert:** 0628410 **ü. NN:** 845 m
Witterung: SU 27°C, WC 2
Oberflächenform: 1. Planalto, SM, RI
Reliefposition: BO
Inklination und Exposition: 03 W
Hangform: SC
Geologie: Quarzit MA1
Landnutzung / Vegetation: HE3, VU, CL / HS

Anmerkungen: Keine Humusauflage feststellbar; Probenentnahme mit „Trador hollandais" in 10 und 35 cm Tiefe durchgeführt, ab 10 cm vereinzeltes Auftreten von Quarzgrus, ab 15 cm geschichtete Textur, in 40 cm Tiefe Grundwasserspiegel.

Pr.	Bez.	Horizont cm	Grenze	S %	U %	T %	Art	Farbe	pH-Wert KCl	CaCl$_2$	C_{org}	C_{tot}	N_{tot}	S_{tot}	Gefüge
Br 9	Ah	0-15	C	16,7	38,1	45,2	T	10 YR 4/2	4,2	4,4	2,11	3,63	0,32	0,04	AS FC
Br 10	Bl	>40	n. b.	24,3	34,7	41,0	tL	G 1 4 N	4,1	4,1	0,80	1,34	0,09	0,01	SB FC

Fortsetzung	KAK_{eff} cmol$_c$ kg^{-1}	BS %	AA_{eff} cmol$_c$ kg^{-1}
...	11,1	12,4	9,7
...	9,5	29,4	6,7

Bodentyp WRB: Gleyic Fluvisol / **Sistema Brasileiro:** Neossolo Flúvico Tb Distrófico gleico

Es wurden keine weiteren Messungen zur Bodenchemie an diesem Profil durchgeführt; C_{org} abgeleitet aus C_{tot}; Ergebnisse der KAK, BS und AA fotometrisch bestimmt; C-Horizont nicht aufgeschlossen.

Annex B: Bodenprofile

Profil SSB 5	Hochwert: 7211655	Witterung:	Oberflächenform: 1. Planalto, SM, RI
23.06.2006	Rechtswert: 0627342	SU 20°C, WC 3	Reliefposition: MS
9:20 Uhr	ü. NN: 832 m		Inklination und Exposition: 05 NNE
			Hangform: SV
Landnutzung / Vegetation: HE3, FN1, VS / WS			Geologie: granit. Gneis MA2

Anmerkungen: Geringe Humusauflage < 1 cm; Probenentnahme in 10, 55, 100, 125, 150 und 190 cm Tiefe; in Br 13 Vorkommen von Holzkohle, in Br 14 und Br 15 vereinzelte Vorkommen von Quarzgrus und rötlichen Flecken (allochthoner Eintrag); Entwicklungstiefe bis 161 cm mit anschließender Saprolit-Zone.

	Horizont			Feinboden				Farbe	pH-Wert		(an-)organische Substanz %				Gefüge
Pr.	Bez.	cm	Grenze	S %	U %	T %	Art		KCl	CaCl$_2$	C$_{org}$	C$_{tot}$	N$_{tot}$	S$_{tot}$	
Br 11	Ah	0-28	D	24,5	19,2	56,3	T	7,5 YR 5/6	3,9	4,0	1,53	2,89	0,23	0,03	SB FC
Br 12	AB	28-83	D	18,9	21,3	59,8	T	7,5 YR 5/8	4,1	4,2	0,50	0,71	0,06	0,04	SB FC
Br 13	B1	83-112	D	13,1	38,9	48,0	uT	7,5 YR 5/6	4,3	4,2	0,22	0,34	0,03	0,02	AS FC
Br 14	B2	112-139	D	33,4	33,1	33,5	tL	2,5 YR 5/6	4,2	4,2	0,12	0,23	0,02	0,01	AS FC
Br 15	B3	139-161	C	19,3	35,4	45,4	T	2,5 YR 5/8	4,2	4,2	-	0,26	0,03	0,01	AB FC
Br 16	C	>161	-	8,6	35,5	55,9	T	10 R 5/8	4,2	4,1	-	0,24	0,02	0,01	AB FC

Fortsetzung	KAK$_{eff}$ cmol$_c$kg^{-1}	BS %	AA$_{eff}$ cmol$_c$kg^{-1}	Na in H$_2$O mg/kg	K in H$_2$O mg/kg	NO$_3$ in H$_2$O mg/kg	SO$_4$ in H$_2$O mg/kg	Al$_{kt}$ mg/g	Fe$_{kt}$ mg/g	Mn$_{kt}$ mg/g
...	3,0	9,6	2,7	2,5	9,0	5,1	6,8	51,2	47,5	1,2
...	0,9	10,4	0,8	1,1	4,0	2,6	0,2	53,7	70,2	0,6
...	2,4	6,7	2,3	4,1	1,8	0,5	0,3	58,7	72,2	0,5
...	1,6	9,6	1,4	2,2	0,2	0,6	0,2	55,8	77,4	0,4
...	2,4	6,9	2,2	5,8	0,5	1,0	0,6	51,9	65,0	0,3
...	2,2	5,6	2,1	1,1	0,1	0,2	0,8	58,4	49,9	0,2

Bodentyp WRB: Haplic Acrisol / Sistema Brasileiro: Argissolo Vermelho-Amarelo Distrófico

Die Messungen von Ca, Mg, Al, Fe, Mn, NO$_2$, Cl, Br und H$_2$PO$_4$ in H$_2$O (< 5,0 mg/kg) sowie Ca$_{tot}$, Mg$_{tot}$, Na$_{tot}$ und K$_{tot}$ (< 0,5 mg/g) erbrachten nur gering signifikante Ergebnisse.

Profil SSB 6 **Hochwert:** 7211941 **Witterung:** **Oberflächenform:** 1. Planalto, SM, RI
25.08.2005 **Rechtswert:** 0628284 SU 15°C, WC 2 **Reliefposition:** UP
9:00 Uhr **ü. NN:** 798 m **Inklination und Exposition:** 06 SSW
  Hangform: VV
Landnutzung / Vegetation: HE3, FN1, VS / WS **Geologie:** granit. Gneis MA2

Anmerkungen: Geringe Humusauflage < 1 cm; Probenentnahme mit „Trador hollandais" in 20 und 90 cm Tiefe, in Br 18 Vorkommen von Quarzgrus, ab 100 cm deutliche Zunahme der Sandfraktion aufgrund Übergang in Saprolit.

	Horizont			Feinboden			Farbe	pH-Wert		(an-)organische Substanz %				Gefüge
Pr.	Bez.	cm	Grenze	S %	U %	T %	Art		KCl	$CaCl_2$	C_{org}	C_{tot}	N_{tot}	S_{tot}	
Br 17	AB	0-54	D	36,7	21,6	38,7	tL	7,5 YR 5/6	4,1	3,9	0,66	1,14	0,12	0,02	CR FC
Br 18	B	54-115	D	43,1	35,2	21,7	L	7,5 YR 5/8	3,9	4,0	0,15	0,25	0,02	0,01	SB FC
-	C	>115	-	n. b.	n. b.	n. b.	n. b.	n. b.	n. b.	n. b.	n. b.	n. b.	n. b.	n. b.	n. b.

	Fortsetzung	KAK_{eff} $cmol_c kg^{-1}$	BS %	AA_{eff} $cmol_c kg^{-1}$
	...	n. b.	n. b.	n. b.
	...	n. b.	n. b.	n. b.
	...	n. b.	n. b.	n. b.

Bodentyp WRB: Haplic Acrisol / **Sistema Brasileiro:** Argissolo Amarelo

Es wurden keine weiteren Messungen zur Bodenchemie an diesem Profil durchgeführt; C_{org} abgeleitet aus C_{tot}.

Profil SSB 7 **Hochwert:** 7211549 **Witterung:** **Oberflächenform:** 1. Planalto, SM, RI
25.08.2005 **Rechtswert:** 0628194 SU 20°C, WC 2 **Reliefposition:** CR
11:10 Uhr **ü. NN:** 813 m **Inklination und Exposition:** 04 NNE
  Hangform: VV
Landnutzung / Vegetation: HE3, FN1, VU / WS **Geologie:** granit. Gneis MA2

Anmerkungen: Geringe Humusauflage < 1 cm; Probenentnahme mit „Trador hollandais" in 10, 40, 65 und 100 cm Tiefe, stark durchwurzelt bis ca. 60 cm, vereinzelt durchsetzt von Quarzgrus, ab 70 cm deutliche Zunahme der Sandfraktion aufgrund Übergang in Saprolit.

	Horizont			Feinboden			Farbe	pH-Wert		(an-)organische Substanz %				Gefüge
Pr.	Bez.	cm	Grenze	S %	U %	T %	Art		KCl	$CaCl_2$	C_{org}	C_{tot}	N_{tot}	S_{tot}	
Br 19	Ah	0-15	D	38,9	45,1	16,0	T	7,5 R 5/6	3,8	3,8	0,94	1,61	0,11	0,02	CR FC
Br 20	AB	15-46	D	46,2	12,5	41,3	sT	10 R 3/1	4,1	4,0	0,75	1,29	0,11	0,02	SB FC
Br 21	B	46-79	G	33,8	17,9	48,3	T	5 YR 5/4	4,1	4,1	0,49	0,85	0,06	0,01	SB FC
Br 22	C	>79	-	46,8	34,1	19,1	L	10 R 4/8	4,1	4,0	0,10	0,17	0,02	0,01	SB FC

	Fortsetzung	KAK_{eff} $cmol_c kg^{-1}$	BS %	AA_{eff} $cmol_c kg^{-1}$
	...	n. b.	n. b.	n. b.
	...	n. b.	n. b.	n. b.
	...	n. b.	n. b.	n. b.
	...	n. b.	n. b.	n. b.

Bodentyp WRB: Haplic Acrisol / **Sistema Brasileiro:** Argissolo Vermelho-Amarelo

Es wurden keine weiteren Messungen zur Bodenchemie an diesem Profil durchgeführt; C_{org} abgeleitet aus C_{tot}.

Annex B: Bodenprofile

Profil SSB 8	**Hochwert:** 7212074	**Witterung:**	**Oberflächenform:** 1. Planalto, SM, RI
23.06.2006	**Rechtswert:** 0628452	SU 25°C, WC 3	**Reliefposition:** LS
14:00 Uhr	**ü. NN:** 845 m		**Inklination und Exposition:** 05 NNW
			Hangform: VV
Landnutzung / Vegetation: HE3, VE / HS			**Geologie:** Quarzit MA1

Anmerkungen: Geringe Humusauflage < 1 cm; Probenentnahme in 10, 35, 70, 90, 105, 125 und 140 cm Tiefe, extrem stark durchwurzelt bis 15 cm, vereinzelt durchsetzt von Quarzgrus; fossile Bodenhorizonte Br 29 und Br 30 setzen sich in Farbe und Textur ab; Saprolit bildet Schulter an nicht präpariertem Aufschluss aufgrund höherer Erosionsresistenz aus.

	Horizont			Feinboden				Farbe	pH-Wert		(an-)organische Substanz %				Gefüge
Pr.	Bez.	cm	Grenze	S %	U %	T %	Art		KCl	CaCl$_2$	C$_{org}$	C$_{tot}$	N$_{tot}$	S$_{tot}$	
Br 23	Ah1	0-29	D	38,6	15,3	46,1	C	10 YR 3/6	4,2	4,1	1,11	1,42	0,10	0,01	CR FC
Br 24	B1	29-56	D	64,8	12,2	23,0	stL	7,5 YR 5/6	4,3	4,1	0,30	0,51	0,04	0,01	SB FC
Br 25	B2	56-85	D	41,6	29,9	28,5	tL	5 YR 5/6	4,2	4,1	0,21	0,43	0,03	0,01	SB FC
Br 27	B3	85-102	A	27,7	44,7	27,6	L	7,5 YR 5/8	4,2	4,1	0,22	0,29	0,03	0,01	SB FC
Br 29	Ahb2	102-126	C	15,9	16,3	67,8	T	10 YR 3/4	4,2	4,1	0,91	1,57	0,08	0,02	AS FC
Br 30	Ahb3	126-140	C	12,9	11,5	75,6	T	10 YR 3/6	4,2	4,1	1,16	2,00	0,09	0,02	AS FC
Br 32	C	>140	-	10,8	44,0	45,2	uT	2,5 YR 6/6	4,2	4,1	0,21	0,36	0,03	0,01	SB MC

Fortsetzung	KAK$_{eff}$ cmol$_c$ kg^{-1}	BS %	AA$_{eff}$ cmol$_c$ kg^{-1}	K in H$_2$O mg/kg	NO$_3$ in H$_2$O mg/kg	Cl in H$_2$O mg/kg	K$_{sv}$ mg/g	Al$_{sv}$ mg/g	Fe$_{sv}$ mg/g
...	4,7	18,9	3,8	23,1	5,2	5,6	1,2	53,7	21,3
...	1,6	4,4	1,5	0,9	0,9	1,2	0,6	35,7	30,2
...	3,7	2,2	3,6	0,9	0,7	3,0	0,8	32,5	16,8
...	2,5	3,8	2,4	2,5	1,9	4,0	1,0	44,7	20,3
...	5,3	1,6	5,2	0,8	2,8	2,4	1,7	49,7	29,1
...	4,1	7,3	3,8	2,2	4,0	2,7	1,6	64,2	33,4
...	5,2	1,3	5,1	1,4	1,0	3,2	1,5	51,9	23,8

Bodentyp WRB: Haplic Acrisol (Thaptoic) / Sistema Brasileiro: Argissolo Vermelho-Amarelo Distrófico

Die Messungen von Ca, Mg, Na, Al, Fe, Mn, NO$_2$, SO$_4$, Br und H$_2$PO$_4$ in H$_2$O (< 5,0 mg/kg) sowie Ca$_{tot}$, Mg$_{tot}$, Na$_{tot}$ und Mn$_{tot}$ (< 0,5 mg/g) erbrachten nur gering signifikante Ergebnisse.

Profil SSB 9	Hochwert: 7211570	Witterung:	Oberflächenform: 1. Planalto, SM, RI
22.06.2006	Rechtswert: 0627528	PC 23 °C, WC 3	Reliefposition: LS
13:30 Uhr	ü. NN: 882 m		Inklination und Exposition: 06 W
			Hangform: SV
Landnutzung / Vegetation: HE3, FN1, VS / WS			Geologie: Quarzit MA1

Anmerkungen: Geringe Humusauflage < 1 cm; Probenentnahme in 10, 45, 80, 125 und 154 cm Tiefe, extrem stark durchwurzelt bis 10 cm, Vorkommen von Quarzgrus in Br 37 und deutlich abgesetzt in der Textur; in allen Horizonten Bioturbationsmerkmale; Saprolit bildet Schulter an nicht präpariertem Aufschluss aufgrund höherer Erosionsresistenz aus.

	Horizont			Feinboden			Farbe	pH-Wert		(an-)organische Substanz %				Gefüge
Pr.	Bez.	cm	Grenze	S %	U %	T %	Art		KCl	$CaCl_2$	C_{org}	C_{tot}	N_{tot}	S_{tot}	
Br 34	Ah	0-21	D	41,2	16,6	42,3	T	7,5 YR 4/6	3,9	3,9	1,52	3,04	0,31	0,03	SB FC
Br 35	AB	21-62	D	41,0	13,7	45,3	T	7,5 YR 5/6	4,0	4,0	0,89	1,78	0,22	0,02	AS FC
Br 36	B1	62-98	D	40,2	12,9	46,9	T	7,5 YR 5/8	4,1	4,1	0,26	0,53	0,13	0,02	AS FC
Br 37	B2	98-154	C	36,8	35,8	27,4	L	7,5 YR 4/6	4,2	4,1	0,24	0,49	0,14	0,01	AS FC
Br 38	C	>154	-	44,1	38,5	17,4	L	10 YR 5/8	4,2	4,0	0,10	0,21	0,07	0,01	AB FC

Fortsetzung	KAK_{eff} cmol$_c$ kg^{-1}	BS %	AA_{eff} cmol$_c$ kg^{-1}
...	n. b.	n. b.	n. b.
...	n. b.	n. b.	n. b.
...	n. b.	n. b.	n. b.
...	n. b.	n. b.	n. b.
...	n. b.	n. b.	n. b.

Bodentyp WRB: Haplic Acrisol / **Sistema Brasileiro:** Argissolo Amarelo

Es wurden keine weiteren Messungen zur Bodenchemie an diesem Profil durchgeführt; C_{org} abgeleitet aus C_{tot}.

Quelle: Eigene Erhebung und Darstellung.

Annex B: Bodenprofile

Tab. B.2: Leitprofile im Faxinal Anta Gorda (Paraná). Angaben und Abkürzungen nach WRB (2006); n. b. = nicht bestimmt.

Profil AGP 1	Hochwert: 7222327	Witterung:	Oberflächenform: 2. Planalto, SH
06.09.2005	Rechtswert: 0491677	SU 25°C, WC 5	Reliefposition: BO
9:15 Uhr	ü. NN: 751 m		Inklination und Exposition: 01 -
			Hangform: -
Landnutzung / Vegetation: HE3, FN1, VS / WS			Geologie: SC3

Anmerkungen: Keine Humusauflage feststellbar; Probenentnahme mit „Trador hollandais" in 10 und 40 cm Tiefe, bis 50 cm aufgeschlossen, dann zu hoher Wassergehalt; stark durchwurzelt von Krautvegetation bis 10 cm; frische Sedimentauflage < 1 cm auf Oberfläche von voraus gegangenem Hochwasserereignis, leichte fluviale Schichtung erkennbar.

	Horizont			Feinboden				Farbe	pH-Wert		(an-)organische Substanz %				Gefüge
Pr.	Bez.	cm	Grenze	S %	U %	T %	Art		KCl	CaCl$_2$	C$_{org}$	C$_{tot}$	N$_{tot}$	S$_{tot}$	
Br 39	A	0-22	D	57,8	26,4	15,8	sL	10 YR 3/4	3,9	4,0	1,28	1,67	0,16	0,02	AB FC
Br 40	B	>49	n.b.	60,9	24,0	15,1	sL	10 YR 3/6	3,7	3,7	0,70	0,79	0,10	0,01	AB FC

	Fortsetzung	KAK$_{eff}$ cmol$_c$ kg^{-1}	BS %	AA$_{eff}$ cmol$_c$ kg^{-1}	Ca in H$_2$O mg/kg	Mg in H$_2$O mg/kg	K in H$_2$O mg/kg	NO$_2$ in H$_2$O mg/kg	NO$_3$ in H$_2$O mg/kg	Mg$_{xx}$ mg/g	K$_{xx}$ mg/g	Al$_{xx}$ mg/g	Fe$_{xx}$ mg/g
	...	7,0	71,5	2,0	13,5	12,3	12,4	38,5	281,1	1,1	2,8	14,4	14,3
	...	8,2	3,5	7,9	5,7	2,4	5,2	14,8	60,6	1,1	3,0	17,7	16,5

Bodentyp WRB: Haplic Fluvisol (Epiarenic) / Sistema Brasileiro: Neossolo Flúvico Tb (Eutrófico)

Es wurden keine weiteren Messungen zur Bodenchemie an diesem Profil durchgeführt; C$_{org}$ abgeleitet aus C$_{tot}$, C-Horizont nicht aufgeschlossen.

Profil AGP 2	Hochwert: 7221921	Witterung:	Oberflächenform: 2. Planalto, SH
06.09.2005	Rechtswert: 0491596	SU 25°C, WC 5	Reliefposition: LS
10:50 Uhr	ü. NN: 784 m		Inklination und Exposition: 05 NNE
			Hangform: CV
Landnutzung / Vegetation: HE3, FN1, VU / WS			Geologie: SC3

Anmerkungen: Keine Humusauflage feststellbar; Probenentnahme in 10 und 55 cm Tiefe; stark durchwurzelt von Krautvegetation bis 25 cm; ab 20 cm Tiefe glänzende Scherflächen im frischen Profilaufschluss.

	Horizont			Feinboden				Farbe	pH-Wert		(an-)organische Substanz %				Gefüge
Pr.	Bez.	cm	Grenze	S %	U %	T %	Art		KCl	CaCl$_2$	C$_{org}$	C$_{tot}$	N$_{tot}$	S$_{tot}$	
Br 41	Ah	0-52	D	31,0	21,8	47,2	T	10 YR 3/4	3,9	4,0	2,60	2,99	0,25	0,03	SA FC
Br 42	B	52-75	C	23,4	23,3	50,3	T	10 YR 3/6	4,0	4,0	1,44	1,82	0,12	0,02	SA FC
-	C	>75	-	n.b.	n.b.	n.b.	uL	n.b.	n.b.	n.b.	n.b.	n.b.	n.b.	n.b.	PL MC

	Fortsetzung	KAK$_{eff}$ cmol$_c$ kg^{-1}	BS %	AA$_{eff}$ cmol$_c$ kg^{-1}	K in H$_2$O mg/kg	Mn in H$_2$O mg/kg	NO$_3$ in H$_2$O mg/kg	K$_{xx}$ mg/g	Al$_{xx}$ mg/g	Fe$_{xx}$ mg/g
	...	7,9	5,8	7,4	14,8	10,8	199,9	1,3	47,1	44,1
	...	5,9	8,8	5,4	3,0	2,4	52,6	1,4	43,9	46,1
	...	n.b.	n.b.	n.b.	n.b.	n.b.	n.b.	n.b.	n.b.	n.b.

Bodentyp WRB: Acric Nitisol / Sistema Brasileiro: Nitossolo Háplico Distrófico húmico

Die Messungen von Ca, Mg, Na, Al, Fe, NO$_2$, Cl, SO$_4$, Br und H$_2$PO$_4$ in H$_2$O (< 10 mg/kg) sowie Ca$_{tot}$, Mg$_{tot}$, Na$_{tot}$ und Mn$_{tot}$ (< 1 mg/g) erbrachten nur gering signifikante Ergebnisse.

Profil AGP3 **Hochwert:** 7221158 **Witterung:** **Oberflächenform:** 2. Planalto, SH
06.09.2005 **Rechtswert:** 0490639 SU 25°C, WC 5 **Reliefposition:** MS
14:30 Uhr **ü. NN:** 761 m   **Inklination und Exposition:** 06 S
   Hangform: CS
Landnutzung / Vegetation: MF, VU / FC   **Geologie:** SC3

Anmerkungen: Nadelstreuauflage < 2 cm; Probenentnahme mit „Trador hollandais" in 20 und 60 cm Tiefe; stellenweise organischer Eintrag als dunkle Flecken in tieferen Horizontbereichen sichtbar; Entwicklungstiefe bis 80 cm.

Pr.	Horizont			Feinboden				Farbe	pH-Wert		(an-)organische Substanz %				Gefüge
	Bez.	cm	Grenze	S %	U %	T %	Art		KCl	CaCl$_2$	C$_{org}$	C$_{tot}$	N$_{tot}$	S$_{tot}$	
Br 43	A	0-38	D	6,0	34,0	60,0	T	10 YR 3/2	3,8	4,1	1,55	2,67	0,22	0,03	SA FC
Br 44	B	38-52	C	3,0	32,1	64,9	T	7,5 YR 4/4	3,9	4,0	0,52	0,90	0,08	0,01	SA FC
-	C	>52	n. b.	n. b.	n. b.	n. b.	n. b.	n. b.	n. b.	n. b.	n. b.	n. b.	n. b.	n. b.	n. b.

	Fortsetzung	KAK$_{eff}$ cmol$_c$ kg^{-1}	BS %	AA$_{eff}$ cmol$_c$ kg^{-1}
	...	n. b.	n. b.	n. b.
	...	n. b.	n. b.	n. b.
	...	n. b.	n. b.	n. b.

Bodentyp WRB: Haplic Cambisol (Clayic) / Sistema Brasileiro: Cambissolo Háplico argiloso
Es wurden keine weiteren Messungen zur Bodenchemie durchgeführt; C$_{org}$ abgeleitet aus C$_{tot}$, C-Horizont nicht aufgeschlossen.

Profil AGP4 **Hochwert:** 7221442 **Witterung:** **Oberflächenform:** 2. Planalto, SH
06.09.2005 **Rechtswert:** 0491185 SU 25°C, WC 5 **Reliefposition:** TS
15:40 Uhr **ü. NN:** 758 m   **Inklination und Exposition:** 03 N
   Hangform: CC
Landnutzung / Vegetation: HE3, VU / HS   **Geologie:** SC3

Anmerkungen: Keine Humusauflage; Probenentnahme mit „Trador hollandais" in 25 cm Tiefe, Entwicklungstiefe > 36 cm.

Pr.	Horizont			Feinboden				Farbe	pH-Wert		(an-)organische Substanz %				Gefüge
	Bez.	cm	Grenze	S %	U %	T %	Art		KCl	CaCl$_2$	C$_{org}$	C$_{tot}$	N$_{tot}$	S$_{tot}$	
Br 45	A	0-36	C	13,7	44,8	41,4	uT	10 YR 3/2	4,9	5,4	0,91	1,83	0,15	0,02	SB FC
-	C	>36	-	n. b.	n. b.	n. b.	n. b.	n. b.	n. b.	n. b.	n. b.	n. b.	n. b.	n. b.	n. b.

	Fortsetzung	KAK$_{eff}$ cmol$_c$ kg^{-1}	BS %	AA$_{eff}$ cmol$_c$ kg^{-1}
	...	n. b.	n. b.	n. b.
	...	n. b.	n. b.	n. b.

Bodentyp WRB: Haplic Cambisol / Sistema Brasileiro: Neossolo Litólico
Es wurden keine weiteren Messungen zur Bodenchemie durchgeführt; C$_{org}$ abgeleitet aus C$_{tot}$, C-Horizont nicht aufgeschlossen.

Annex B: Bodenprofile

Profil AGP 5 **Hochwert:** 7221041 **Witterung:** **Oberflächenform:** 2. Planalto, SH
07.09.2005 **Rechtswert:** 0492052 OV 20 °C, WC 4 **Reliefposition:** LS
9:15 Uhr **ü. NN:** 770 m **Inklination und Exposition:** 05 W
Hangform: CS
Landnutzung / Vegetation: HE3, FN1, VU / WS **Geologie:** SC3

Anmerkungen: Keine Humusauflage; Probenentnahme mit „Trador hollandais" in 20 und 55 cm Tiefe; ab ca. 15 cm Tiefe Auftreten von glänzenden Scherflächen, ab 70 cm Übergang zu Saprolit mit kleinräumigen Farbwechseln.

	Horizont			Feinboden				Farbe	pH-Wert		(an-)organische Substanz %				Gefüge
Pr.	Bez.	cm	Grenze	S %	U %	T %	Art		KCl	CaCl$_2$	C$_{org}$	C$_{tot}$	N$_{tot}$	S$_{tot}$	
Br 46	A	0-41	D	15,3	28,4	56,2	T	7,5 YR 3/3	3,7	3,7	1,39	2,39	0,19	0,03	SB FC
Br 47	B	41-72	C	22,7	23,8	53,5	T	7,5 YR 4/6	3,8	3,8	0,71	1,21	0,09	0,02	SA FC
-	C	>72	-	n. b.	n. b.	n. b.	uL	n. b.	n. b.	n. b.	n. b.	n. b.	n. b.	n. b.	PL MC

	Fortsetzung	KAK$_{eff}$ cmol$_c$kg^{-1}	BS %	AA$_{eff}$ cmol$_c$kg^{-1}
	...	n. b.	n. b.	n. b.
	...	n. b.	n. b.	n. b.
	...	n. b.	n. b.	n. b.

Bodentyp WRB: Acric Nitisol / Sistema Brasileiro: Nitossolo Háplico (Distrófico)
Es wurden keine weiteren Messungen zur Bodenchemie an diesem Profil durchgeführt; C$_{org}$ abgeleitet aus C$_{tot}$.

Profil AGP 6 **Hochwert:** 7221147 **Witterung:** **Oberflächenform:** 2. Planalto, SH
07.09.2005 **Rechtswert:** 0490975 OV 20 °C, WC 4 **Reliefposition:** TS
10:25 Uhr **ü. NN:** 760 m **Inklination und Exposition:** 04 W
Hangform: CC
Landnutzung / Vegetation: HE3, FN1, VU / WS **Geologie:** SC3

Anmerkungen: Humusauflage > 2 cm; Probenentnahme in 20 und 60 cm Tiefe; ab ca. 30 cm Auftreten eines Gley-Horizonts aufgrund großer Nähe zu Quellaustritt bzw. Grundwasser, ab 85 cm Übergang zur Saprolitzone.

	Horizont			Feinboden				Farbe	pH-Wert		(an-)organische Substanz %				Gefüge
Pr.	Bez.	cm	Grenze	S %	U %	T %	Art		KCl	CaCl$_2$	C$_{org}$	C$_{tot}$	N$_{tot}$	S$_{tot}$	
Br 48	A	0-29	G	17,0	56,0	27,0	uL	10 YR 5/4	3,8	3,9	0,62	1,07	0,1	0,01	SB FC
Br 49	Bg	29-85	G	22,4	65,3	12,3	uL	G2 6/5 PB	3,8	3,8	0,23	0,39	0,04	0,01	SA FC
-	C	>85	-	n. b.	n. b.	n. b.	uL	n. b.	n. b.	n. b.	n. b.	n. b.	n. b.	n. b.	PL MC

	Fortsetzung	KAK$_{eff}$ cmol$_c$kg^{-1}	BS %	AA$_{eff}$ cmol$_c$kg^{-1}
	...	n. b.	n. b.	n. b.
	...	n. b.	n. b.	n. b.
	...	n. b.	n. b.	n. b.

Bodentyp WRB: Haplic Gleysol (Siltic) / Sistema Brasileiro: Gleissolo Háplico
Es wurden keine weiteren Messungen zur Bodenchemie an diesem Profil durchgeführt; C$_{org}$ abgeleitet aus C$_{tot}$.

Profil AGP7	Hochwert: 7221839	Witterung:	Oberflächenform: 2. Planalto, SH
17.05.2006	Rechtswert: 0490787	SU 20°C, WC 1	Reliefposition: UP
16:40 Uhr	ü. NN: 738 m		Inklination und Exposition: 07 NNE
			Hangform: SV
Landnutzung / Vegetation: HE3, VU / HS			Geologie: SC3

Anmerkungen: Keine Humusauflage erkennbar; Probenentnahme in 10 und 20 cm Tiefe, deutliche Edaphonspuren (Termiten); vereinzeltes Auftreten von Grus oder größeren Korngrößen im Ah-Horizont.

		Horizont		Feinboden				Farbe	pH-Wert		(an-)organische Substanz %				Gefüge
Pr.	Bez.	cm	Grenze	S %	U %	T %	Art		KCl	CaCl$_2$	C$_{org}$	C$_{tot}$	N$_{tot}$	S$_{tot}$	
Br 50	Ah	0-18	G	11,5	44,9	43,6	uT	10 YR 4/4	3,9	4,0	2,35	2,50	0,25	0,03	SB FC
Br 51	C	>18	-	10,8	40,5	48,7	uT	10 YR 3/6	3,8	3,9	1,43	1,67	0,18	0,02	PL MC

Fortsetzung	KAK$_{eff}$ cmol$_c$ kg^{-1}	BS %	AA$_{eff}$ cmol$_c$ kg^{-1}	K in H$_2$O mg/kg	NO$_2$ in H$_2$O mg/kg	NO$_3$ in H$_2$O mg/kg	SO$_4$ in H$_2$O mg/kg	K$_{tot}$ mg/g	Al$_{tot}$ mg/g	Fe$_{tot}$ mg/g
...	9,5	29,6	6,7	67,0	177,7	90,8	20,9	6,9	36,6	30,7
...	9,5	11,0	6,2	34,5	57,6	101,6	11,0	7,8	38,8	35,8

Bodentyp WRB: Cambic Leptosol (Dystric) / Sistema Brasileiro: Neossolo Litólico Distrófico

Die Messungen von Ca, Mg, Na, Al, Fe, Cl, Br und H$_2$PO$_4$ in H$_2$O (< 10 mg/kg) sowie Ca$_{tot}$, Mg$_{tot}$, Na$_{tot}$ und Mn$_{tot}$ (<2 mg/g) erbrachten insignifikante Ergebnisse.

Quelle: Eigene Erhebung und Darstellung.

Tab. B.3: Leitprofile im Faxinal Saudade Santa Anita. Angaben und Abkürzungen nach WRB (2006); n. b. = nicht bestimmt.

Profil SSA 1	Hochwert: 7231758	Witterung:	Oberflächenform: 3. Planalto, SE
13.09.2005	Rechtswert: 0432861	RA 10°C, WC 5	Reliefposition: LS
14:30 Uhr	ü. NN: 991 m		Inklination und Exposition: 08 SW
			Hangform: VC
Landnutzung / Vegetation: HE3, FN1, VU / WS			Geologie: IB2

Anmerkungen: Keine Humusauflage erkennbar; Probenentnahme in 20, 65 und 120 cm Tiefe; glatte, glänzende Scherflächen ab ca. 30 cm; deutliche Edaphonspuren (Termiten und Regenwürmer); sehr feuchter Standort aufgrund Nähe zu Quellaustritt und schattiger Geländelage.

		Horizont		Feinboden				Farbe	pH-Wert		(an-)organische Substanz %				Gefüge
Pr.	Bez.	cm	Grenze	S %	U %	T %	Art		KCl	CaCl$_2$	C$_{org}$	C$_{tot}$	N$_{tot}$	S$_{tot}$	
Br 52	A	0-35	D	5,2	38,3	56,5	T	5 YR 3/4	4,6	4,6	0,87	1,49	0,14	0,03	AS FC
Br 53	B1	35-105	D	2,8	21,0	76,2	T	7,5 YR 3/4	5,0	5,2	0,65	1,26	0,07	0,01	AS FC
Br 54	B2	>158	n. b.	3,3	35,0	61,7	T	7,5 YR 3/3	5,2	5,5	0,56	1,12	0,07	0,01	AS FC

Fortsetzung	KAK$_{eff}$ cmol$_c$ kg^{-1}	BS %	AA$_{eff}$ cmol$_c$ kg^{-1}							
...	n. b.	n. b.	n. b.							
...	n. b.	n. b.	n. b.							
...	n. b.	n. b.	n. b.							

Bodentyp WRB: Ferralic Nitisol / Sistema Brasileiro: Nitossolo Háplico

Es wurden keine weiteren Messungen zur Bodenchemie durchgeführt; C$_{org}$ abgeleitet aus C$_{tot}$, C-Horizont nicht aufgeschlossen.

Annex B: Bodenprofile

Profil SSA 2	Hochwert: 7232123	Witterung:	Oberflächenform: 3. Planalto, SE
13.09.2005	Rechtswert: 0433665	RA 10°C, WC 5	Reliefposition: UP
15:45 Uhr	ü. NN: 1089 m		Inklination und Exposition: 05 E
			Hangform: VV
Landnutzung / Vegetation: HE3, FN1, VU / HS			Geologie: IB2

Anmerkungen: Keine Humusauflage; Probenentnahme in 25 und 75 cm Tiefe; Auftreten von glänzenden Scherflächen ab ca. 20 cm, ab ca. 100 cm Beginn der Saprolitzone.

		Horizont		Feinboden				Farbe	pH-Wert		(an-)organische Substanz %				Gefüge
Pr.	Bez.	cm	Grenze	S %	U %	T %	Art		KCl	$CaCl_2$	C_{org}	C_{tot}	N_{tot}	S_{tot}	
Br 55	A	0-48	D	2,4	26,3	71,3	T	2,5 YR 3/6	4,7	4,4	0,43	0,73	0,05	0,01	AS FC
Br 56	B	48-103	D	2,0	40,9	57,1	uT	2,5 YR 4/6	4,7	4,3	0,22	0,39	0,03	0,02	AS FC
-	C	> 103	-	n. b.	n. b.	n. b.	utL	2,5 YR 4/6	n. b.	n. b.	n. b.	n. b.	n. b.	n. b.	AB FC

Fortsetzung	KAK_{eff} $cmol_c kg^{-1}$	BS %	AA_{eff} $cmol_c kg^{-1}$
...	n. b.	n. b.	n. b.
...	n. b.	n. b.	n. b.
...	n. b.	n. b.	n. b.

Bodentyp WRB: Ferralic Nitisol (Rhodic) / Sistema Brasileiro: Nitossolo Vermelho
Es wurden keine weiteren Messungen zur Bodenchemie an diesem Profil durchgeführt; C_{org} abgeleitet aus C_{tot}.

Profil SSA 3	Hochwert: 7231587	Witterung:	Oberflächenform: 3. Planalto, SE
02.05.2006	Rechtswert: 0434401	SU 18°C, WC 2	Reliefposition: MS
9:30 Uhr	ü. NN: 1045 m		Inklination und Exposition: 06 SE
			Hangform: CS
Landnutzung / Vegetation: HE3, FN1, VU / WS			Geologie: IB2

Anmerkungen: Humusauflage < 1 cm, Probenentnahme in 15 und 30 cm Tiefe; deutliche Edaphonspuren im gesamten Profil (v. a. Termiten); Auftreten glänzender Scherflächen, ab 40 cm Beginn der Saprolitzone.

		Horizont		Feinboden				Farbe	pH-Wert		(an-)organische Substanz %				Gefüge
Pr.	Bez.	cm	Grenze	S %	U %	T %	Art		KCl	$CaCl_2$	C_{org}	C_{tot}	N_{tot}	S_{tot}	
Br 57	Ah	0-20	G	10,8	21,6	67,6	T	10 YR 3/4	4,1	4,0	1,88	3,23	0,24	0,04	AS FC
Br 58	Bt	20-41	G	2,9	20,8	76,3	T	10 YR 3/6	4,2	4,2	0,60	1,04	0,09	0,02	AS FC
-	C	> 41	-	n. b.	n. b.	n. b.	uT	10 YR 3/1	n. b.	n. b.	n. b.	n. b.	n. b.	n. b.	AB FC

Fortsetzung	KAK_{eff} $cmol_c kg^{-1}$	BS %	AA_{eff} $cmol_c kg^{-1}$
...	15,4	24,0	11,7
...	10,6	39,6	6,4
...	n. b.	n. b.	n. b.

Bodentyp WRB: Ferralic Nitisol (Dystric) / Sistema Brasileiro: Nitossolo Háplico (Neossolo Litólico argiloso)
Es wurden keine weiteren Messungen zur Bodenchemie an diesem Profil durchgeführt; C_{org} abgeleitet aus C_{tot}; Ergebnisse von KAK, BS und AA fotometrisch bestimmt.

Profil SSA 4
02.05.2006
10:15 Uhr
Hochwert: 7231536
Rechtswert: 0432089
ü. NN: 1062 m
Landnutzung / Vegetation: HE3, MF, VU / SS
Witterung: SU 18°C, WC 2
Oberflächenform: 3. Planalto, SE
Reliefposition: CR
Inklination und Exposition: 05 SE
Hangform: SC
Geologie: IB2

Anmerkungen: Keine organische Auflage erkennbar unter vorherrschenden *Ilex paraguariensis* Kulturen; Probenentnahme in 10, 30 und 60 cm Tiefe, nicht bis Saprolitzone aufgeschlossen.

Pr.	Bez.	Horizont cm	Grenze	S %	U %	T %	Art	Farbe	pH-Wert KCl	pH-Wert $CaCl_2$	C_{org}	C_{tot}	N_{tot}	S_{tot}	Gefüge
Br 59	Ah	0-22	D	4,6	19,0	76,4	T	2,5 YR 3/3	3,8	3,7	4,47	5,12	0,42	0,06	AS FC
Br 60	AB	22-46	D	3,3	21,8	74,9	T	5 YR 3/4	4,1	4,1	2,81	3,34	0,25	0,04	AS FC
Br 61	Bt1	46-80	D	1,8	17,4	80,8	T	5 YR 3/5	4,1	4,0	1,40	1,72	0,11	0,03	AS FC
-	Bw2	>80	-	n. b.	n. b.	n. b.	n. b.	n. b.	n. b.	n. b.	n. b.	n. b.	n. b.	n. b.	n. b.

Fortsetzung	KAK_{eff} cmol$_c$/kg^{-1}	BS %	AA_{eff} cmol$_c$/kg^{-1}	K in H_2O mg/kg	NO_3 in H_2O mg/kg	Al_{tot} mg/g	Fe_{tot} mg/g
...	10,7	3,0	10,3	23,0	351,2	42,5	139,0
...	5,1	6,4	4,8	5,3	114,4	51,4	158,0
...	4,0	0,9	4,0	0,7	12,1	50,5	157,3
...	n. b.	n. b.	n. b.	n. b.	n. b.	n. b.	n. b.

Bodentyp WRB: Haplic **Ferralsol (Humic, Dystric, Clayic)** / Sistema Brasileiro: Latossolo Bruno Distrófico húmico

Die Messungen von Ca, Mg, Na, Al, Fe, Mn, NO_2, SO_4, Cl, Br und H_2PO_4 in H_2O (< 10 mg/kg) sowie Ca_{tot}, Mg_{tot}, Na_{tot}, K_{tot} und Mn_{tot} (< 1,5 mg/g) erbrachten insignifikante Ergebnisse.

Profil SSA 5
02.05.2006
17:00 Uhr
Hochwert: 7230411
Rechtswert: 0433966
ü. NN: 1065 m
Landnutzung / Vegetation: HE3, FN1, VS / WS
Witterung: SU 23°C, WC 2
Oberflächenform: 3. Planalto, SE
Reliefposition: TS
Inklination und Exposition: 03 W
Hangform: SS
Geologie: IB2

Anmerkungen: Keine Humusauflage zu erkennen; Probenentnahme in 10, 25 und 60 cm Tiefe, nicht bis Saprolitzone aufgeschlossen aufgrund Grundwasserzufluss ab ca. 80 cm.

Pr.	Bez.	Horizont cm	Grenze	S %	U %	T %	Art	Farbe	pH-Wert KCl	pH-Wert $CaCl_2$	C_{org}	C_{tot}	N_{tot}	S_{tot}	Gefüge
Br 62	Ah	0-17	D	4,9	7,7	87,4	T	10 YR 2/1	3,7	3,8	5,09	5,68	0,35	0,04	AS FC
Br 63	AB1	17-38	D	2,2	4,5	93,3	T	G2 2,5/5BG	3,7	3,9	3,64	4,09	0,18	0,02	AS FC
Br 64	B1	>80	n. b.	6,3	5,4	88,4	T	G2 6/10G	3,8	4,0	2,77	3,16	0,18	0,02	AS FC

Fortsetzung	KAK_{eff} cmol$_c$/kg^{-1}	BS %	AA_{eff} cmol$_c$/kg^{-1}	NO_3 in H_2O mg/kg	SO_4 in H_2O mg/kg	Al_{tot} mg/g	Fe_{tot} mg/g
...	15,9	2,4	15,5	181,1	19,7	51,9	34,3
...	14,0	2,9	13,6	34,1	8,2	58,0	46,6
...	13,4	13,1	11,7	48,3	2,5	57,7	26,9

Bodentyp WRB: Haplic **Gleysol (Humic, Dystric, Clayic)** / Sistema Brasileiro: Gleissolo Mêlanico Distrófico incéptico

Die Messungen von Ca, Mg, Na, K, Al, Fe, Mn, NO_2, Cl, Br und H_2PO_4 in H_2O (< 10 mg/kg) sowie Ca_{tot}, Mg_{tot}, Na_{tot}, K_{tot} und Mn_{tot} (< 0,5 mg/g) erbrachten insignifikante Ergebnisse.

Quelle: Eigene Erhebung und Darstellung.

C Röntgendiffraktometrische Untersuchung

Tab. C.1: Ergebnisse der röntgendiffraktometrischen Analyse der Tonfraktion aus den Bodenproben des Faxinal Sete Saltos de Baixo. Schwarz = unbehandeltes Präparat; rot = mit Ethylenglykol behandeltes Präparat; blau = bei 550 °C getrocknetes Präparat.

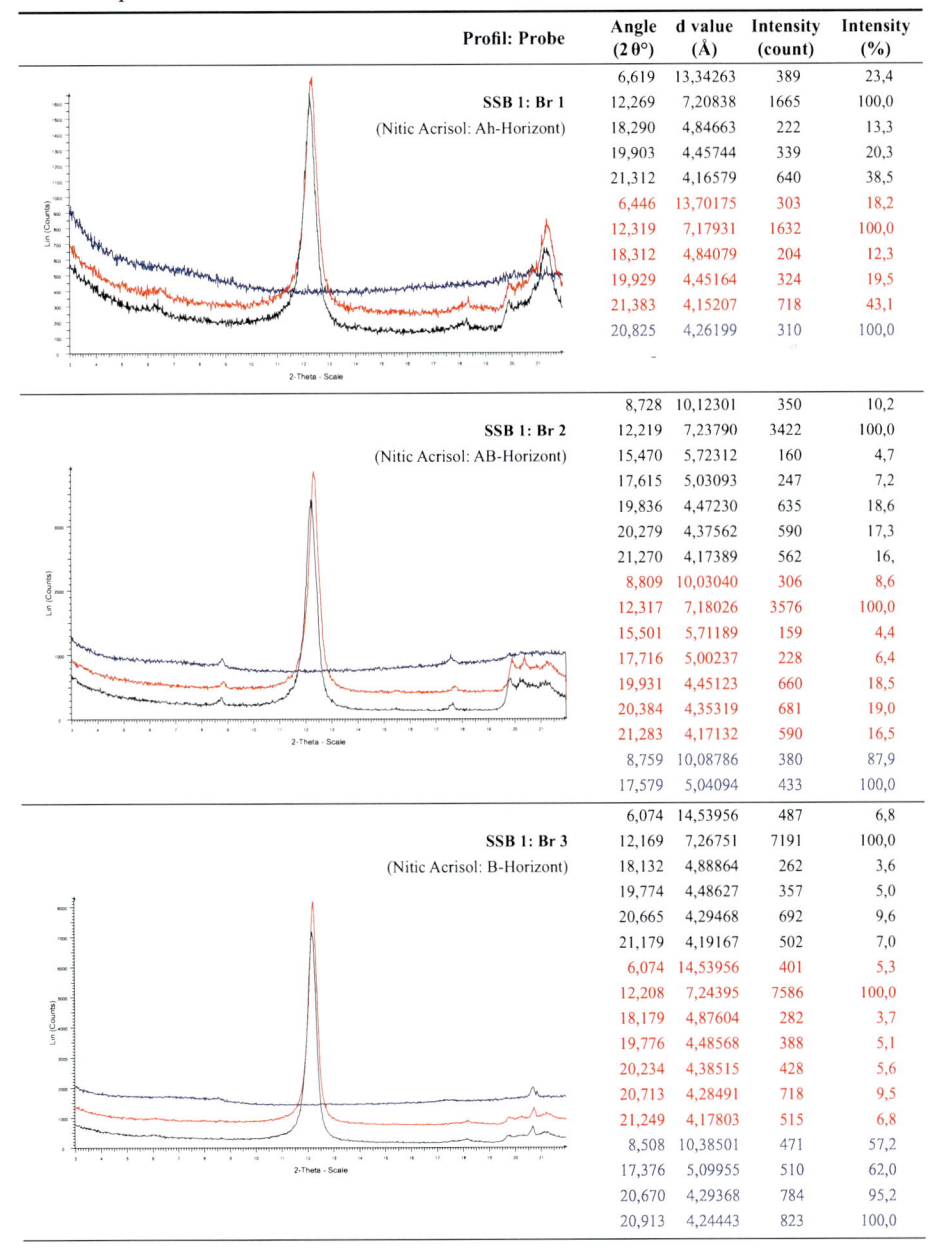

Profil: Probe	Angle (2 θ°)	d value (Å)	Intensity (count)	Intensity (%)
SSB 1: Br 1 (Nitic Acrisol: Ah-Horizont)	6,619	13,34263	389	23,4
	12,269	7,20838	1665	100,0
	18,290	4,84663	222	13,3
	19,903	4,45744	339	20,3
	21,312	4,16579	640	38,5
	6,446	13,70175	303	18,2
	12,319	7,17931	1632	100,0
	18,312	4,84079	204	12,3
	19,929	4,45164	324	19,5
	21,383	4,15207	718	43,1
	20,825	4,26199	310	100,0
SSB 1: Br 2 (Nitic Acrisol: AB-Horizont)	8,728	10,12301	350	10,2
	12,219	7,23790	3422	100,0
	15,470	5,72312	160	4,7
	17,615	5,03093	247	7,2
	19,836	4,47230	635	18,6
	20,279	4,37562	590	17,3
	21,270	4,17389	562	16,
	8,809	10,03040	306	8,6
	12,317	7,18026	3576	100,0
	15,501	5,71189	159	4,4
	17,716	5,00237	228	6,4
	19,931	4,45123	660	18,5
	20,384	4,35319	681	19,0
	21,283	4,17132	590	16,5
	8,759	10,08786	380	87,9
	17,579	5,04094	433	100,0
SSB 1: Br 3 (Nitic Acrisol: B-Horizont)	6,074	14,53956	487	6,8
	12,169	7,26751	7191	100,0
	18,132	4,88864	262	3,6
	19,774	4,48627	357	5,0
	20,665	4,29468	692	9,6
	21,179	4,19167	502	7,0
	6,074	14,53956	401	5,3
	12,208	7,24395	7586	100,0
	18,179	4,87604	282	3,7
	19,776	4,48568	388	5,1
	20,234	4,38515	428	5,6
	20,713	4,28491	718	9,5
	21,249	4,17803	515	6,8
	8,508	10,38501	471	57,2
	17,376	5,09955	510	62,0
	20,670	4,29368	784	95,2
	20,913	4,24443	823	100,0

Profil: Probe	Angle (2θ°)	d value (Å)	Intensity (count)	Intensity (%)
SSB 5: Br 11 (Haplic Acrisol: Ah-Horizont)	6,244	14,14269	581	6,7
	12,304	7,18769	8686	100,0
	18,328	4,83663	331	3,8
	19,931	4,45124	361	4,2
	21,412	4,14652	497	5,7
	6,284	14,05449	548	6,5
	12,305	7,18726	8391	100,0
	18,342	4,83311	331	3,9
	18,789	4,71911	259	3,1
	19,947	4,44771	380	4,5
	21,403	4,14830	511	6,1
SSB 5: Br 13 (Haplic Acrisol: B1-Horizont)	6,312	13,99202	543	7,5
	12,310	7,18419	7242	100,0
	18,357	4,82909	396	5,5
	18,767	4,72464	350	4,8
	19,952	4,44657	376	5,2
	21,373	4,15404	511	7,1
	6,322	13,96984	515	7,0
	12,312	7,18343	7327	100,0
	18,301	4,84379	380	5,2
	18,850	4,70394	372	5,1
	19,911	4,45559	361	4,9
	21,434	4,14241	534	7,3
SSB 5: Br 15 (Haplic Acrisol: B3-Horizont)	12,225	7,23442	615	30,0
	18,254	4,85624	228	11,1
	19,869	4,46500	538	26,2
	20,774	4,27242	2052	100,0
	21,284	4,17123	493	24,0
	12,241	7,22477	566	27,1
	18,254	4,85611	213	10,2
	19,844	4,47040	562	26,9
	20,781	4,27107	2088	100,0
	21,270	4,17390	520	24,9
	19,698	4,50341	317	13,3
	20,804	4,26630	2391	100,0
SSB 8: Br 23 (Haplic Acrisol: Ah1-Horizont)	6,318	13,97805	441	5,7
	12,346	7,16337	7762	100,0
	18,279	4,84950	306	3,9
	19,978	4,44086	408	5,3
	20,861	4,25472	506	6,5
	21,375	4,15371	480	6,2
	6,321	13,97252	497	6,4
	12,274	7,20544	7779	100,0
	18,228	4,86305	320	4,1
	19,850	4,46920	445	5,7
	20,776	4,27192	548	7,0
	21,271	4,17366	534	6,9
	8,728	10,12264	388	74,7
	17,561	5,04619	369	70,9
	20,786	4,27002	520	100,0

Annex C: Röntgendiffraktometrische Untersuchung

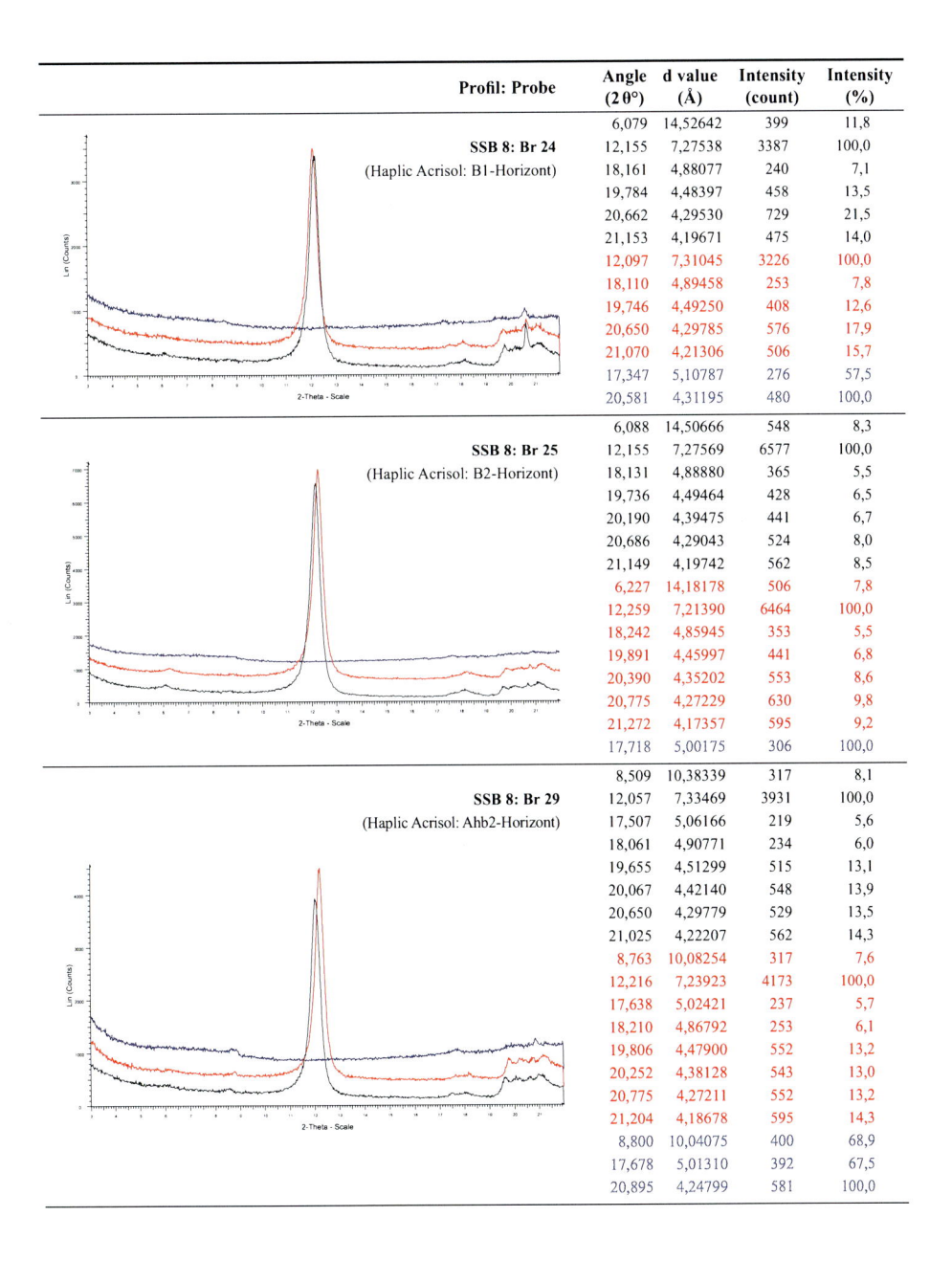

Profil: Probe	Angle (2θ°)	d value (Å)	Intensity (count)	Intensity (%)
	6,079	14,52642	399	11,8
SSB 8: Br 24	12,155	7,27538	3387	100,0
(Haplic Acrisol: B1-Horizont)	18,161	4,88077	240	7,1
	19,784	4,48397	458	13,5
	20,662	4,29530	729	21,5
	21,153	4,19671	475	14,0
	12,097	7,31045	3226	100,0
	18,110	4,89458	253	7,8
	19,746	4,49250	408	12,6
	20,650	4,29785	576	17,9
	21,070	4,21306	506	15,7
	17,347	5,10787	276	57,5
	20,581	4,31195	480	100,0
	6,088	14,50666	548	8,3
SSB 8: Br 25	12,155	7,27569	6577	100,0
(Haplic Acrisol: B2-Horizont)	18,131	4,88880	365	5,5
	19,736	4,49464	428	6,5
	20,190	4,39475	441	6,7
	20,686	4,29043	524	8,0
	21,149	4,19742	562	8,5
	6,227	14,18178	506	7,8
	12,259	7,21390	6464	100,0
	18,242	4,85945	353	5,5
	19,891	4,45997	441	6,8
	20,390	4,35202	553	8,6
	20,775	4,27229	630	9,8
	21,272	4,17357	595	9,2
	17,718	5,00175	306	100,0
	8,509	10,38339	317	8,1
SSB 8: Br 29	12,057	7,33469	3931	100,0
(Haplic Acrisol: Ahb2-Horizont)	17,507	5,06166	219	5,6
	18,061	4,90771	234	6,0
	19,655	4,51299	515	13,1
	20,067	4,42140	548	13,9
	20,650	4,29779	529	13,5
	21,025	4,22207	562	14,3
	8,763	10,08254	317	7,6
	12,216	7,23923	4173	100,0
	17,638	5,02421	237	5,7
	18,210	4,86792	253	6,1
	19,806	4,47900	552	13,2
	20,252	4,38128	543	13,0
	20,775	4,27211	552	13,2
	21,204	4,18678	595	14,3
	8,800	10,04075	400	68,9
	17,678	5,01310	392	67,5
	20,895	4,24799	581	100,0

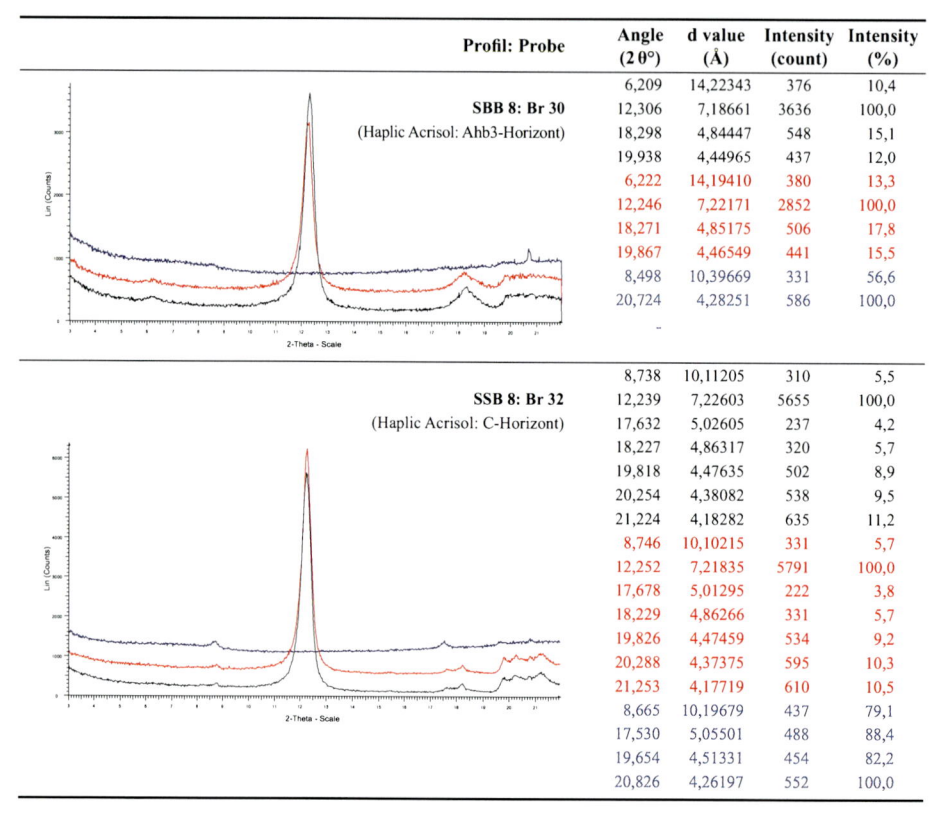

Profil: Probe	Angle (2θ°)	d value (Å)	Intensity (count)	Intensity (%)
	6,209	14,22343	376	10,4
SBB 8: Br 30	12,306	7,18661	3636	100,0
(Haplic Acrisol: Ahb3-Horizont)	18,298	4,84447	548	15,1
	19,938	4,44965	437	12,0
	6,222	14,19410	380	13,3
	12,246	7,22171	2852	100,0
	18,271	4,85175	506	17,8
	19,867	4,46549	441	15,5
	8,498	10,39669	331	56,6
	20,724	4,28251	586	100,0
	8,738	10,11205	310	5,5
SSB 8: Br 32	12,239	7,22603	5655	100,0
(Haplic Acrisol: C-Horizont)	17,632	5,02605	237	4,2
	18,227	4,86317	320	5,7
	19,818	4,47635	502	8,9
	20,254	4,38082	538	9,5
	21,224	4,18282	635	11,2
	8,746	10,10215	331	5,7
	12,252	7,21835	5791	100,0
	17,678	5,01295	222	3,8
	18,229	4,86266	331	5,7
	19,826	4,47459	534	9,2
	20,288	4,37375	595	10,3
	21,253	4,17719	610	10,5
	8,665	10,19679	437	79,1
	17,530	5,05501	488	88,4
	19,654	4,51331	454	82,2
	20,826	4,26197	552	100,0

Quelle: Labor für Röntgenkristallographie des Mineralogischen Instituts der Universität Heidelberg.

Tab. C.2: Ergebnisse der röntgendiffraktometrischen Analyse der Tonfraktion aus den Bodenproben des Faxinal Anta Gorda (Paraná). Schwarz = unbehandeltes Präparat; rot = mit Ethylenglykol behandeltes Präparat; blau = bei 550 °C getrocknetes Präparat.

Profil: Probe	Angle (2θ°)	d value (Å)	Intensity (count)	Intensity (%)
AGP 2: Br 41 (Acric Nitisol: Ah-Horizont)	6,383	13,83568	321	25,7
	12,305	7,18735	254	20,4
	18,357	4,82907	538	43,2
	19,965	4,44371	462	37,1
	20,346	4,36129	538	43,2
	20,854	4,25614	1246	100,0
	6,271	14,08291	328	37,6
	12,382	7,14288	254	29,2
	18,351	4,83075	557	64,0
	19,978	4,44090	488	56,1
	20,335	4,36360	557	64,0
	20,858	4,25537	870	100,0
	19,976	4,44135	392	43,9
	20,863	4,25446	894	100,0
AGP 2: Br 42 (Acric Nitisol: B-Horizont)	4,042	21,84429	562	40,2
	8,894	9,93489	342	24,5
	12,357	7,15719	313	22,4
	17,994	4,92577	304	21,7
	19,935	4,45027	346	24,7
	20,880	4,25095	1399	100,0
	8,710	10,14408	262	23,5
	12,182	7,25975	250	22,4
	20,850	4,25700	1116	100,0
	8,912	9,91426	346	48,9
	17,576	5,04186	266	37,6
	19,825	4,47476	328	46,3
	20,911	4,24475	708	100,0
AGP 7: Br 50 (Cambic Leptosol: Ah-Horizont)	6,020	14,66966	380	28,4
	12,070	7,32670	253	18,9
	18,135	4,88770	590	44,1
	20,127	4,40827	484	36,1
	20,675	4,29259	1340	100,0
	6,136	14,39200	357	29,3
	12,150	7,27861	282	23,1
	18,234	4,86137	625	51,3
	19,905	4,45696	441	36,2
	20,210	4,39029	562	46,1
	20,765	4,27420	1218	100,0
	19,930	4,45140	296	25,3
	20,822	4,26260	1170	100,0

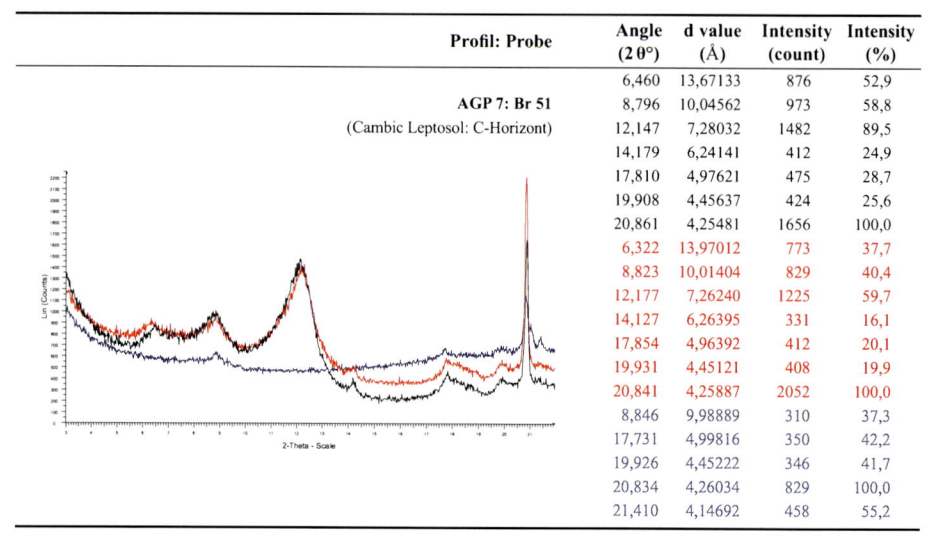

Profil: Probe	Angle (2 θ°)	d value (Å)	Intensity (count)	Intensity (%)
	6,460	13,67133	876	52,9
AGP 7: Br 51	8,796	10,04562	973	58,8
(Cambic Leptosol: C-Horizont)	12,147	7,28032	1482	89,5
	14,179	6,24141	412	24,9
	17,810	4,97621	475	28,7
	19,908	4,45637	424	25,6
	20,861	4,25481	1656	100,0
	6,322	13,97012	773	37,7
	8,823	10,01404	829	40,4
	12,177	7,26240	1225	59,7
	14,127	6,26395	331	16,1
	17,854	4,96392	412	20,1
	19,931	4,45121	408	19,9
	20,841	4,25887	2052	100,0
	8,846	9,98889	310	37,3
	17,731	4,99816	350	42,2
	19,926	4,45222	346	41,7
	20,834	4,26034	829	100,0
	21,410	4,14692	458	55,2

Quelle: Labor für Röntgenkristallographie des Mineralogischen Instituts der Universität Heidelberg.

Tab. C.3: Ergebnisse der röntgendiffraktometrischen Analyse der Tonfraktion aus den Bodenproben des Faxinal Saudade Santa Anita. Schwarz = unbehandeltes Präparat; rot = mit Ethylenglykol behandeltes Präparat; blau = bei 550 °C getrocknetes Präparat.

Profil: Probe	Angle (2 θ°)	d value (Å)	Intensity (count)	Intensity (%)
	12,219	7,23791	262	54,2
SSA 3: Br 57	18,270	4,85191	250	51,6
(Ferralic Nitisol: Ah-Horizont)	19,874	4,46380	365	75,4
	21,340	4,16041	484	100,0
	12,073	7,32490	259	52,6
	18,251	4,85703	272	55,2
	19,887	4,46084	369	74,8
	21,255	4,17681	493	100,0
	19,888	4,46063	246	86,3
	20,777	4,27182	286	100,0

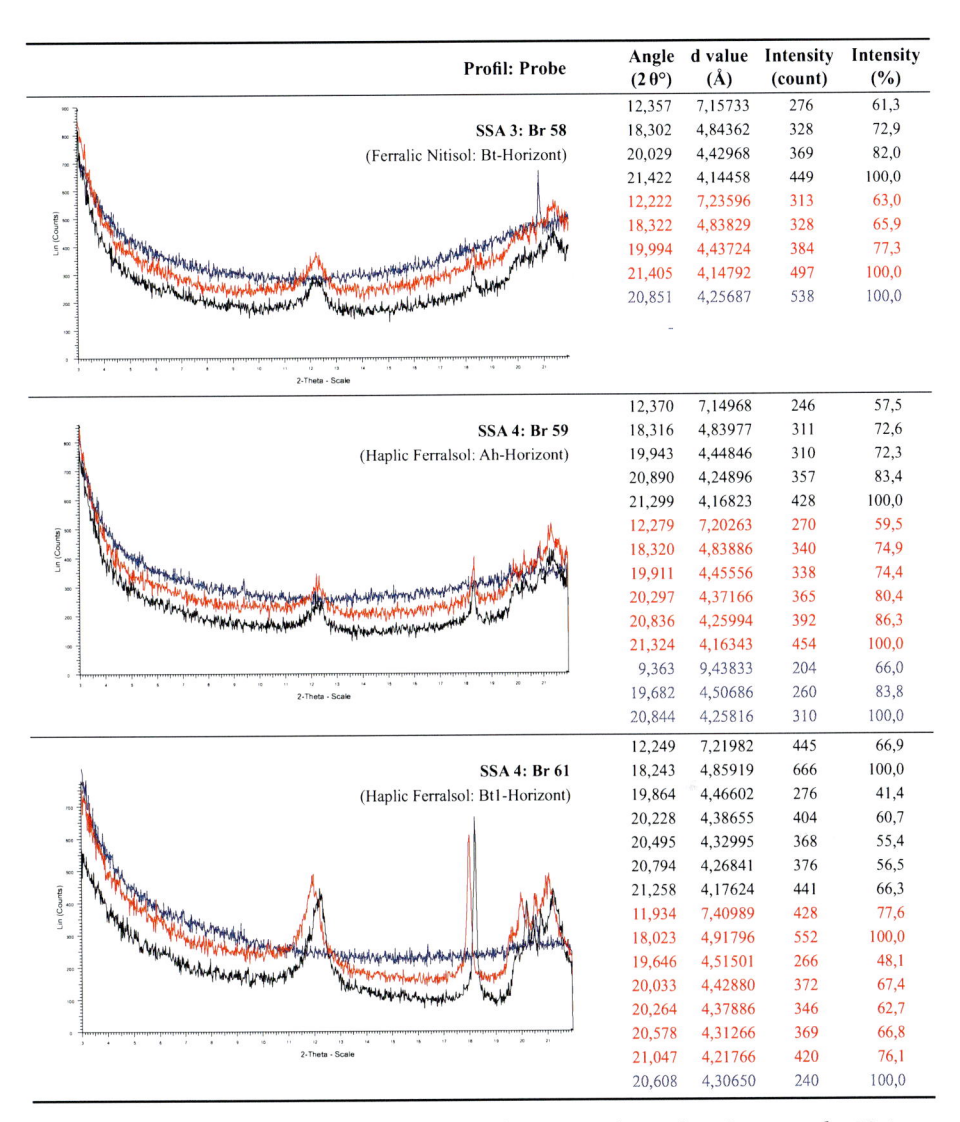

Annex C: Röntgendiffraktometrische Untersuchung

Profil: Probe	Angle (2 θ°)	d value (Å)	Intensity (count)	Intensity (%)
SSA 3: Br 58 (Ferralic Nitisol: Bt-Horizont)	12,357	7,15733	276	61,3
	18,302	4,84362	328	72,9
	20,029	4,42968	369	82,0
	21,422	4,14458	449	100,0
	12,222	7,23596	313	63,0
	18,322	4,83829	328	65,9
	19,994	4,43724	384	77,3
	21,405	4,14792	497	100,0
	20,851	4,25687	538	100,0
	-			
SSA 4: Br 59 (Haplic Ferralsol: Ah-Horizont)	12,370	7,14968	246	57,5
	18,316	4,83977	311	72,6
	19,943	4,44846	310	72,3
	20,890	4,24896	357	83,4
	21,299	4,16823	428	100,0
	12,279	7,20263	270	59,5
	18,320	4,83886	340	74,9
	19,911	4,45556	338	74,4
	20,297	4,37166	365	80,4
	20,836	4,25994	392	86,3
	21,324	4,16343	454	100,0
	9,363	9,43833	204	66,0
	19,682	4,50686	260	83,8
	20,844	4,25816	310	100,0
SSA 4: Br 61 (Haplic Ferralsol: Bt1-Horizont)	12,249	7,21982	445	66,9
	18,243	4,85919	666	100,0
	19,864	4,46602	276	41,4
	20,228	4,38655	404	60,7
	20,495	4,32995	368	55,4
	20,794	4,26841	376	56,5
	21,258	4,17624	441	66,3
	11,934	7,40989	428	77,6
	18,023	4,91796	552	100,0
	19,646	4,51501	266	48,1
	20,033	4,42880	372	67,4
	20,264	4,37886	346	62,7
	20,578	4,31266	369	66,8
	21,047	4,21766	420	76,1
	20,608	4,30650	240	100,0

Quelle: Labor für Röntgenkristallographie des Mineralogischen Instituts der Universität Heidelberg.

HEIDELBERGER GEOGRAPHISCHE ARBEITEN*

Heft 1	Felix Monheim: Beiträge zur Klimatologie und Hydrologie des Titicacabeckens. 1956. 152 Seiten, 38 Tabellen, 13 Figuren, 4 Karten.	€ 6,--
Heft 4	Don E. Totten: Erdöl in Saudi-Arabien. 1959. 174 Seiten, 1 Tabelle, 11 Abbildungen, 16 Figuren.	€ 7,50
Heft 8	Franz Tichy: Die Wälder der Basilicata und die Entwaldung im 19. Jahrhundert. 1962. 175 Seiten, 15 Tabellen, 19 Figuren, 16 Abbildungen, 3 Karten.	€ 15,--
Heft 9	Hans Graul: Geomorphologische Studien zum Jungquartär des nördlichen Alpenvorlandes. Teil I: Das Schweizer Mittelland. 1962. 104 Seiten, 6 Figuren, 6 Falttafeln.	€ 12,50
Heft 10	Wendelin Klaer: Eine Landnutzungskarte von Libanon. 1962. 56 Seiten, 7 Figuren, 23 Abbildungen, 1 farbige Karte.	€ 10,--
Heft 11	Wendelin Klaer: Untersuchungen zur klimagenetischen Geomorphologie in den Hochgebirgen Vorderasiens. 1963. 135 Seiten, 11 Figuren, 51 Abbildungen, 4 Karten.	€ 15,50
Heft 12	Erdmann Gormsen: Barquisimeto, eine Handelsstadt in Venezuela. 1963. 143 Seiten, 26 Tabellen, 16 Abbildungen, 11 Karten.	€ 16,--
Heft 18	Gisbert Glaser: Der Sonderkulturanbau zu beiden Seiten des nördlichen Oberrheins zwischen Karlsruhe und Worms. Eine agrargeographische Untersuchung unter besonderer Berücksichtigung des Standortproblems. 1967. 302 Seiten, 116 Tabellen, 12 Karten.	€ 10,50
Heft 23	Gerd R. Zimmermann: Die bäuerliche Kulturlandschaft in Südgalicien. Beitrag zur Geographie eines Übergangsgebietes auf der Iberischen Halbinsel. 1969. 224 Seiten, 20 Karten, 19 Tabellen, 8 Abbildungen.	€ 10,50
Heft 24	Fritz Fezer: Tiefenverwitterung circumalpiner Pleistozänschotter. 1969. 144 Seiten, 90 Figuren, 4 Abbildungen, 1 Tabelle.	€ 8,--
Heft 25	Naji Abbas Ahmad: Die ländlichen Lebensformen und die Agrarentwicklung in Tripolitanien. 1969. 304 Seiten, 10 Karten, 5 Abbildungen.	€ 10,--
Heft 26	Ute Braun: Der Felsberg im Odenwald. Eine geomorphologische Monographie. 1969. 176 Seiten, 3 Karten, 14 Figuren, 4 Tabellen, 9 Abbildungen.	€ 7,50
Heft 27	Ernst Löffler: Untersuchungen zum eiszeitlichen und rezenten klimagenetischen Formenschatz in den Gebirgen Nordostanatoliens. 1970. 162 Seiten, 10 Figuren, 57 Abbildungen.	€ 10,--

*Nicht aufgeführte Hefte sind vergriffen.

Heft 29	Wilfried Heller: Der Fremdenverkehr im Salzkammergut – eine Studie aus geographischer Sicht. 1970. 224 Seiten, 15 Karten, 34 Tabellen. € 16,--
Heft 30	Horst Eichler: Das präwürmzeitliche Pleistozän zwischen Riss und oberer Rottum. Ein Beitrag zur Stratigraphie des nordöstlichen Rheingletschergebietes. 1970. 144 Seiten, 5 Karten, 2 Profile, 10 Figuren, 4 Tabellen, 4 Abbildungen. € 7,--
Heft 31	Dietrich M. Zimmer: Die Industrialisierung der Bluegrass Region von Kentucky. 1970. 196 Seiten, 16 Karten, 5 Figuren, 45 Tabellen, 11 Abbildungen. € 10,50
Heft 33	Jürgen Blenck: Die Insel Reichenau. Eine agrargeographische Untersuchung. 1971. 248 Seiten, 32 Diagramme, 22 Karten, 13 Abbildungen, 90 Tabellen. € 26,50
Heft 35	Brigitte Grohmann-Kerouach: Der Siedlungsraum der Ait Ouriaghel im östlichen Rif. 1971. 226 Seiten, 32 Karten, 16 Figuren, 17 Abbildungen. € 10,--
Heft 37	Peter Sinn: Zur Stratigraphie und Paläogeographie des Präwürm im mittleren und südlichen Illergletscher-Vorland. 1972. 159 Seiten, 5 Karten, 21 Figuren, 13 Abbildungen, 12 Längsprofile, 11 Tabellen. € 11,--
Heft 38	Sammlung quartärmorphologischer Studien I. Mit Beiträgen von K. Metzger, U. Herrmann, U. Kuhne, P. Imschweiler, H.-G. Prowald, M. Jauß †, P. Sinn, H.-J. Spitzner, D. Hiersemann, A. Zienert, R. Weinhardt, M. Geiger, H. Graul und H. Völk. 1973. 286 Seiten, 13 Karten, 39 Figuren, 3 Skizzen, 31 Tabellen, 16 Abbildungen. € 15,50
Heft 39	Udo Kuhne: Zur Stratifizierung und Gliederung quartärer Akkumulationen aus dem Bièvre-Valloire, einschließlich der Schotterkörper zwischen St.-Rambert-d'Albon und der Enge von Vienne. 1974. 94 Seiten, 11 Karten, 2 Profile, 6 Abbildungen, 15 Figuren, 5 Tabellen. € 12,--
Heft 42	Werner Fricke, Anneliese Illner und Marianne Fricke: Schrifttum zur Regionalplanung und Raumstruktur des Oberrheingebietes. 1974. 93 Seiten. € 5,--
Heft 43	Horst Georg Reinhold: Citruswirtschaft in Israel. 1975. 307 Seiten, 7 Karten, 7 Figuren, 8 Abbildungen, 25 Tabellen. € 15,--
Heft 44	Jürgen Strassel: Semiotische Aspekte der geographischen Erklärung. Gedanken zur Fixierung eines metatheoretischen Problems in der Geographie. 1975. 244 Seiten. € 15,--
Heft 45	Manfred Löscher: Die präwürmzeitlichen Schotterablagerungen in der nördlichen Iller-Lech-Platte. 1976. 157 Seiten, 4 Karten, 11 Längs- u. Querprofile, 26 Figuren, 8 Abbildungen, 3 Tabellen. € 15,--

Heft 49	Sammlung quartärmorphologischer Studien II. Mit Beiträgen von W. Essig, H. Graul, W. König, M. Löscher, K. Rögner, L. Scheuenpflug, A. Zienert u.a. 1979. 226 Seiten. € 17,90
Heft 51	Frank Ammann: Analyse der Nachfrageseite der motorisierten Naherholung im Rhein-Neckar-Raum. 1978. 163 Seiten, 22 Karten, 6 Abbildungen, 5 Figuren, 46 Tabellen. € 15,50
Heft 52	Werner Fricke: Cattle Husbandry in Nigeria. A study of its ecological conditions and social-geographical differentiations. 1993. 2nd Edition (Reprint with Subject Index). 344 pages, 33 maps, 20 figures, 52 tables, 47 plates. € 21,--
Heft 55	Hans-Jürgen Speichert: Gras-Ellenbach, Hammelbach, Litzelbach, Scharbach, Wahlen. Die Entwicklung ausgewählter Fremdenverkehrsorte im Odenwald. 1979. 184 Seiten, 8 Karten, 97 Tabellen. € 15,50
Heft 58	Hellmut R. Völk: Quartäre Reliefentwicklung in Südostspanien. Eine stratigraphische, sedimentologische und bodenkundliche Studie zur klimamorphologischen Entwicklung des mediterranen Quartärs im Becken von Vera. 1979. 143 Seiten, 1 Karte, 11 Figuren, 11 Tabellen, 28 Abbildungen. € 14,--
Heft 59	Christa Mahn: Periodische Märkte und zentrale Orte – Raumstrukturen und Verflechtungsbereiche in Nord-Ghana. 1980. 197 Seiten, 20 Karten, 22 Figuren, 50 Tabellen. € 14,--
Heft 60	Wolfgang Herden: Die rezente Bevölkerungs- und Bausubstanzentwicklung des westlichen Rhein-Neckar-Raumes. Eine quantitative und qualitative Analyse. 1983. 229 Seiten, 27 Karten, 43 Figuren, 34 Tabellen. € 19,90
Heft 62	Gudrun Schultz: Die nördliche Ortenau. Bevölkerung, Wirtschaft und Siedlung unter dem Einfluß der Industrialisierung in Baden. 1982. 350 Seiten, 96 Tabellen, 12 Figuren, 43 Karten. € 19,90
Heft 64	Jochen Schröder: Veränderungen in der Agrar- und Sozialstruktur im mittleren Nordengland seit dem Landwirtschaftsgesetz von 1947. Ein Beitrag zur regionalen Agrargeographie Großbritanniens, dargestellt anhand eines W-E-Profils von der Irischen See zur Nordsee. 1983. 206 Seiten, 14 Karten, 9 Figuren, 21 Abbildungen, 39 Tabellen. € 17,50
Heft 65	Otto Fränzle et al.: Legendenentwurf für die geomorphologische Karte 1:100.000 (GMK 100). 1979. 18 Seiten. € 1,50
Heft 66	Dietrich Barsch und Wolfgang-Albert Flügel (Hrsg.): Niederschlag, Grundwasser, Abfluß. Ergebnisse aus dem hydrologisch-geomorphologischen Versuchsgebiet "Hollmuth". Mit Beiträgen von D. Barsch, R. Dikau, W.-A. Flügel, M. Friedrich, J. Schaar, A. Schorb, O. Schwarz und H. Wimmer. 1988. 275 Seiten, 42 Tabellen, 106 Abbildungen. € 24,--

Heft 68	Robert König: Die Wohnflächenbestände der Gemeinden der Vorderpfalz. Bestandsaufnahme, Typisierung und zeitliche Begrenzung der Flächenverfügbarkeit raumfordernder Wohnfunktionsprozesse. 1980. 226 Seiten, 46 Karten, 16 Figuren, 17 Tabellen, 7 Tafeln. € 16,--
Heft 71	Stand der grenzüberschreitenden Raumordnung am Oberrhein. Kolloquium zwischen Politikern, Wissenschaftlern und Praktikern über Sach- und Organisationsprobleme bei der Einrichtung einer grenzüberschreitenden Raumordnung im Oberrheingebiet und Fallstudie: Straßburg und Kehl. 1981. 116 Seiten, 13 Abbildungen. € 7,50
Heft 73	American-German International Seminar. Geography and Regional Policy: Resource Management by Complex Political Systems. Eds.: John S. Adams, Werner Fricke and Wolfgang Herden. 1983. 387 pages, 23 maps, 47 figures, 45 tables. € 25,50
Heft 75	Kurt Hiehle-Festschrift. Mit Beiträgen von U. Gerdes, K. Goppold, E. Gormsen, U. Henrich, W. Lehmann, K. Lüll, R. Möhn, C. Niemeitz, D. Schmidt-Vogt, M. Schumacher und H.-J. Weiland. 1982. 256 Seiten, 37 Karten, 51 Figuren, 32 Tabellen, 4 Abbildungen. € 12,50
Heft 76	Lorenz King: Permafrost in Skandinavien – Untersuchungsergebnisse aus Lappland, Jotunheimen und Dovre/Rondane. 1984. 174 Seiten, 72 Abbildungen, 24 Tabellen. € 19,--
Heft 77	Ulrike Sailer: Untersuchungen zur Bedeutung der Flurbereinigung für agrarstrukturelle Veränderungen – dargestellt am Beispiel des Kraichgaus. 1984. 308 Seiten, 36 Karten, 58 Figuren, 116 Tabellen. € 22,50
Heft 78	Klaus-Dieter Roos: Die Zusammenhänge zwischen Bausubstanz und Bevölkerungsstruktur – dargestellt am Beispiel der südwestdeutschen Städte Eppingen und Mosbach. 1985. 154 Seiten, 27 Figuren, 48 Tabellen, 6 Abbildungen, 11 Karten. € 14,50
Heft 79	Klaus Peter Wiesner: Programme zur Erfassung von Landschaftsdaten, eine Bodenerosionsgleichung und ein Modell der Kaltluftentstehung. 1986. 83 Seiten, 23 Abbildungen, 20 Tabellen, 1 Karte. € 13,--
Heft 80	Achim Schorb: Untersuchungen zum Einfluß von Straßen auf Boden, Grund- und Oberflächenwässer am Beispiel eines Testgebietes im Kleinen Odenwald. 1988. 193 Seiten, 1 Karte, 176 Abbildungen, 60 Tabellen. € 18,50
Heft 81	Richard Dikau: Experimentelle Untersuchungen zu Oberflächenabfluß und Bodenabtrag von Meßparzellen und landwirtschaftlichen Nutzflächen. 1986. 195 Seiten, 70 Abbildungen, 50 Tabellen. € 19,--
Heft 82	Cornelia Niemeitz: Die Rolle des PKW im beruflichen Pendelverkehr in der Randzone des Verdichtungsraumes Rhein-Neckar. 1986. 203 Seiten, 13 Karten, 65 Figuren, 43 Tabellen. € 17,--

Heft 83   Werner Fricke und Erhard Hinz (Hrsg.): Räumliche Persistenz und Diffusion von Krankheiten. Vorträge des 5. geomedizinischen Symposiums in Reisenburg, 1984, und der Sitzung des Arbeitskreises Medizinische Geographie/Geomedizin in Berlin, 1985. 1987. 279 Seiten, 42 Abbildungen, 9 Figuren, 19 Tabellen, 13 Karten.   € 29,50

Heft 84   Martin Karsten: Eine Analyse der phänologischen Methode in der Stadtklimatologie am Beispiel der Kartierung Mannheims. 1986. 136 Seiten, 19 Tabellen, 27 Figuren, 5 Abbildungen, 19 Karten.   € 15,--

Heft 85   Reinhard Henkel und Wolfgang Herden (Hrsg.): Stadtforschung und Regionalplanung in Industrie- und Entwicklungsländern. Vorträge des Festkolloquiums zum 60. Geburtstag von Werner Fricke. 1989. 89 Seiten, 34 Abbildungen, 5 Tabellen.   € 9,--

Heft 86   Jürgen Schaar: Untersuchungen zum Wasserhaushalt kleiner Einzugsgebiete im Elsenztal/Kraichgau. 1989. 169 Seiten, 48 Abbildungen, 29 Tabellen.   € 16,--

Heft 87   Jürgen Schmude: Die Feminisierung des Lehrberufs an öffentlichen, allgemeinbildenden Schulen in Baden-Württemberg, eine raum-zeitliche Analyse. 1988. 159 Seiten, 10 Abbildungen, 13 Karten, 46 Tabellen.   € 16,--

Heft 88   Peter Meusburger und Jürgen Schmude (Hrsg.): Bildungsgeographische Studien über Baden-Württemberg. Mit Beiträgen von M. Becht, J. Grabitz, A. Hüttermann, S. Köstlin, C. Kramer, P. Meusburger, S. Quick, J. Schmude und M. Votteler. 1990. 291 Seiten, 61 Abbildungen, 54 Tabellen.   € 19,--

Heft 89   Roland Mäusbacher: Die jungquartäre Relief- und Klimageschichte im Bereich der Fildeshalbinsel Süd-Shetland-Inseln, Antarktis. 1991. 207 Seiten, 87 Abbildungen, 9 Tabellen.   € 24,50

Heft 90   Dario Trombotto: Untersuchungen zum periglazialen Formenschatz und zu periglazialen Sedimenten in der "Lagunita del Plata", Mendoza, Argentinien. 1991. 171 Seiten, 42 Abbildungen, 24 Photos, 18 Tabellen und 76 Photos im Anhang.   € 17,--

Heft 91   Matthias Achen: Untersuchungen über Nutzungsmöglichkeiten von Satellitenbilddaten für eine ökologisch orientierte Stadtplanung am Beispiel Heidelberg. 1993. 195 Seiten, 43 Abbildungen, 20 Tabellen, 16 Fotos.   € 19,--

Heft 92   Jürgen Schweikart: Räumliche und soziale Faktoren bei der Annahme von Impfungen in der Nord-West Provinz Kameruns. Ein Beitrag zur Medizinischen Geographie in Entwicklungsländern. 1992. 134 Seiten, 7 Karten, 27 Abbildungen, 33 Tabellen.   € 13,--

Heft 93   Caroline Kramer: Die Entwicklung des Standortnetzes von Grundschulen im ländlichen Raum. Vorarlberg und Baden-Württemberg im Vergleich. 1993. 263 Seiten, 50 Karten, 34 Abbildungen, 28 Tabellen.   € 20,--

Heft 94	Lothar Schrott: Die Solarstrahlung als steuernder Faktor im Geosystem der sub-tropischen semiariden Hochanden (Agua Negra, San Juan, Argentinien). 1994. 199 Seiten, 83 Abbildungen, 16 Tabellen. € 15,50
Heft 95	Jussi Baade: Geländeexperiment zur Verminderung des Schwebstoffaufkommens in landwirtschaftlichen Einzugsgebieten. 1994. 215 Seiten, 56 Abbildungen, 60 Tabellen. € 14,--
Heft 96	Peter Hupfer: Der Energiehaushalt Heidelbergs unter besonderer Berücksichtigung der städtischen Wärmeinselstruktur. 1994. 213 Seiten, 36 Karten, 54 Abbildungen, 15 Tabellen. € 16,--
Heft 97	Werner Fricke und Ulrike Sailer-Fliege (Hrsg.): Untersuchungen zum Einzelhandel in Heidelberg. Mit Beiträgen von M. Achen, W. Fricke, J. Hahn, W. Kiehn, U. Sailer-Fliege, A. Scholle und J. Schweikart. 1995. 139 Seiten. € 12,50
Heft 98	Achim Schulte: Hochwasserabfluß, Sedimenttransport und Gerinnebettgestaltung an der Elsenz im Kraichgau. 1995. 202 Seiten, 68 Abbildungen, 6 Tabellen, 6 Fotos. € 16,--
Heft 99	Stefan Werner Kienzle: Untersuchungen zur Flußversalzung im Einzugsgebiet des Breede Flusses, Westliche Kapprovinz, Republik Südafrika. 1995. 139 Seiten, 55 Abbildungen, 28 Tabellen. € 12,50
Heft 100	Dietrich Barsch, Werner Fricke und Peter Meusburger (Hrsg.): 100 Jahre Geographie an der Ruprecht-Karls-Universität Heidelberg (1895-1995). 1996. € 18,--
Heft 101	Clemens Weick: Räumliche Mobilität und Karriere. Eine individualstatistische Analyse der baden-württembergischen Universitätsprofessoren unter besonderer Berücksichtigung demographischer Strukturen. 1995. 284 Seiten, 28 Karten, 47 Abbildungen und 23 Tabellen. € 17,--
Heft 102	Werner D. Spang: Die Eignung von Regenwürmern (Lumbricidae), Schnecken (Gastropoda) und Laufkäfern (Carabidae) als Indikatoren für auentypische Standortbedingungen. Eine Untersuchung im Oberrheintal. 1996. 236 Seiten, 16 Karten, 55 Abbildungen und 132 Tabellen. € 19,--
Heft 103	Andreas Lang: Die Infrarot-Stimulierte-Lumineszenz als Datierungsmethode für holozäne Lössderivate. Ein Beitrag zur Chronometrie kolluvialer, alluvialer und limnischer Sedimente in Südwestdeutschland. 1996. 137 Seiten, 39 Abbildungen und 21 Tabellen. € 12,50
Heft 104	Roland Mäusbacher und Achim Schulte (Hrsg.): Beiträge zur Physiogeographie. Festschrift für Dietrich Barsch. 1996. 542 Seiten. € 25,50
Heft 105	Michaela Braun: Subsistenzsicherung und Marktpartizipation. Eine agrargeographische Untersuchung zu kleinbäuerlichen Produktionsstrategien in der Province de la Comoé, Burkina Faso. 1996. 234 Seiten, 16 Karten, 6 Abbildungen und 27 Tabellen. € 16,--

Heft 106   Martin Litterst: Hochauflösende Emissionskataster und winterliche SO_2-Immissionen: Fallstudien zur Luftverunreinigung in Heidelberg. 1996. 171 Seiten, 29 Karten, 56 Abbildungen und 57 Tabellen.   € 16,--

Heft 107   Eckart Würzner: Vergleichende Fallstudie über potentielle Einflüsse atmosphärischer Umweltnoxen auf die Mortalität in Agglomerationen. 1997. 256 Seiten, 32 Karten, 17 Abbildungen und 52 Tabellen.   € 15,--

Heft 108   Stefan Jäger: Fallstudien von Massenbewegungen als geomorphologische Naturgefahr. Rheinhessen, Tully Valley (New York State), YosemiteValley (Kalifornien). 1997. 176 Seiten, 53 Abbildungen und 26 Tabellen.   € 14,50

Heft 109   Ulrike Tagscherer: Mobilität und Karriere in der VR China – Chinesische Führungskräfte im Transformationsprozess. Eine qualitativ-empirische Analyse chinesischer Führungskräfte im deutsch-chinesischen Joint-Ventures, 100% Tochtergesellschaften und Repräsentanzen. 1999. 254 Seiten, 8 Karten, 31 Abbildungen und 19 Tabellen.   € 19,90

Heft 110   Martin Gude: Ereignissequenzen und Sedimenttransporte im fluvialen Milieu kleiner Einzugsgebiete auf Spitzbergen. 2000. 124 Seiten, 28 Abbildungen und 17 Tabellen.   € 14,50

Heft 111   Günter Wolkersdorfer: Politische Geographie und Geopolitik zwischen Moderne und Postmoderne. 2001. 272 Seiten, 43 Abbildungen und 6 Tabellen.   € 19,90

Heft 112   Paul Reuber und Günter Wolkersdorfer (Hrsg.): Politische Geographie. Handlungsorientierte Ansätze und Critical Geopolitics. 2001. 304 Seiten. Mit Beiträgen von Hans Gebhardt, Thomas Krings, Julia Lossau, Jürgen Oßenbrügge, Anssi Paasi, Paul Reuber, Dietrich Soyez, Ute Wardenga, Günter Wolkersdorfer u.a.   € 19,90

Heft 113   Anke Väth: Erwerbsmöglichkeiten von Frauen in ländlichen und suburbanen Gemeinden Baden-Württembergs. Qualitative und quantitative Analyse der Wechselwirkungen zwischen Qualifikation, Haus-, Familien- und Erwerbsarbeit. 2001. 396 Seiten, 34 Abbildungen, 54 Tabellen und 1 Karte.   € 21,50

Heft 114   Heiko Schmid: Der Wiederaufbau des Beiruter Stadtzentrums. Ein Beitrag zur handlungsorientierten politisch-geographischen Konfliktforschung. 2002. 296 Seiten, 61 Abbildungen und 6 Tabellen.   € 19,90

Heft 115   Mario Günter: Kriterien und Indikatoren als Instrumentarium nachhaltiger Entwicklung. Eine Untersuchung sozialer Nachhaltigkeit am Beispiel von Interessengruppen der Forstbewirtschaftung auf Trinidad. 2002. 320 Seiten, 23 Abbildungen und 14 Tabellen.   € 19,90

Heft 116   Heike Jöns: Grenzüberschreitende Mobilität und Kooperation in den Wissenschaften. Deutschlandaufenthalte US-amerikanischer Humboldt-Forschungspreisträger aus einer erweiterten Akteursnetzwerkperspektive. 2003. 484 Seiten, 34 Abbildungen, 10 Tabellen und 8 Karten.   € 29,00

Heft 117	Hans Gebhardt und Bernd Jürgen Warneken (Hrsg.) Stadt – Land – Frau. Interdisziplinäre Genderforschung in Kulturwissenschaft und Geographie. 2003. 304 Seiten, 44 Abbildungen und 47 Tabellen. € 19,90
Heft 118	Tim Freytag: Bildungswesen, Bildungsverhalten und kulturelle Identität. Ursachen für das unterdurchschnittliche Ausbildungsniveau der hispanischen Bevölkerung in New Mexico. 2003. 352 Seiten, 30 Abbildungen, 13 Tabellen und 19 Karten. € 19,90
Heft 119	Nicole-Kerstin Baur: Die Diphtherie in medizinisch-geographischer Perspektive. Eine historisch-vergleichende Rekonstruktion von Auftreten und Diffusion der Diphtherie sowie der Inanspruchnahme von Präventivleistungen. 2006. 301 Seiten, 20 Abbildungen, 41 Tabellen und 11 Karten. € 19,90
Heft 120	Holger Megies: Kartierung, Datierung und umweltgeschichtliche Bedeutung der jungquartären Flussterrassen am unteren Inn. 2006. 224 Seiten, 73 Abbildungen, 58 Tabellen und 10 Karten. € 29,00
Heft 121	Ingmar Unkel: AMS-14C-Analysen zur Rekonstruktion der Landschafts- und Kulturgeschichte in der Region Palpa (S-Peru). 2006. 226 Seiten, 84 Abbildungen und 11 Tabellen. € 19,90
Heft 122	Claudia Rabe: Unterstützungsnetzwerke von Gründern wissensintensiver Unternehmen. Zur Bedeutung der regionalen gründungsunterstützenden Infrastruktur. 2007. 274 Seiten, 54 Abbildungen und 17 Tabellen. € 19,90
Heft 123	Bertil Mächtle: Geomorphologisch-bodenkundliche Untersuchungen zur Rekonstruktion der holozänen Umweltgeschichte in der nördlichen Atacama im Raum Palpa/Südperu. 2007. 246 Seiten, 86 z.T. farbige Abbildungen und 24 Tabellen. € 23,00
Heft 124	Jana Freihöfer: Karrieren im System der Vereinten Nationen. Das Beispiel hochqualifizierter Deutscher, 1973–2003. 2007. 298 Seiten, 40 Abbildungen, 10 Tabellen und 2 Karten. € 19,90
Heft 125	Simone Naumann: Modellierung der Siedlungsentwicklung auf Tenerife (Kanarische Inseln). Eine fernerkundungsgestützte Analyse zur Bewertung des touristisch induzierten Landnutzungswandels. 2008. 196 Seiten, 64 Abbildungen, 12 Tabellen. € 19,90
Heft 126	Hans Gebhardt (Hrsg.): Urban Governance im Libanon. Studien zu Akteuren und Konflikten in der städtischen Entwicklung nach dem Bürgerkrieg. 2008. 172 Seiten, 55 Abbildungen, 10 Tabellen. Mit Beiträgen von Nasim Barham, Jan Maurice Bödeker, Hans Gebhardt, Oliver Kögler und Leila Mousa. € 19,90
Heft 127	Demyan Belyaev: Geographie der alternativen Religiösität in Russland. Zur Rolle des heterodoxen Wissens nach dem Zusammenbruch des kommunistischen Systems. 2008. 234 Seiten, 1 Abb., 59 Tab., 7 Karten. € 19,90
Heft 128	Arne Egger: Geoökologische Untersuchung des Faxinal-Waldweidesystems der Hochländer von Paraná, Südbrasilien. 2009. 192 Seiten, 42 Abbildungen, 22 Tabellen. € 19,90

HEIDELBERGER GEOGRAPHISCHE BAUSTEINE*

Heft 1 D. Barsch, R. Dikau, W. Schuster: Heidelberger Geomorphologisches Programmsystem. 1986. 60 Seiten. € 4,50

Heft 7 J. Schweikart, J. Schmude, G. Olbrich, U. Berger: Graphische Datenverarbeitung mit SAS/GRAPH – Eine Einführung. 1989. 76 Seiten. € 4,--

Heft 8 P. Hupfer: Rasterkarten mit SAS. Möglichkeiten zur Rasterdarstellung mit SAS/GRAPH unter Verwendung der SAS-Macro-Facility. 1990. 72 Seiten. € 4,--

Heft 9 M. Fasbender: Computergestützte Erstellung von komplexen Choroplethenkarten, Isolinienkarten und Gradnetzentwürfen mit dem Programmsystem SAS/GRAPH. 1991. 135 Seiten. € 7,50

Heft 10 J. Schmude, I. Keck, F. Schindelbeck, C. Weick: Computergestützte Datenverarbeitung. Eine Einführung in die Programme KEDIT, WORD, SAS und LARS. 1992. 96 Seiten. € 7,50

Heft 12 W. Mikus (Hrsg.): Umwelt und Tourismus. Analysen und Maßnahmen zu einer nachhaltigen Entwicklung am Beispiel von Tegernsee. 1994. 122 Seiten. € 10,--

Heft 14 W. Mikus (Hrsg.): Gewerbe und Umwelt. Determinaten, Probleme und Maßnahmen in den neuen Bundesländern am Beispiel von Döbeln / Sachsen. 1997. 86 Seiten. € 7,50

Heft 15 M. Hoyler, T. Freytag, R. Baumhoff: Literaturdatenbank Regionale Bildungsforschung: Konzeption, Datenbankstrukturen in ACCESS und Einführung in die Recherche. Mit einem Verzeichnis ausgewählter Institutionen der Bildungsforschung und weiterführenden Recherchehinweisen. 1997. 70 Seiten. € 6,--

Heft 16 H. Schmid, H. Köppe (Hrsg.): Virtuelle Welten, reale Anwendungen. Geographische Informationssysteme in Theorie und Praxis. 2003. 140 Seiten. € 10,--

Heft 17 N. Freiwald, R. Göbel, R. Jany: Modellierung und Analyse dreidimensionaler Geoobjekte mit GIS und CAD. 2. veränderte und erweiterte Aufl. 2006. 143 Seiten + 1 CD. € 15,--

**Bestellungen an:
Selbstverlag des Geographischen Instituts, Universität Heidelberg,
Berliner Straße 48, D-69120 Heidelberg, Fax: ++49 (0) 62 21 / 54 55 85
E-Mail: hga@geog.uni-heidelberg.de, http://www.geog.uni-heidelberg.de/hga**

---

*Nicht aufgeführte Hefte sind vergriffen.

HETTNER-LECTURES

Heft 1   *Explorations in critical human geography.* Hettner-Lecture 1997 with Derek Gregory. Heidelberg. 1998. 122 Seiten.   € 19,--

Heft 2   *Power-geometries and the politics of space-time.* Hettner-Lecture 1998 with Doreen Massey. Heidelberg 1999. 112 Seiten.   € 19,--

Heft 3   *Struggles over geography: violence, freedom and development at the millennium.* Hettner-Lecture 1999 with Michael J. Watts. 2000. 142 Seiten.   € 19,--

Heft 4   *Reinventing geopolitics: geographies of modern statehood.* Hettner-Lecture 2000 with John A. Agnew. 2001. 84 Seiten.   € 19,--

Heft 5   *Science, space and hermeneutics.* Hettner-Lecture 2001 with David N. Livingstone. 2002. 116 Seiten.   € 19,--

Heft 6   *Geography, gender, and the workaday world.* Hettner-Lecture 2002 with Susan Hanson. 2003. 76 Seiten.   € 19,--

Heft 7   *Institutions, incentives and communication in economic geography.* Hettner-Lecture 2003 with Michael Storper. 2004. 102 Seiten.   € 19,--

Heft 8   *Spaces of neoliberalization: towards a theory of uneven geographical development.* Hettner-Lecture 2004 with David Harvey. 2005. 132 Seiten.   € 19,--

Heft 9   *Geographical imaginations and the authority of images.* Hettner-Lecture 2005 with Denis Cosgrove. 2006. 102 Seiten.   € 19,--

Heft 10   *The European geographical imagination.* Hettner-Lecture 2006 with Michael Heffernan. 2007. 104 Seiten.   € 19,--

Bestellungen an:

Franz Steiner Verlag GmbH
Vertrieb: Brockhaus/Commission
Kreidlerstraße 9
D-70806 Kornwestheim
Tel.: ++49 (0) 71 54 / 13 27-0
Fax: ++49 (0) 71 54 / 13 27-13
E-Mail: bestell@brocom.de
http://www.steiner-verlag.de